高职高专计算机系列规划教材

# Flash CS5.5 动画制作实例教程

王 威 著

电子工业出版社

**Publishing House of Electronics Industry**

北京·BEIJING

## 内 容 简 介

本书采用案例的形式，循序渐进地对 Flash 动画制作的流程进行了详细的介绍，同时也剖析了 Flash 使用者在实践过程中遇到及关心的问题。全书知识点涉猎面广，除对 Flash 动画制作流程进行了详尽的介绍外，还对 Flash 软件的角色设计、场景设计、透视、SNS 游戏、电子游戏等进行了深入的阐述。本书配套光盘中收录了大量动画、场景等源文件，以及商业动画、多媒体交互的 Flash 源文件，有利于读者进行更加深入的研究。

本书可作为高等学校及高等职业院校游戏、动漫、多媒体、艺术设计、图形图像等专业的教材，也可作为动画爱好者及从事电影特技、影视广告、游戏制作人员的参考书。

**图书在版编目（CIP）数据**

Flash CS5.5 动画制作实例教程/王威著. —北京：电子工业出版社，2012.7
高职高专计算机系列规划教材
ISBN 978-7-121-17326-4

Ⅰ. ①F… Ⅱ. ①王… Ⅲ. ①动画制作软件－高等职业教育－教材 Ⅳ. ①TP317.4

中国版本图书馆 CIP 数据核字（2012）第 120805 号

策划编辑：吕　迈
责任编辑：左　雅
印　　刷：北京丰源印刷厂
装　　订：三河市鹏成印业有限公司
出版发行：电子工业出版社
　　　　　北京市海淀区万寿路 173 信箱　　邮编 100036
开　　本：787×1 092　1/16　印张：22.25　字数：569.6 千字
印　　次：2012 年 7 月第 1 次印刷
印　　数：4 000 册　　定价：40.00 元（含光盘 1 张）

凡所购买电子工业出版社图书有缺损问题，请向购买书店调换。若书店售缺，请与本社发行部联系，联系及邮购电话：(010) 88254888。

质量投诉请发邮件至 zlts@phei.com.cn，盗版侵权举报请发邮件至 dbqq@phei.com.cn。

服务热线：(010) 88258888。

# 前 言

现在国内绝大多数学校的动画专业课程设置中，Flash 几乎是必须学习的动画制作软件之一。可以说，Flash 极大地促进了中国动画的发展，当下，Flash 已经不仅仅是动画制作软件，更向游戏、交互、多媒体领域挺进，并取得了极大的成绩。

很多学生往往对大量的练习很排斥，如果真希望学生能力有所提高，就需要强制性地去做练习。在学习当中交流非常重要，尤其是初学者之间的相互交流。在上 Flash 这门课的时候，可以将学生昨天做的作业投影到大屏幕上。这样做有两个好处，一是监督学习的进度，二是起到互相交流的作用。

学习 Flash 这个动画软件，不仅要能坐得住，还要培养学生的自学能力。我发现，如果上课进行练习，学生往往会对老师产生依赖，所以练习都在课下进行，学生有问题必须互相去问，解决不了就得自己上网查资料，这样无形中提高了自学的能力。

由于动画制作是一个比较复杂的过程，需要多人相互配合完成，因此还需要锻炼学生的团队配合能力，可以让学生自己选剧本，然后自由结合成制作小组，每天向教师汇报工作进度，汇报的时候每组都要派代表上台，在全班同学面前用 PPT 的形式展示所在小组的工作情况，这样不仅提高了团队合作能力，也使学生的口头表达和展示能力得到了锻炼。

本书中的实例都是在实践和教学过程中使用过的，且效果良好，并适合 Flash 动画制作人员学习。在理论的讲解中，由于 Flash 中命令极为庞大，因此我们也抛弃了大部分在实战中应用不到或应用较少的命令，只对那些极其常用的命令进行集中讲解，这样可以使精力集中在这些比较重要的命令上，利于快速掌握 Flash 的操作流程。

本书配套光盘中提供了书中所有实例的源文件和素材，为了方便读者，其中源文件尽量保存为 Flash CS4 能打开的格式，但也有部分必须使用 Flash CS5.5 以上版本打开。另外，还有供教师上课使用的 PPT 课件。

在本书的编写过程中，得到了郑州轻工业学院艺术设计学院、郑州红羽动画公司领导和老师们的支持，得到了学生们的帮助，其中有郑州轻工业学院动画系 03 级的范辉、宋帅，04 级的屈佳佳、王翔、杨永鑫，05 级的漫晓飞、何玲、李金荣、佘静，06 级的洪枫、肖遥、艾迪、于彩丽，07 级的施雅静、朱伟伟、吕琦、胡海洋、秦文双，08 级褚申宁、王娟，09 级的邓滴汇、王凡、周洁，10 级秦文汐、班青，郑州红羽动画公司的凌云、王延宁、张林峰、白银等，在此表示深深的感谢。本书由王亦工审阅。

希望这本书能够让更多的人实现自己的动画梦想。由于作者水平有限，书中难免有不妥和错误之处，恳请广大读者批评指正，联系地址为 skywear@126.com，或新浪微博 @skywear。

王 威

2012 年 6 月于郑州

# 目　录

CONTENTS

## ▶ 1.1  Flash 的定位和发展史

　　Flash 是一款优秀的动画和多媒体制作软件。自从 Flash 诞生之日起，对 Flash 动画的定义就在不断的改变。

　　Flash 的前身是 Future Wave 公司开发的 FutureSplash Animator，是一个基于矢量的动画制作软件。由于该软件得到良好的反响，于是被 Macromedia 公司收归旗下，定名为 Macromedia Flash 2。

　　在 20 世纪 90 年代末期，Flash 刚刚诞生，由于是以矢量的绘图手段为主，因此生成的动画文件体积很小，在网速并不快的当时，能够快速下载 Flash 动画并观看，因此在那一阶段，Flash 被定义为"网络动画"制作软件。

　　2000 年，Flash 5 发布，其中 ActionScript 语法已经完善，能够独立制作交互方面的设计，Flash 作为多媒体交互制作软件，开始广泛地应用于光盘、触摸屏等领域。如图 1-1 所示为 Flash 5 和 Flash MX 版本的启动画面。

图 1-1

　　2005 年，Flash 所在的 Macromedia 公司被 Adobe 公司以 34 亿美元收购，Flash 与 Adobe 公司旗下的 Photoshop、Illustrator 等软件的兼容性大幅提高，高精细的位图也可以在 Flash 中更好得运用，Flash 由单纯的矢量动画制作，一跃变为专业的二维动画制作软件。如图 1-2 所示为 Flash 8 和 Flash CS 3 版本的启动画面。

　　2008 年，Flash CS 4 发布，增加了骨骼工具、3D 工具等三维动画软件中的功能，为 Flash 加入了更多三维方面的元素。

图 1-2

2010 年，Flash CS 5.5 发布，新版本在设计方面的变化不多，但是对于编程和开发人员来说，新增的对手机端的技术支持，使 Flash 可以直接输出手机的应用程序，在日益蓬勃的手机市场中，Flash 无疑会给人们带来更多的惊喜。如图 1-3 所示为 Flash CS 4 和 Flash CS 5.5 版本的启动画面。

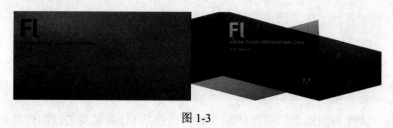

图 1-3

## ▮▶ 1.2 Flash 动画在中国的发展史

从前面的 Flash 发展史中可以看到，Flash 不仅仅是一款动画软件，它还可以进行交互、程序方面的设计。本节要介绍的是 Flash 动画在中国的发展历史。

### 1.2.1 个人创作的独立 Flash 动画

1997 年，Flash 首次传入中国大陆地区。在当时，除了几家美术电影制片厂外，中国几乎没有一家动画公司。再加上个人计算机刚刚开始普及，还无一款能在家用计算机上运行的动画制作软件。基于这样的历史背景，又由于 Flash 上手容易，技术门槛较低，对计算机硬件要求不高等优势，使大批的中国动画业余爱好者加入到 Flash 动画制作中来。从这一点上看，FLash 基本上可以看做是中国人所普遍使用的第一款动画软件。

当我们回头来看当年的 Flash 动画作品，用"惨不忍睹"一词来形容毫不过分。由于当时的动画制作知识的极端匮乏，大多数国人心目中的动画仅仅是"画面能动"。那个年代最为流行的 Flash 动画作品类型就是 MTV，伴随着歌声的背景音乐，歌手的一张张照片缓缓出现在画面中，时而旋转、时而移动、时而忽隐忽现，这种类型的 Flash 动画在当时盛极一时，很多制作者乐此不疲，再加上当时娱乐手段单一，使得观众众多，叫好声一片。

2000 年，"闪客"一词开始在网络上频繁出现，成为了 Flash 制作者们的统一称谓，并一直延续至今。这要感谢一个网名为"边城浪子"人。他在 1999 年，正在筹划一个 Flash 网站，苦于网站名称一时无从下手。有一天，他在回声资讯的"Flash 论坛"上闲逛，在一个贴子中看到有人无意中说出"闪客"一词，顿时醒悟。从此以后，一个名叫"闪客帝国"的网站开始兴起。在以后的 10 年中，"闪客帝国"这个网站一直是中国 Flash 发展的风向标，如图 1-4 所示为当时国内 Flash 两大门户网站"闪客帝国"和"闪吧"。

图 1-4

2000 年 8 月，一个网名为"老蒋"的闪客，将一部 Flash 制作的 MTV 作品《新长征路上的摇滚》上传到"闪客帝国"网站，极具冲击力的画面配合着崔健那独特的嗓音，瞬间引爆整个中国 Flash 届。该作品在"闪客帝国"的作品排行榜上，以点击率 36 万雄踞榜首，如图 1-5 所示。

图 1-5

这是一部在中国 Flash 动画史上堪称里程碑的大作。当我们再回头看这部作品时，它既没有唯美细腻的画面，也没有流畅的动作，但粗犷的线条、跳跃的色彩、具有冲击力的镜头，以及画面与音乐的完美结合，依旧具有相当强烈的艺术感染力。但最关键的是，他是以一种戏谑的叙事手法，来讲述一件看起来很严肃的事情，这正是当时中国闪客们的一种独特眼光。从此以后，那种戏谑、轻松、又透着一股无奈的动画作品开始出现，并逐步形成了自己独特的风格。

2001 年，一部名叫《东北人都是活雷锋》的 Flash 动画作品开始在网络上爆红，瞬间捧红了一个名叫"雪村"的歌手，自此，"翠花，上酸菜"一句流行语红遍大江南北，而 Flash 制作者贝贝龙（Babylon）却直至今日还默默无闻，如图 1-6 所示。

图 1-6

这首歌和这位歌手的走红经历，也使得"出新专辑需要配合一部 Flash MTV 作宣传"成了很多新歌手出道时的常用手法。这也使得 Flash 软件开始声名大噪。

依旧是 2001 年，一个网名为"小小"的作者发布了一套名为"小小系列"的作品，前两部反响一般，直到推出了《小小作品 3 号》，那酣畅淋漓的打斗场面和流畅至极的人物动作，使点击率持续走高。尽管那些角色都是简单至极的线条所组成的"火柴人"，但小小及其作品开始受到热烈欢迎，"小小系列"也成为一个响亮的品牌，如图 1-7 所示。

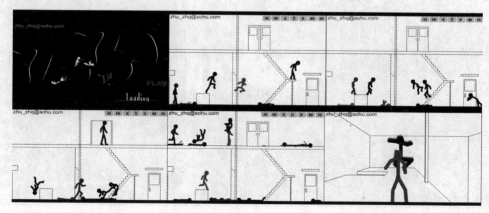

图 1-7

2001 年 9 月 9 日，中央电视台第 10 频道的《选择》节目，首次播出了一期"闪客"的特别节目，将一些代表人物请到了现场，包括边城浪子、老蒋、小小、BBQI、Cink 等，成为一次货真价实的闪客聚会。由于色彩神秘的闪客首次集体现身走到公众面前，而引起了社会的广泛关注。

2002 年，一个网名叫"卜桦"的作者在网络上传了自己的一部动画作品——《猫》，这部作品在闪客帝国、新浪、央视国际等各大网站上播映，观看点击率累计数百万次，如图 1-8 所示。

图 1-8

央视《人物》评价："因为这个人，就足以证明中国拥有世界级的 Flash。"《南方周末》曾经整版登载文章探讨这部"让人哭了八遍 Flash 猫"，美国奥斯卡奖评委贝琦·布里斯托女士评价卜桦为"中国年轻一代艺术家里的天才之一"。

请注意，这不是一部动画 MTV，而是一部彻彻底底的 Flash 动画故事片，是国人第一部震惊世界的 Flash 动画故事片。在这部作品之后有无数的 Flash 动画作品出现，但无一能望其项背。

2003 年之后，由于 3ds Max、Maya 等三维动画软件的兴起，国内的动画人开始投向这些门槛更高、收入更高的三维动画的怀抱，Flash 也因此受到较大冲击，年轻的动画学生们以学习三维动画为目的，Flash 的动画创作出现了青黄不接的情况。这之后的几年，优秀的个人独立 Flash 动画依然层出不穷，但能被称做里程碑的却寥寥无几。

2005 年，现任中国传媒大学动画学院教师的李智勇，绘制出一只"兔子"的卡通形象，在随后的几年，以这只兔子为主角的《功夫兔系列》开始走红网络，并屡获国际大奖，如图 1-9 所示。

2006 年，网名"阿桂"的《胖狗狗动画速写系列》，以速写的笔触、夸张的表情和流畅的动作，颇受好评，并被当时国内权威杂志《CG 杂志》评为当年的"年度最有趣动画作品"。

2008 年，由于受到优酷、土豆等视频分享网站的冲击，大多数网民转而投奔内容更加丰富多彩的视频类网站，Flash 动画的关注度开始下降，包括网易、新浪等各大门户网站的 Flash 频道陆续被撤下，曾经的 Flash 已辉煌不在。

2011 年 1 月底，很多人忽然发现"闪客帝国"网站已经无法打开，时至今日，依旧如此，网上无任何的声明，具体原因不详……

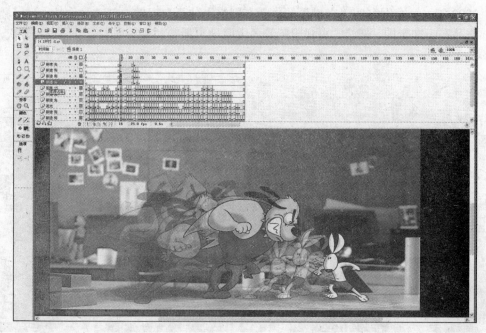

图 1-9

## 1.2.2　商业动画

　　相对于不求回报的个人创作的独立 Flash 动画，商业动画则是以盈利为目的进行的。商业动画一般都是由公司或工作室等多人团队为制作班底，由投资人或导演统一安排剧本、制作进度，制作完成后再去想尽办法去追逐利益最大化。

　　1999 年，台湾地区同样兴起了 Flash 动画热。台湾春水堂科技娱乐公司在网络上推出了一个叫做"阿贵"的小男孩，经过多年持之不断的努力和更新，"阿贵"在台湾大获成功。2001 年，阿贵登录大陆地区各大网站，并迅速走红。随后，"阿贵"入选美国《时代周刊》"2003 年度亚洲英雄榜"。2005 年，春水堂公司的"阿贵"正式协手河南小樱桃卡通公司的动漫明星"小樱桃"，一起进行大陆地区市场的开拓，如图 1-10 所示。

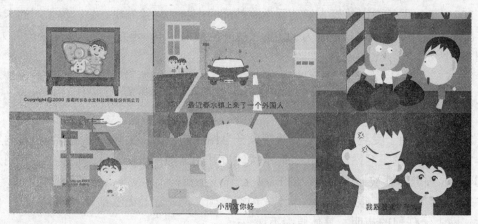

图 1-10

2000 年，一家名为"showgood"的公司在香港地区悄然成立。随后，一部名为《大话三国》的 Flash 系列动画片开始在网络中出现。这是一部令人耳目一新的动画，依然是耳熟能详的三国人物，但却是骑着摩托车，在摩天大楼中穿梭，以一种完全"无厘头"的方式将传统经典进行了颠覆式的诠释。其中，以陈小春《神啊救救我吧》那首歌为背景音乐，调侃了吕布和貂蝉的爱情故事的那集，被观众奉为经典，如图 1-11 所示。

图 1-11

"showgood"公司为整个 Flash 商业动画进行了一次具有历史意义的探路，他们制作了一部《大话三国》的片外篇，叫做《小兵的故事》，在网络上以付费的形式让观众观看，每看一集收费一元钱。随后又将《小兵的故事》以 DVD 的形式进行了发售，但可惜的是，收益并不理想，如图 1-12 所示。

2002 年开始，台湾地区的洛可可动画&音乐制作团队开始了新的 Flash 商业动画道路的尝试，他们和台湾著名作家吴若权先生进行合作，为吴先生出的小说制作 Flash 动画，并放入随书光盘中供读者观看，同时也放在网络上。于是，一部部脍炙人口的爱情动画作品开始走红，其中尤以系列动画《摘星》最为成功，精细的画面、唯美的音乐，再配以"伸手摘星，未必如愿，但不会弄脏你的手"等经典对白，成功赚取了读者的眼

图 1-12

泪，从而为 Flash 商业动画开拓了新的发展道路，如图 1-13 所示。

图 1-13

同样在这一时期，大陆地区的 Flash 商业动画也开始逐渐发展起来。2003 年，洛阳人

"拾荒"在上海成立了他的"上海拾荒动画公司"，开始全面制作他的《小破孩》系列动画。拾荒 1994 年就进入了当时中国动画行业首屈一指的上海美术电影制片厂工作，熟悉传统动画的制作手法和流程，他将这些经验用在 Flash 动画制作上，在中国取得了巨大的成功，如图 1-14 所示。

2005 年，北京彼岸天文化有限公司正式成立，并开始了 Flash 动画的制作。这是一家高产的公司，每年都有十余部制作精良的动画出品。2006 年推出的《燕尾蝶》更是横扫一切，在当年囊获了几乎所有国内大型动画赛事的最高奖。如图 1-15 所示。

图 1-14

图 1-15

## 1.2.3 全新的 Flash 时代

随着 Flash 软件的功能越来越强大，现如今的 Flash 早已不仅仅被用来制作动画片了。

2008 年年底，一款名叫《开心农场》的游戏开始在各大社交网站上登录，并迅速以井喷的速度火爆全中国。这是一款是以农场为背景的模拟经营类游戏，玩家可以在农场中种植各种农作物，成熟后可以卖掉赚取游戏币，同时也可以偷好友家的农作物，俗称"偷菜"，如图 1-16 所示。

这是利用 Flash 最新的 Action 3.0 的功能制作的一款网络游戏，将 Flash 的应用领域推到了一个全新的高度，结合了 Flash 绘图、动画、编程等功能，彻底奠定了 Flash 在交互设计领域中的地位。

自此以后，这种应用于社交网站的 SNS 游戏（全称 Social Network Site，即社交网站游戏）呈现出大爆发的发展势头，推出了《开心牧场》、《QQ 餐厅》、《开心水族箱》、《楼一栋》、《胡莱三国》等游戏，如图 1-17 所示为游戏《胡莱三国》。

2010 年，随着 iPhone 4 手机的推出，以及 Google 开发的 Android 手机操作系统的全面普及，智能手机的概念开始被国人所接受，与此同时，在智能手机上运行的游戏也成为香饽饽。Adobe 公司审时度势地开始了 Flash 游戏化的进程，并在 2010 年推出的 Flash CS 5.5 版本上得以实现。

图 1-16

图 1-17

但由于苹果公司的封杀，Flash CS 5.5 能够直接开发 iPhone 手机上的游戏只能停留在理论上。这些新加入的技术在 Android 手机操作系统中被采用，Flash CS 5.5 终于可以在手机游戏领域大展身手。

2011 年 2 月，著名的 IT 教程类网站 www.Lynda.com 推出了一套视频教程《Flash Professional CS5 Creating A Simple Game For Android Devices》（使用 Flash Professional CS5 创作一个简单的 Android 游戏视频教程），第一次将这种技术公开化。

在这之后，我们有理由相信，Flash 这款软件会在游戏、交互等领域有所作为。

## ▐▶ 1.3　学习 Flash 的方法

读者首先需要明确一个概念，即广义动画和狭义动画。在之前所介绍的都是狭义动画，即有剧本、情节、角色、场景的动画片。而广义动画，则包括一切能够运动的画面，它的应用领域有影视包装、影视特效、影视广告、多媒体交互动画、网页动画、建筑漫游动画、游戏动画等。

在动画专业的毕业生中，绝大部分从事的都是广义动画方面的工作，而从事狭义动画也就是动画片制作的，只有不到总人数的 10%。因此，从就业角度来考虑，如何在学习 Flash 动画前就给自己定位好学习方向，是很重要的。

### 1.3.1　综合素质

创作一部优秀的 Flash 动画作品，不光需要有熟练的软件操作技巧，更需要制作者的综合素质，这其中就包括色彩感、镜头感、空间感、造型能力、创意能力、设计能力、手绘功底、逻辑思维能力等。

这些综合素质都是需要在日积月累中形成的。在学校的学习中，专业基础课是必须要重视的，素描能够提高造型能力，水粉能够锻炼色彩感和空间感，多画一些创意素描和水粉也有助于创意能力的提高。如图 1-18 所示是郑州轻工业学院动画系 09 级王凡的基础课作品。

图 1-18

　　另外。摄影和拍摄 DV 短片，能够锻炼镜头感、空间感等。经常在纸上绘制一些草图，有助于锻炼造型能力和手绘水平，更重要的是可以使设计更加深入。草图的数量很大程度上决定了设计的深入程度，只有在草图数量上达到量变，才能使最终的设计方案达到质变。

　　同时，多进行一些上色的练习，尤其是质感的表现练习，要特别注意各种不同质感的高光、阴影以及折射的特点。

　　如果有机会，多参与一些实际的项目，这将有助于提高自己的实战经验。如图 1-19 所示是郑州轻工业学院动画系 06 级于彩丽和赵欣为某公司的一款产品制作的 Flash 动画广告。

图 1-19

　　有可能的话尽可能多尝试一些跨专业的设计，如网页、多媒体交互等，这样有助于提高设计能力，增强排版、色彩搭配方面的技能。如图 1-20 所示为郑州轻工业学院动画系教师傅畅用 Flash 为西雅图美语教学制作的多媒体交互界面。

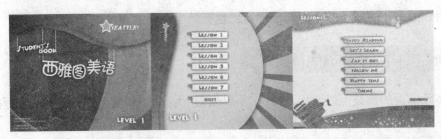

图 1-20

另外，也可以与工业设计等专业联合，一起进行动漫产品的设计，或者动漫衍生品的开发，这将极大提高动画专业学生的结构设计能力。如图 1-21 所示是郑州轻工业学院动画系 07 级胡海洋、08 级褚申宁为某公司设计的 MP3 外观形象设计，效果图基本上都是使用 Flash 绘制的。

图 1-21

过于偏执于技术，就会造成创意能力的下降，这对于动画专业来讲几乎是致命的。如果仅仅为了进入动画公司从事制作的话，还无可厚非，但如果想要进一步提高，创意能力会成为一个很大的制约。

很多动画从业者为了能够想出一个好的故事而绞尽脑汁，实际上创意、故事都是从日常生活中逐渐积累的。在这里也推荐养成经常用画来记录生活的习惯，把自己每件有意思的事情画下来，这样有助于提高创意、故事以及情节编排的能力。同时可以结合博客、微博，以及各大网站的动漫频道进行发布和推广，不仅能使更多人看到自己的作品，而且也增加了出版的可能性。如图 1-22 所示是郑州轻工业学院动画系 08 级王娟用 Flash 绘制的生活日记《这小两口》，在腾讯网动漫频道连载，短时间内点击率已经突破 10 万。

图 1-22

另外，在课下多看一些各方面的书籍，也有助于综合素质的提高。

### 1.3.2 Flash 软件的学习

从本章前面的部分可以看出，Flash 不仅仅是一款动画软件，还有较强的编程能力，因此建议在学习前就要明确自己的学习方向。

对于广大动画专业的学生来讲，Flash 的学习方向无疑就是动画的制作。

Flash 是一款极易上手的动画软件。纵观 Flash 的动画制作流程，实际上就是绘图、调动作、合成三个环节。这其中的任何一个环节所需要掌握的命令都不多，甚至可以在几天之内就完全掌握，但这仅仅只是技术层面，例如调动作这个环节，所需掌握的无非是关键帧和曲线编辑器，但如果希望能够调出流畅的动作效果，就要在运动规律上下工夫。

如果出于对以后就业问题的考虑，可以先对 Flash 动画公司做一些简单的调查，例如可以登录一些招聘网站，看一下 Flash 动画公司的招人标准是什么。

可以这样说，Flash 是目前国内使用最为普遍的动画软件，因此相关公司也较多，但这些公司的规模则有大有小。对于小公司来说，由于人手少，对员工 Flash 综合操作素质要求较高，最好能够独立完成一部动画片的制作。而对于大公司来讲，分工比较明确，因此所需要的都是专才，也就是说，在整个 Flash 动画制作的某一个环节很精通的人。

因此，对于学习 Flash 这个软件来讲，最好先熟悉整个制作流程，然后再有针对性地学习某一环节。

在学习的过程中，遇到问题可以查看软件的 Help（帮助）文件，也可以登录一些人气较好的专业论坛进行询问。另外，相互间的交流也是必要的，将自己的作品发布到网络上，会有专业的人士帮你指出不足，这对学习也是有好处的。

在学习了一段时间以后，最好能够参与一些实际运作的项目，由此来提高自己的实战能力。如果找不到的话，也可以和一些志同道合的朋友一起，合作完成一部动画片，这对于自己的提高也是很有帮助的。

## 本 章 小 结

本章系统地介绍了 Flash 软件的历史和特点，可能这些介绍依然不足以满足大家，课后可以登录一些专业的 Flash 网站，看看高手们的作品，提高一下自己的眼界。

另外本章提及的 Flash 作品，请尽量找到并观看。

# Flash 动画的前期准备

无论是三维动画、二维动画还是定格动画，前期的流程都是一样的：先创建剧本，再根据剧本制作文字分镜、画面分镜以及分镜动画，同时开始角色设计、场景设计、道具设计等，然后再根据角色进行原画的绘制，如图 2-1 所示。

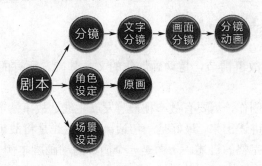

图 2-1

考虑剧本之前首先要确定这个故事打算做成什么类型的。在国际上，把故事的类型概括为 37 种，分别是：动作（冒险）、卡通、集体演出、实验、传记、友谊、都市故事、喜剧、犯罪、幻灭或觉醒、纪录片、喜剧、教育片、幻想、历史剧、恐怖、旅行、爱情故事、成长故事、仿纪录片、音乐电视（MTV）、音乐片、神话、沉迷（沉溺、诱惑）、个人、后现代、惩罚、心理剧、真人秀、拯救、科学幻想、社会问题、体育、超自然、悲剧、战争、西部片。

## ▶ 2.1 动画短片的构思

### 2.1.1 前期策划

在构思一个动画短片时，请想一下，该短片是否能够通过 DV 拍摄出来，也就是说是否是现实题材。如果是，那这个短片就缺乏动画独特的表现性，不适合做成动画。

例如：

小林来到母校参加校庆，回忆起曾经的事。他那时是众人眼里的坏学生。他上课不听讲，只喜欢干自己的事情，为此老师们很头疼，最后干脆不管他。这学期，来了位新老师——小马老师。小马老师得知小林的事后，经过一段时间的观察，发现小林有自己的梦想，就是当一个漫画家，别的老师都认为这样的理想是玩物丧志，但小马老师却很支持她，并且主动买些书送给小林，最后小林成功了。校庆上，小林握着马老师的手，感激得留下了眼泪。

该剧本都是现实中发生的事情，通过 DV 可以拍摄出来，因此缺乏动画的表现性，不适合做成动画。记得，动画要具有想象力，有它独特的超越现实的表现力，所以剧本一定要将这些特点体现出来。

例如：

主人公起床，往自己的调色板上挤满各种颜料，出门走在都是线条的城市中，整个城市都只用黑色线条来表现。主人公不断地在来往的人身上涂上颜料，使他们变成彩色的，还不断往建筑上面涂颜料。最后将天空画成夜晚，画上焰火，使整个城市变得绚烂起来。

## 2.1.2  剧本的编写格式

剧本即整部动画的故事情节，是动画创作的文本基础，所有的设计都要根据剧本来进行。

如果是一般的动画创作，需要有故事梗概、发展主线、故事情节等。故事梗概要求用最少的文字将整个故事讲述出来，最好是一句话；发展主线是将故事发展的一些转折点标注出来；故事情节则是完整的讲述。下面是一个简单的动画剧本例子：

---

**故事概述：**

一个 14 岁的小男孩，跟随进城打工的父亲一起，在城市里面的生活。

**主线：**

进城→入校被拒→在家帮父亲分担家务→进民工子弟学校→上春晚

**心情变化主线：**

新奇、害怕→被人歧视→从无所事事到渴望读书→坚强、自立、刻苦→骄傲

**故事情节：**

14 岁那年，我随打工的父亲一起，第一次来到这个陌生而又繁华的城市，第一次看到汽车，第一次看到高楼大厦，第一次看到红绿灯。一切都是那么的新奇，我忽然发现我的眼睛不够用了。

父亲在外面打工，他告诉我要上进，要上学，这样才能出人头地，才不会被人看不起。一天清晨，我被屋外的吵闹声惊醒，出去一看，是父亲在向一个衣冠楚楚的胖老板请假，胖老板不断地摆手，转身要走，父亲追上去，不断地低头哈腰，终于，那个胖老板点头了……

**以下略。**

---

一个优秀的剧本应该有完整的结构，具备开头、发展、高潮、结尾等部分，每个部分应独立完整，并由剧本的主线将这些部分串联起来。在写剧本的时候，一定不要千篇一律

地都是线性叙事方式，要使情节之间的节奏有变化，并在不影响剧情的情况下，可以试着加入倒叙、插叙等叙事手法，这样故事的讲述形式会更加丰富。

### 2.1.3 剧本的三幕结构

在古希腊，歌剧曾经盛极一时。在每一幕歌剧结束的时候，巨大的幕布就会被放下。这一传统一直沿用至今，也是"谢幕"一词的由来。这里面的"幕"，就是本节要介绍的三幕结构中的"幕"。在一部歌剧、电影、动画中，故事被分为几个部分，每一个部分就是"幕"，这是故事的宏观结构。

在古希腊著名学家亚里士多德所著的《诗学》中，对故事的结构有这样一段阐述："在故事的长短——读完或演完它需要的时间——和讲述故事所必需的转折点数量之间具有一种联系：作品越长，重大的逆转便越多。"简言之，故事的长度和转折点的数量要成正比。这个两千多年前的论断，使之后的剧本有了一个比较完善的理论基础。在最近的几十年间，美国好莱坞也把电影剧本的结构法整理出了一个标准，叫做三幕结构。直至现在，三幕结构不仅在好莱坞的电影剧本中发挥着作用，还渗透到商业娱乐圈的各个领域，电视节目、电影、动画节目、书本故事、歌剧和戏剧，很多都采用三幕结构的方式编写。

具体来讲，无论是两个小时的长片还是5分钟的小短片，三幕结构都把剧本分为三幕，即建置（setup）、对抗（confrontation）和结局（resolution）。

第一幕建置（setup），是整个故事的开篇，一般情况下，需要占整个故事情节的25%的长度。而在这当中，前10%的故事当中，要将故事主人公的职业、生活背景和本来愿望交代清楚。之后的15%，要使情节按照正常的情况来发展。

第二幕对抗（confrontation），占整个故事情节的50%左右。第二幕的一开始就会有第一个转折点，即故事情节开始偏离正常的情况，这时故事节奏开始加快，逐渐进入第二个转折点，这是一个导火索，为故事高潮的到来做铺垫。因此，第二幕也可以看做是通过一系列情节逐渐向高潮发展的一个过程，主人公遇到许多冲突，面临许多困难和障碍需要克服。

第三幕结局（resolution），占整个故事情节的25%。在这一幕中，故事达到高潮，各种不相关的情节彼此联系起来，各种问题得到圆满解决，从而完成大结局。

以一部4分钟的动画短片为例，其三幕结构应该如图2-2所示。

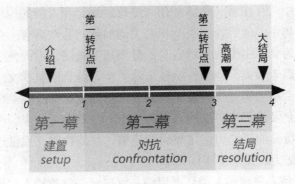

图 2-2

## ⅢⒷ 2.2　动画系列片的构思

　　Flash 很适合制作系列动画片，目前在电视台热播的《喜羊羊和灰太狼》系列就是以 Flash 软件为主进行制作的。

　　一般情况下，一部动画系列片以 26 集为一季，52 集为一部，这是借鉴了日本的动画模式，以每周播出一集为主要播出模式，所以 52 集正好可以播出一年。

　　动画系列片属于商业动画，因此需要以角色为主，情节为辅，因为后期需要角色来制作大量的衍生产品，从而达到盈利的目的。因此，剧本需要从宏观上来架构出核心世界观，并整理出这个世界观的行为准则和方式，包括这个世界的人是怎么生活的，这个世界发生过怎样大的变故，这个世界是怎样运行的。然后设计每个角色的性格、特点，甚至家庭情况和特殊技能等，这一部分必须非常详尽，这样一个个活生生的角色才能展现出来。

　　下面是一个标准的动画系列片的剧本创意策划，由北京电影学院博士、郑州轻工业学院动画系教师汤梦箫撰写。

---

　　**1. 创作主旨**

　　**(1) 创新：**为了让本作品从每年申报的几百部动画片中脱颖而出，紧扣**"急救超人"**进行剧本、形象、场景创作。**(从创作角度考虑)**

　　**(2) 思想主题：**和谐社会的主流价值观，具有教育意义，正确引导少年儿童的世界观。**(从审批角度考虑)**

　　**(3) 内容主题：**寓教于乐的创作方法，把 52 集作为一个整体，同时每一集又是一个独立的小故事。从少年儿童的日常生活、面对的社会、家庭、个人问题出发，尽可能发掘其中有趣的故事，以此作为构建影片情节的基础，充分重视娱乐效果的营造。**(从观众接受角度考虑)**

　　**(4) 配合企业形象宣传：**发扬企业文化，树立企业形象，打造独特的营销模式。**(从企业角度考虑)**

　　**2. 故事架构**

　　在浩瀚的宇宙中，存在着一个急救超人星球，这是和人类的生理、心理结构最为接近的一个外星人体系。他们像人类一样有生老病死、悲欢离合，依赖阳光、空气和水生存，以动植物为食。由于他们对自身的健康极度关注，因而他们对环境、食物、水源的要求要远远高于人类。他们在学校里除了学习综合的科学文化知识外，都要专修医疗急救专业，合格的毕业生将被派驻到各个星球执行医疗救助任务。因此，他们具有普通人类不可企及的医疗救助的水平和能力。另外，每一个急救超人由于家族遗传，各自具有一种特殊的超能力，比如瞬间位移、身体拉伸、视觉透视、受到伤害后快速复原、超强记忆力、使思维实体化等。

　　2012 年，急救超人星球和人类订下盟约，派驻一些急救超人到地球上每一个有孩子和老人的家庭中（因为资源有限，这样的家庭更需要急救超人的帮助），时间为一年，

---

直到人类完全掌握急救医疗常识，将其熟练运用。急救超人来到地球之后，自然会通过身体力行的救助工作带给人类许多帮助，但同时一方面由于他们初来乍到，不适应地球的环境，会闹出许多笑话，也会需要人类的帮助；另一方面他们也要根据许多只有地球上才会出现的伤害情况不断调整自己的心态和想法，在技能上不断充实自己。主人公急救超人2012号就是这样来到地球上的一个三口之家的。

### 故事发生的时间

一年。之所以设定为一年，是考虑到四季的更替。因为不同的季节会导致一些特殊的伤害，如冬天的冻伤、夏天的晒伤，春天的皮肤敏感、蜜蜂叮咬等，会对故事创作有很大帮助。

### 故事发生的空间

小空间：主人公急救超人生活于其中的三口之家。

大空间：与这个小空间有联系的社区、城市。

### 故事梗概

2012年，2012号急救超人诺亚来到地球上的一个三口之家。诺亚是一个13岁的男孩，英俊帅气，是急救超人星球学校的高材生，以优异的成绩提前五年从学校毕业，被派驻地球。表面上看，他意气风发，自信满满，然而由于父母的基因问题，他没有其他急救超人所拥有的独特的超能力，因而在内心深处没有安全感，甚至自卑。毕业之后，诺亚放弃了在自己家乡优越的生活和学习条件，主动要求来到地球，目的就是为了摆脱熟悉的环境，不再受到周围人嘲弄，因而来到地球之初，他并没有意识到自己对于人类的责任感，而是到处冒险、闯祸，甚至利用自己的救护知识制造恶作剧，给人类带来了很多的麻烦。

他进驻的三口之家是由一对35岁左右的父母和10岁小男孩（小迪）组成的典型中国式家庭，养着一条宠物小狗。表面上看这个家庭和中国的其他家庭一样和谐美满，但实际上存在着种种问题，比如父母工作忙碌对小迪关心不够，导致代沟产生；小迪比较内向、腼腆，在与人沟通上存在着困难等。因此诺亚和小迪表面上看来性格相差很大，一个大大咧咧、不可一世，一个谨小慎微、软弱自闭，但实际在内心中都有一种自卑感，以及与周围人保持距离的疏离感。当然，小迪周围生活着许多人类家庭，比如邻居、小夏（女孩）一家、一对没有孩子承欢膝下的孤独老人、养着一头大恶犬的单身男子、淘气的坏同学等。这些家庭中也进驻着一些急救超人，他们也是性格各异，诺亚最经常接触的有两个同类：一个女性急救超人菲尔，这是一个善良，但有公主病的女超人，与诺亚从一开始的抵触到后来成为莫逆之交；一个是同样与诺亚有着超人的智慧和能力的男急救超人队长，和诺亚处处作对，有自私、冷酷的一面，想接近菲尔，与之做朋友，但得不到菲尔的信任，与诺亚矛盾加深，但最终被诺亚改变，成为一个优秀的急救超人。一年中，诺亚在与小迪的相处、与周围人交往的过程中，帮助小迪走出封闭的状态，重拾生活的快乐，他自己也逐渐意识到了责任的重大，以及超能力与幸福人生的关系，拥有一种与众不同的特殊能力并不一定就是幸事，没有也不必怨天尤人，一切都视乎自己对生活的态度和追求。

以上是故事的梗概，所有的角色都是暂定，需要进一步设计。另外每一集的故事都将围绕着诺亚、小迪、小夏、菲尔及他们周围的人展开，从生活中取材构建故事，安插一两个与急救知识相关的情节，可以是主线上的关键情节点；也可以适当放置于副线之上，简略带过，让两种情况交替出现，避免过度重复。

### 3. 角色设定

| 角　色 | 性格特点 | 家庭情况 | 特殊技能 |
|---|---|---|---|
| 诺亚<br>（急救超人，13岁，男） | 初到地球时表面看来玩世不恭、傲气十足、能言善辩，但这都是掩饰其内心自卑的表象。随着剧情的进展，在不断帮助人类的过程中增强自信，收获友情和亲情的同时明白了幸福的真正内涵 | 小迪<br>小迪的父母<br>宠物小狗 | 无 |
| 小迪<br>（人类，10岁，男） | 自闭、软弱，不善言辞，在与诺亚的相处中，逐渐感受到了爱的力量，变得坚强和开朗 | 父母<br>诺亚<br>宠物小狗 | 无 |
| 小夏<br>（人类，10岁，女） | 嗓门大，胆子小，热心助人，但冒冒失失，能力不足，总是闯祸惹乱子 | 父母<br>菲尔 | 无 |
| 女性急救超人菲尔 | 平时非常温柔，但是有些过头，总认为别人受伤了，要给别人治疗。遇到火锅、香锅等热火朝天的食物马上变得异常激动 | | 手臂上的护盾护甲，一方面可以防御，一方面可以使用冻结光束，使一切冻成冰块 |
| 队长<br>（急救超人，18岁，男） | 个人能力超群，冷静、理智，通过艰辛的个人奋斗历程成为派驻地球的急救超人的领导者，但嫉妒诺亚的才华，担心其有朝一日诺亚会代替自己，总与其作对。后经过与诺亚及人类的相处，重拾善良本性 | 一对孤独老人夫妻 | 受伤后迅速复原 |
| 急救超人 布瑞 | 有勇无谋，鲁莽，冲动，心直口快，是诺亚的朋友 | | 瞬间位移 |
| 急救超人 X | 队长的随从，善于溜须拍马，制造阴谋诡计 | | 看透人的内心 |

### 4. 怎么编故事

| 待选的道理 | 待选的事件 | 待选的矛盾 | 待选的急救知识 |
|---|---|---|---|
| 与父母沟通 | 父母误会小迪偷钱 | 小迪的性格造成矛盾；队长人为制造事件矛盾 | 触电后急救 |
| 增强责任心 | 小夏家的宠物小猫烫伤了，菲尔求助诺亚，诺亚只顾着自己玩，延误了救护时机，导致小猫死去 | 诺亚的性格矛盾 | 烫伤急救 |
| 形成个性与盲目叛逆的界限 | 小迪跟小夏学习轮滑，小夏逞强好胜脚扭伤了，菲尔无能为力求助诺亚。诺亚为了显示与众不同，以反常规的方式治疗，导致小夏越来越严重 | 诺亚的性格矛盾 | 踝关节扭伤急救 |
| 克服嫉妒 | 由于诺亚在急救超人中的声望日益增长，队长害怕自己的地位被取代，因而在一次执行任务的过程中试图陷害诺亚，没想到差点殃及菲尔和小迪，认识到自己的错误 | 队长的性格矛盾；队长与诺亚的矛盾 | 食物中毒急救 |
| 勇于表现自己，充满自信 | 学校运动会，小迪想报 4×100 米接力，但没有信心，后在小夏和菲尔的鼓励下参加，虽败犹荣 | 小迪与诺亚的矛盾 | 摔伤急救 |
| 环保主题 | 诺亚在一次执行任务的过程中，由于吸入过量的汽车尾气陷入深度昏迷，幸得队长用复原的超能力急救才免于一死 | 诺亚与队长的矛盾 | 人工呼吸 |

## ▶ 2.3　角色设定

根据剧本，对出场角色的形象进行设计，包括前期的性格、行为设定，然后根据角色特性开始绘制，要求有正面、侧面、背面的三视图，甚至还有 3/4 侧、俯视图等，另外还有角色的代表性姿势、关键表情效果。如果是多个角色的话，需要绘制一张总表，将所有角色都放进去，使身高差异显示清楚。如图 2-3 所示是郑州轻工业学院动画系 03 级学生范辉为他的动画短片《口香糖》设计的角色。

图 2-3

角色的设计流程一般来讲分为以下几个阶段。

**草图阶段**：可以拿铅笔在纸上快速绘制出角色的草图，并绘制多个方案，选中其中一至三个进入下一阶段。如图 2-4 所示这套角色设计是郑州轻工业学院动画系 05 级学生李金荣为她的毕业设计所绘制的。

图 2-4

**上色阶段**：将选定好的草稿扫描进计算机中，经过提线、勾线等步骤，在作图软件中上色，并观察效果，适当调整造型，如图 2-5 所示。

图 2-5

**完善设计阶段**：进一步完善角色设计，并添加细节，进行深入的绘制。设计出角色的代表性姿势、关键表情效果，并加入文字描述等，最终完成角色的全部设计，如图 2-6 所示。

图 2-6

## ⏩ 2.4 场景设定

　　根据剧情需要，根据情节绘制不同的场景，如果是一般的动画创作，一张分图层的场景即可，但如果较为复杂的场景，还需要绘制出场景的不同角度。

　　场景的设计流程一般来讲分为以下几个阶段：

　　**草图阶段：** 可以在纸上快速绘制草图，也可以使用手写板在 Flash 软件里直接绘制大致的上色效果。

　　**整理及上色阶段：** 根据先前设计的草图，在 Flash 或者其他软件中，将前、中、后三个景别分别绘制在三个图层上，这样后期调整动画效果时会方便很多。上色时，以先整体后局部的步骤，逐渐上色，使之完整。如图 2-7 和图 2-8 所示这张场景的草图和上色步骤，是郑州轻工业学院动画系 07 级学生施雅静为她的毕业设计所绘制的。

　　除了自己设计之外，还可以参考现实中的照片，并在此基础上绘制，日本的动画大师新海诚就多次使用这种手法绘制场景。如图 2-9 所示为郑州轻工业学院动画系何玲绘制的场景。

图 2-7

图 2-8

图 2-9

# 2.5　分镜

## 2.5.1　文字分镜

文字分镜是指使用文字描述的方式，将动画分镜头写出来。这种方式一般用于工期比较紧的动画制作，由于没有时间去绘制分镜，因此就用文字的方式来表达。要求语言准确，一般不要带有任何修饰性词汇，例如"天气好得让人心旷神怡"这样的表达就让制作人员无从下手，正确的应该是"蓝色的天空中飘着几朵白云，风把几片树叶轻轻吹了起来"，这样制作人员就知道如何绘制了。下表是郑州轻工业学院动画系04级学生屈佳佳的一个简单动画文字分镜。

| 序号 | 镜头 | 描　　述 | 对白/声音 |
|---|---|---|---|
| 01 | 中景转特写 | 空荡的房子，一个女孩蜷缩在角落，瑟瑟发抖，镜头上移至女孩背后的相框，照片上父母渐变成黑白色，字幕出：奢侈的幸福 | 争吵声，摔门声，瞬间变寂静 |
| 02 | 远景转中景 | 画面淡出，两栋楼的剪影，女孩站在楼中间的路上，过路的情侣和伙伴从其身边走过 | 嘈杂声，路人说笑声，背景音乐起 |
| 03 | 特写 | 手机屏幕，显示电话本为空 | |
| 04 | 远景 | 女孩渐渐由彩色变成黑白 | |
| 05 | 中景 | 女孩站在咖啡店门口，躲雨，男孩站在旁边 | 雨声 |
| 06 | 特写 | 雨水从女孩发梢滑落，随之眼泪也划过脸颊滴落 | |
| 07 | 特写 | 一滴眼泪滴落，眼泪由少渐多 | 有节奏的泪水滴落声 |
| 以下略。 | | | |

## 2.5.2　画面分镜

使用绘画的方式将每一个动画镜头绘制出来，一般对画面要求不高，能够表达清楚拍摄角度、摄像机的运动、人物的前后顺序、场景与人物的关系就基本可以了，如果有时间还可以绘制出光线的变化和表情变化等。如图 2-10 所示的分镜是由郑州轻工业学院动画系 04 级学生王翔为他自己的动画短片《just a story》所绘制的。

图 2-10

### 2.5.3　分镜动画

如果是一个团队在制作一部动画，而这个团队的人数比较多的话，导演对动画的意图很难准确地传达给每一个制作人员。这时就需要将先前所绘制的分镜，在剪辑软件中进行镜头的移动、推、拉等运动过程，生成一个完整的分镜动画，这样制作人员就能明白导演对镜头运动的要求。

## ➡ 2.6　原画

原画实际上就是角色关键动作当中的起始姿势和结束姿势，一般是由动画经验比较丰富的动作指导来完成。

原画也相当于角色的动作设计，也就是对角色的运动状态进行设计，它包含角色的性格定位、动作特征定位等。动作设计必须根据不同角色的运动过程，进行最具特征的格式设定，使每一角色的性格得以充分与合理地体现。

动作设计包括以下主要内容：肢体语言设计、表情动作设计、性格化动作、运动规律等，原画师则需要绘制出每一种动作的起始姿势和结束姿势。如图 2-11 所示为郑州轻工业学院动画系 05 级学生李金荣所绘制的原画。

图 2-11

## ➡ 2.7　位图和矢量图的区别

在计算机领域中，图像一般分为两种，即位图和矢量图。这是两种完全不同的图像格式，接下来分别介绍它们各自的特点。

### 2.7.1　位图

"位图"俗称"点阵图"，是由一个一个的点所组成的，这些点被统称为"像素"。在使用计算机时，我们经常会和"像素"打交道，例如在设置显示器的屏幕分辨率时，会设置为1024×768或1440×900，这些数值后面的单位就是"像素"。

一个一个的"像素"组成了一张"位图"，比如一张图片的大小为800×600像素，那么这张图的宽度是由800个像素点、高度是由600个像素点所组成的。也同样基于这个原因，当放大位图时，可以看见赖以构成整个图像的无数单个方块，也就是"像素"。扩大位图尺寸的效果是增大单个像素，这样就使线条和形状显得参差不齐。例如一张800×600像素的位图，如果被拉大到2400×1800像素的话，就会出现大量的"马赛克"，如图2-12所示。

位图的优点是表现力丰富，只要有足够多的不同色彩的像素，就可以制作出色彩丰富的图像，逼真地表现自然界的景象。而缺点就是受限于像素的大小，不能无限放大。

位图有两种常用的色彩编码模式，分别是：

（1）RGB模式。位图颜色的一种编码方法，用红、绿、蓝三原色的光学强度来表示一种颜色。这是最常见的位图编码方法，可以直接用于屏幕显示，一般在计算机、电视、电影等媒介中的图片都采用这种编码模式。

（2）CMYK模式。位图颜色的一种编码方法，用青、品红、黄、黑四种颜料含量来表示一种颜色，也是常用的位图编码方法之一，如果图片要用于出版印刷，就必须将图片转为该模式。

位图常用的绘图软件有以下几种。

（1）Adobe公司出品的Photoshop软件。该软件可谓是鼎鼎大名，几乎可以被认为是该领域最杰出的软件。目前Photoshop的最高版本为CS6。

（2）Corel公司出品的Painter软件。这是一款极其优秀的仿自然绘画软件，可以真实地模拟出水彩笔、水粉笔、马克笔等各种绘画用品所绘制出来的不同效果，同时还有各种纸纹可供选择，几乎拥有全部的仿自然画笔，是艺术家们所钟爱的软件。

（3）Easy Paint Tool SAI。这是一款极为小巧的绘图软件，专门用来绘图使用，原理与Painter相同，但更为精简。

## 2.7.2　矢量图

"矢量图"也被称为"向量图"，基于直线和曲线来描述图形，这些图形的元素是点、线、矩形、多边形、圆和弧线等，最关键的是它们都是通过数学公式计算获得的。

矢量图通常都是由色块素组成的，最大的优点是它不受分辨率的影响，可以无限放大并且不失真，而缺点则是难以表现色彩层次丰富的逼真图像效果，如图2-13所示。

图 2-12

图 2-13

矢量图常用的绘图软件有以下几种。

（1）Adobe 公司出品的 Illustrator 软件。这是一款专业的矢量绘图工具，是出版、多媒体和在线图像的工业标准矢量插画软件。它的文件为 ai 格式，已经成了业界的标准，几乎任何一款绘图软件都能识别 ai 格式的矢量文件。

（2）Corel 公司出品的 Painter 软件。这同样是一款出色的矢量绘图软件，也是业内唯一能同 Illustrator 抗衡的矢量软件，它具有友好的界面和标准的制图流程，受到很多设计人士的喜爱，并屡获国际大奖。

（3）Adobe 公司出品的 Flash 软件。这是一款以矢量为主的动画软件，由于其矢量的特点，使得 Flash 输出的动画文件体积极小，方便放在网络上交流，而且无论放多大也不会失真。它所输出的 swf 文件格式已经成为业内标准。

# 本 章 小 结

本章针对 Flash 动画的制作流程进行了较为详细的讲解，该流程不仅适用于 Flash 动画，也适用于几乎所有的动画制作，因此，认真学习并掌握以上内容，为以后从事动画行业打下坚实的基础。

# 第3章

# Flash 的基础绘图操作

## ⫸ 3.1 Flash 的界面

打开 Flash CS 5.5 软件，启动后会显示一个启动窗口，可以直接按照 Flash 内设的模板创建文件，也可以直接打开最近的项目，或者学习 Flash 的一些教学内容。如果希望下次启动不再显示该窗口，可以勾选窗口左下角的"不再显示"选项，如图 3-1 所示。

图 3-1

新建一个文件，就可以进入 Flash CS 5.5 的主面板。单击正上方的"基本功能"，可以看到"动画"、"传统"、"设计人员"等，选择其中一个选项后面板的布局会随之改变，如图 3-2 所示。

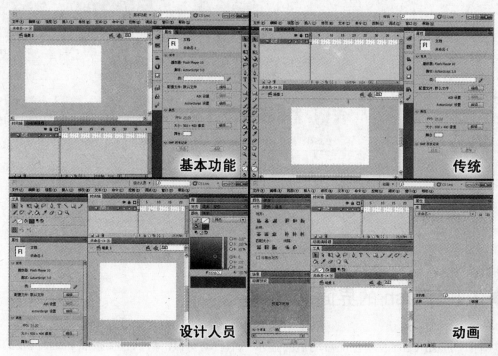

图 3-2

这是 Flash CS 5.5 为不同的软件使用人员所设定的界面布局，如，"动画"布局面板，就会把动画编辑器、场景等面板放在显要的位置，便于操作。

下面以"传统"布局面板为例，来看下 Flash CS 5.5 的界面布局。整个界面可以看做 5 个部分，分别是菜单栏、工具栏、舞台、时间轴、面板组，如图 3-3 所示。

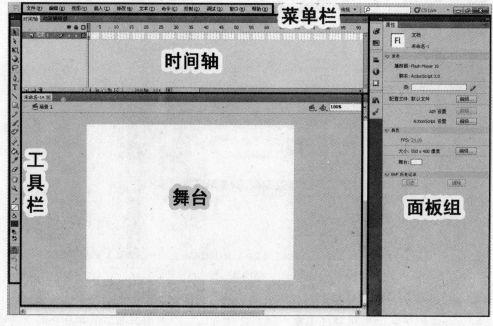

图 3-3

**1. 菜单栏**

Flash CS 5.5 的命令几乎都在菜单栏中，分别按照不同的菜单分类，一共有文件、编辑、视图、插入、修改、文本、命令、控制、调试、窗口和帮助，共 11 个菜单。单击任何一个菜单会弹出子菜单面板，可以选择相关的命令。

**2. 工具栏**

工具栏中主要包括绘图工具、视图操作工具及辅助工具，由上到下依次是选择工具、部分选取工具、任意变形工具、3D 旋转工具、套索工具、钢笔工具、文本工具、线条工具、矩形工具、铅笔工具、刷子工具、Deco 工具、骨骼工具、颜料桶工具、滴管工具、橡皮擦工具、手形工具和缩放工具。如果看到有的工具图标的右下方有小三角，就可以用鼠标单击该工具不放手，会弹出隐藏工具面板，里面还有其他的类似工具。如果只是用 Flash CS 5.5 来绘图，那基本上需要用到的工具都在工具栏里面，如图 3-4 所示。

图 3-4

**3. 舞台**

舞台也可以称为工作区，Flash CS 5.5 的绘图和调节工作都在这里进行，是使用频率最高的区域，同时也是最大的区域。

**4. 时间轴**

时间轴用来显示和管理当前动画的帧数和图层数，并对影片进行组织和控制等操作，是动画人员主要工作的区域。

**5. 面板组**

这里放置着 Flash CS 5.5 的几乎所有命令面板，分别有颜色面板、样本面板、对齐面板、信息面板、变形面板、库面板、动画预设面板等。这些面板对 Flash 的操作起到辅助作用，并可以添加更为丰富的效果。

注意观察一下，每个面板的顶部都可以使用鼠标进行拖动，改变面板的位置，也可以单击面板顶部的三角形图标，展开和收起各个面板。

# ▐▶ 3.2　Flash 的基础操作

## 3.2.1　Flash 的视图操作

对于 Flash CS 5.5 来说，所谓的视图也就是它的舞台。对舞台的操作只有两种方式，移动和放缩，分别使用工具栏中的"手形工具"和"缩放工具"。

"手形工具"可以将舞台进行移动，需要注意的是，这里的移动仅仅是针对舞台，就像把手里的一张画移到一边一样。

在绘图中，如果频繁的单击"手形工具"会很麻烦，有两种快捷键的解决方法：一种是按 H 键，就可以自动切换到"手形工具"；另一种也是最常用的，按住空格键不要松手，这样当前无论是什么工具，都可以直接切换到手形工具，并对舞台进行移动，而松开空格键，会自动切换回之前使用的工具，如图 3-5 所示。

"缩放工具"可以对舞台进行放大或缩小，以便于观看。单击"缩放工具"，再在舞台中单击，会放大舞台；按住 ALT 键单击，会缩小舞台。也可以先框选某一细节，这样就会放大框选范围内的部分。

"缩放工具"也同样有两种快捷键的解决方法：一种是按 Z 键，就可以切换到"缩放工具"；另一种也很常用，是按住 Ctrl 键的同时再按下"+"（加号）键，就可以将舞台放大；按住 Ctrl 键的同时再按下"−"（减号）键，就可以将舞台缩小，如图 3-6 所示。

图 3-5    图 3-6

### 3.2.2  Flash 的选择操作

Flash 中的选择操作基本上都是由工具栏中的"选择工具"来完成的，主要操作方式有单选、多选、框选三种。

单选：单击"选择工具"，在舞台中单击一下需要选择的物体。

多选：单击"选择工具"，按住 Shift 键，逐一单击需要选择的物体，就可以实现多选。如果发现多选了物体，可以依然按住 Shift 键，单击已经选择的物体，就可以取消该物体的选择。

框选：单击"选择工具"，在舞台上框出一个范围，在框内的物体都会被选中。

除上述的选择方式以外，"选择工具"针对所选择物体的不同，还有各种显示效果，一般有以下四种效果。

无选择物体时：在舞台中，"选择工具"的右下方会出现一个虚线所组成的方框。

选择实体物体时："选择工具"右下角会出现一个十字光标。

选择直线时："选择工具"右下角会显示一条曲线，表示可以将直线拖动为曲线。

选择线上的点时："选择工具"右下角会出现一个竖折线，表示这是一个拐点，如

图 3-7 所示。

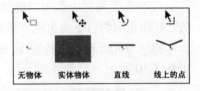

图 3-7

# 3.3　绘图流程示范实例——小狗

Flash 的绘图主要分为两个部分的绘制，一个是轮廓线的绘制，一个是填充色的绘制。基本的流程是，先使用绘制线的工具，进行物体轮廓的绘制和调整，形成一个封闭的线，再使用填充色工具填充为色块或渐变色。

Flash 中绘制线的工具主要有：线条工具、铅笔工具、钢笔工具等。

Flash 中调整线的工具主要有：选择工具、部分选取工具等。

Flash 中填充色工具主要有：刷子工具、颜料桶工具等。

本节将学习怎样使用 Flash 的绘图工具，绘制一只小狗，效果如图 3-8 所示。

图 3-8

## 3.3.1　线的绘制——椭圆工具

首先绘制小狗头部的轮廓线。

（1）鼠标单击 Flash CS 5.5 工具栏中的"矩形工具"不要松手，在弹出的浮动面板中选择"椭圆工具"。使用"椭圆工具"在舞台中拖动鼠标，绘制出一个圆形。

现在绘制出来的圆形是一个填充为蓝色、轮廓线为黑色的实体圆。如果希望绘制出来的圆形只有轮廓线，没有被填充的话，可以在绘制前就进行一些设置。在工具栏的最下方，有一个类似于"铅笔工具"和"颜料桶工具"的小图标，分别代表着绘制物体的轮廓线颜色和填充色。它们下面分别有一个色块，如果希望更改颜色，可以单击色块，弹出"颜色调节器"，选择一款颜色。如果希望没有轮廓线或没有填充，可以单击"颜色调节器"右上角的一个有红色斜线的白色方块图标，将颜色设置为"无"。

这里将轮廓线颜色设置为黑色，填充色颜色设置为"无"，而没有填充色了，如图 3-9 所示。

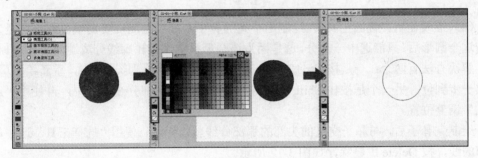

图 3-9

（2）在工具栏中单击"选择工具"，然后将鼠标放在已经绘制好的圆形轮廓线的右下方，等到光标的右下角出现一条曲线时，按住鼠标拖拽轮廓线，会看到圆形凸出了一部分。

继续使用"选择工具"，调整圆形轮廓线的其他部分，使其形状更像一只小狗的头部，如图 3-10 所示。

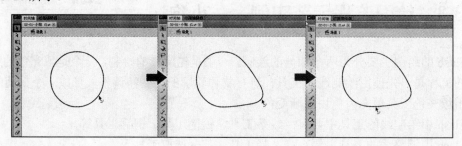

图 3-10

（3）继续使用"椭圆工具"，在小狗的头部绘制出眼睛的黑圈，再使用"移动工具"移动到合适的位置。

现在来学习一下 Flash 中复制物体的方法。选中刚才绘制的圆形，按 Ctrl+D 组合键，复制出一个同样的圆形，这样的操作就可以同时完成"复制"、"粘贴"两步。选中新复制出来的圆形，使用工具栏中的"任意变形工具"，会看到这个圆形周围出现了一个有 8 个点的调节框。将鼠标放在调节框的角上，这时鼠标光标变为两端箭头的斜线，再拖拽鼠标就可以将圆形放大、缩小。将圆形缩放为眼睛大小，并放置在合适的位置。

接下来要复制另外一只眼睛，再来学习一下 Flash 中另外一种复制物体的方法。选择需要复制的物体，按住 Alt 键的同时将眼睛移动到另外一只眼睛的位置，这样就可以完成眼睛的复制，如图 3-11 所示。

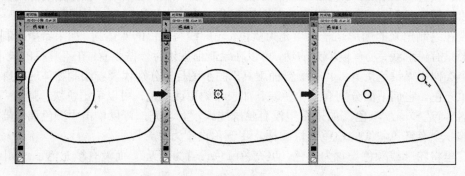

图 3-11

（4）继续使用"椭圆工具"，绘制出小狗的鼻子。如果绘制后要调整位置，可是发现单击这个圆形后，只能选中一部分，这是因为该圆形被头部的轮廓线分成了两部分的原因。

解决办法有两个：一是按 Ctrl+Z 组合键，撤销刚刚绘制圆形这一步，重新绘制鼻子，争取一步到位；另一个是按住 Shift 键，将被头部分成的两部分线都选中，再使用"选择工具"调整位置。

绘制完鼻子后，与鼻子交叉的头部的那部分线就没用了，使用"选择工具"选中鼻子内部的线，按 Delete 键删除，如图 3-12 所示。

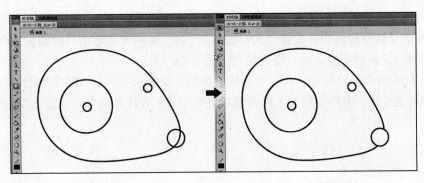

图 3-12

### 3.3.2 线的绘制——线条工具

（1）使用"线条工具"沿着小狗的背部绘制出一条直线，再使用"选择工具"放在背部的直线上，等到光标的右下角出现一条曲线的时候，按住鼠标将直线向斜上方拖拽，会看到直线变成了一条曲线，如图 3-13 所示。

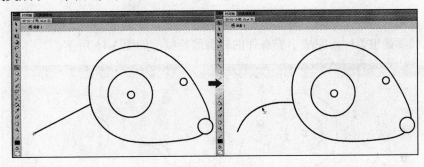

图 3-13

这是目前常用的绘制轮廓线的方法。这种方法的难点有两个，一是辨识曲线的数量，二是辨识曲线的弧度。这些都需要做大量的练习才能熟练掌握。

- 辨识曲线的数量

在绘制图形时，经常被要求的一句话是"绘制细致一些"，于是很多初学者就尽可能的多用线，明明一条曲线能绘制出来的，他偏用了两条以上。这样做的结果反而适得其反，曲线越多，绘制出来的效果越不平滑。同理，曲线太少，绘制出来的效果则不细致。这就需要将曲线的数量控制在合适的范围内。

如图 3-14 所示，辨识的主要依据就是一条线弧度的多少，例如最右下方那条曲线虽然只是一条线，但是它有 3 个弧度，因此就需要绘制 3 条直线才能调整出。

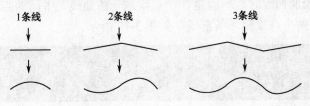

图 3-14

● 辨识曲线的弧度

Flash 这个软件的曲线有它自己的特殊性，比如一条曲线能够达到的最大弧度是多少，这些都需要去了解和掌握，然后在绘图时才能得心应手。

如图 3-15 所示，同样是只有一个弧度的曲线，如果只用一条直线来绘制，有的可以，但有的却差之千里，例如最右下角的曲线，需要用三条直线来调整，才能达到比较满意的效果。

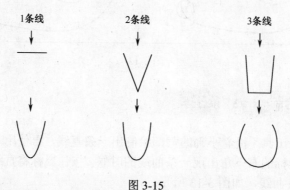

图 3-15

（2）使用"线条工具"沿着小狗身体的轮廓绘制直线，再使用"选择工具"，逐一将每一条直线都调整弧度，完成小狗身体的轮廓线绘制，如图 3-16 所示。

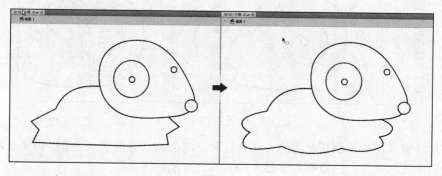

图 3-16

### 3.3.3　线的绘制——钢笔工具

首先来了解一下"钢笔工具"的使用方法。选择"钢笔工具"，在舞台中单击，会看到两点连为一条直线。如果希望绘制曲线，则可以按住鼠标拖拽一下，会出现曲线的调节杠杆，用以调节曲线的弧度。

"钢笔工具"绘制曲线时，一般是 3 个点绘制一条曲线，中间的点调节曲线弧度。而绘制直线时，则是两个点绘制一条直线，如图 3-17 所示。

图 3-17

单击工具栏中的"钢笔工具"图标不要松开，会看到弹出浮动面板中还有另外几个隐藏命令。

- 添加锚点工具：可以添加曲线上的点。选择该命令，这时光标会变成右下角有一个加号的钢笔头，这时将鼠标放在曲线上希望增加点的位置上并单击，即可生成新的控制点。
- 删除锚点工具：可以删除曲线上的点。选中该命令，这时光标会变成右下角有一个减号的钢笔头，这时将鼠标放在曲线上希望删除的点的位置上并单击，即可将该控制点删除。
- 转换锚点工具：可以将控制点在直线和曲线两种模式中转换。选中该命令，单击希望转换的控制点，即可完成转换。如果单击的是有调节杠杆的曲线的点，则该点马上变为直角，曲线变为直线；如果单击的是直线的点，则需要按住鼠标拖拽，即可拖出曲线调节杠杆，该线也将变为曲线。

接下来绘制小狗的耳朵部分。

（1）使用"钢笔工具"，第一点单击在耳朵与身体的交接处，第二点单击在耳朵的顶部，然后拖拽出弧线，第三点单击在另一个与身体的交接处。

如果觉得弧度不太好，可以单击工具栏中的"部分选取工具"，先单击一下该曲线，会显示出所有的控制点，再单击需要修改的控制点，则会出现曲线调整杠杆，这时进行调整就可以了，如图3-18所示。

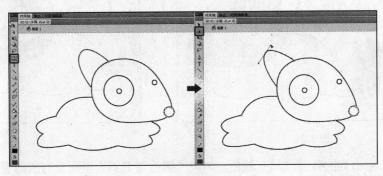

图 3-18

（2）使用同样的方法，绘制出小狗的另一只耳朵，如图3-19所示。

（3）接着使用"钢笔工具"来绘制小狗的尾巴，形状比较特殊一些，需要用到5个点来绘制，其中中间的3个控制点都要进行曲线调节杠杆的调整，如图3-20所示。

图 3-19

图 3-20

至此，小狗的所有轮廓线都已经绘制完毕了。

### 3.3.4 填充颜色——颜料桶工具

接下来为小狗添加颜色。

（1）单击工具栏中的"颜料桶工具"，再单击工具栏下方的填充色小色块，弹出"颜色调节器"，在里面选一款颜色，然后单击小狗的头部，会看到小狗头部被填充上了该颜色，如图 3-21 所示。

如果发现无法填充颜色，很有可能是轮廓线没有封闭好，需要仔细检查一下线与线之间是否连接。如果发现没有连接好的线，可以使用"选择工具"将线的端点拽到另一根线上，使它们相连。

如果仔细检查过依然没有发现断线，就有可能是有很微小的缝隙，这时可以在选中"颜料桶工具"的情况下，单击工具栏最下面的"空隙大小"，在弹出的浮动面板中选择"封闭大空隙"，再填充应该就可以了，如图 3-22 所示。

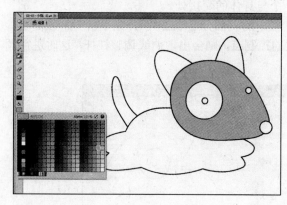
图 3-21

图 3-22

（2）逐一为小狗的各部位填充颜色。如果"颜色调节器"里面没有所需要的颜色，可以单击"颜色调节器"右上角的色盘图标，会弹出"颜色"面板，在这里可以随心所欲地调节颜色，调节完以后单击"确定"按钮，就可以使用"颜料桶工具"填充自定义颜色了，如图 3-23 所示。

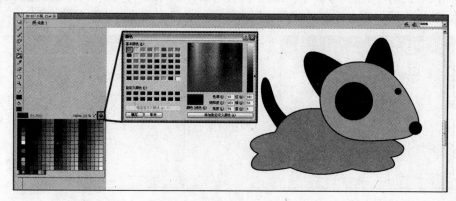
图 3-23

### 3.3.5 修改颜色——滴管工具和颜色面板

如果对小狗现在的颜色不满意，可以对填充色进行修改。在 Flash 中修改颜色通常有以下四种方法。

**1. 使用滴管工具吸取颜色**

在没有选择任何物体的情况下，在工具栏中选择"滴管工具"，光标会变为一个小吸管，可以在屏幕的任意处单击，吸取颜色。吸取以后会自动切换为"颜料桶工具"，单击舞台中相应的色块即可完成填充颜色的修改。

或者先选中需要修改颜色的色块，再使用"滴管工具"吸取颜色，会看到被选中的色块直接变为吸取的颜色了，如图 3-24 所示。

**2. 使用颜料桶工具修改**

在没有选择任何物体的情况下，单击工具栏下方的填充色小色块，弹出"颜色调节器"，在里面选一款颜色。然后单击工具栏中的"颜料桶工具"，再单击舞台中相应的色块即可完成填充颜色的修改。

**3. 直接使用"颜色调节器"修改**

先选中需要修改颜色的色块，再单击工具栏下方的填充色小色块，弹出"颜色调节器"，在里面选一款颜色，这时就会看到被选中的色块已经变为选择的这款颜色了。

**4. 直接使用"颜色面板"修改**

先选中需要修改颜色的色块，在面板组中找到"颜色面板"图标，单击展开"颜色面板"，然后直接调整颜色，会发现被被选中的色块实时显示调整的颜色，如图 3-25 所示。

图 3-24

图 3-25

### 3.3.6 轮廓线——墨水瓶工具

现在小狗的轮廓线是黑色，并且笔触高度（这是 Flash 中的名词，实际上就是线条的粗细值）为 1，这是 Flash 中轮廓线的默认值，如果希望进行调整，可以使用以下步骤。

（1）首先选择需要修改的轮廓线。在 Flash 中，如果只是使用鼠标单击轮廓线，只能选中其中的一段，即两点之间的那条线段。如果希望整体选中，可以双击轮廓线，这样，互相连接的颜色、笔触高度等属性都一致的轮廓线，就可以被整体选中。

如果希望调整整个轮廓线，也可以框选某物体，这样即便也选中了色块，但调整轮廓线属性对这些色块不会产生影响。

（2）再来调整轮廓线的颜色。选中需要调整的轮廓线，单击工具栏下方的笔触颜色小色块，在弹出的"颜色调节器"中选择一款颜色，会看到被选中的轮廓线已经变为选择的这款颜色了，如图 3-26 所示。

（3）接着来调节轮廓线的粗细。选中需要调整的轮廓线，在面板组中找到"属性面板"的图标，单击展开"属性面板"，调整"笔触高度"值，会看到轮廓线发生明显的粗细变化，如图 3-27 所示。

图 3-26　　　　　　　　　　　　　　　　图 3-27

（4）如果不希望出现轮廓线，也可以选中所有的轮廓线，然后按 Delete 键删除，如图 3-28 所示。

图 3-28

（5）去掉轮廓线也可以使用"橡皮擦工具"，在工具栏中选择"橡皮擦工具"，单击工具栏下方的"橡皮擦模式"，在弹出的浮动菜单中选择"擦除线条"模式，再在舞台中对线条进行擦除，会看到只有线条被擦掉了，而色块还依然保留着。

如果希望只擦除色块而保留轮廓线，也可以选择"擦除填色"模式，如图 3-29 所示。

擦除线条模式　　　擦除填色模式

图 3-29

（6）如果希望给没有轮廓线的物体添加轮廓线，则需要使用工具栏中的"墨水瓶工具"，该工具的操作方式主要有如下两种。

- 逐段添加轮廓线：选择工具栏中的"墨水瓶工具"，在色块的边缘单击，会看到沿着该色块添加上了轮廓线，在其他色块的连接处终止。
- 整块添加轮廓线：选择工具栏中的"墨水瓶工具"，在色块的内部单击，会看到该色块整体被添加了轮廓线，如图3-30所示。

逐段添加轮廓线　　　　　　　　整块添加轮廓线

图3-30

### 3.3.7　调整及输出——任意变形工具

全部绘制完成后，可以对物体进行一些调整。框选中小狗，再单击工具栏上的"任意变形工具"，会看到小狗的周围出现了一个有8个点的调节框。"任意变形工具"可以对物体进行4种形式的调整，分别是移动、旋转、缩放、斜切。

移动：鼠标放在调节框中间的物体上，光标的右下方出现一个十字形，拖动鼠标即可进行移动。

旋转：鼠标放在调节框角的外面一点的位置，这时光标变成一个旋转的箭头，拖动鼠标即可对物体进行旋转。按住Shift键就可以以每次45°进行旋转。

缩放：鼠标放在调节框的四个角其中一个上，这时光标变成一个倾斜的双箭头，拖动鼠标即可对物体进行缩放。按住Shift键就可以等比例缩放。

斜切：鼠标放在调节框的线上，这时光标会变成两个方向相反的箭头，拖动鼠标即可对物体进行斜切的操作，如图3-31所示。

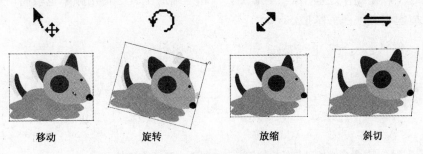

移动　　　　　　旋转　　　　　　放缩　　　　　　斜切

图3-31

绘制完毕后，需要进行最终的输出。执行菜单的"文件"→"导出"→"导出图像"命令，在弹出的窗口中会看到保存类型的下拉菜单，如图3-32所示。

图 3-32

在保存类型，也就是图片格式里面，除了 Flash 本身的 SWF 格式以外，最常用的就是 JPG 和 PNG 格式了。

JPG 格式的最大优点是压缩比率高，往往在同等的质量下，JPG 格式的图片体积最小，适合在网络上发布和传播。而它的缺点也正是如此，图片压缩后就会有一些失真。

PNG 图片的最大优点是具有透明性，即可以输出透明背景的图片，这样会为再次编辑图片提供便利。

选择好保存类型，输入文件名之后，单击"保存"按钮就可以了。

该实例的源文件是配套光盘中的"02-01-小狗.fla"，读者可以自行参考。

# 本 章 小 结

本章对 Flash CS 5.5 的基础操作和绘图流程做了讲解，实际上在 Flash 的绘图过程中，最常用的还是"线条工具"配合"选择工具"绘制轮廓线，再使用"油漆桶工具"填充颜色的制作方法，这在各大公司基本上都已经成为惯例，因此读者在学习本章时，尤其要熟练掌握"3.3.2 线的绘制——线条工具"节的内容。

除此之外，在制作过程中，"手形工具"和"缩放工具"使用频率也极高，对这两个工具的快捷键也必须熟练掌握。

# 练 习 题

1. 熟练掌握工具栏各常用工具的快捷键，其中以下内容必须掌握。

手形工具：按住空格键实现切换。

缩放工具：按住 Ctrl 键的同时按"+"（加号）键，放大舞台；按住 Ctrl 键的同时按"－"（减号）键，缩小舞台。

线条工具：N 键。

选择工具：V 键。

颜料桶工具：K 键。

任意变形工具：Q 键。

复制物体：选中物体，按 Ctrl+D 组合键；或者按住 Alt 键同时移动物体。

2. 熟练掌握"线条工具"配合"选择工具"绘制轮廓线，再使用"油漆桶工具"填充颜色的制作方法，绘制小狗跳跃的每一个姿势。可以打开配套光盘中的"02-01-小狗.fla"文件，参照每一张姿势图进行绘制，如图 3-33 所示。

图 3-33

第4章

# Flash 中图层的应用方法

## ⇒ 4.1 Flash 图层面板概述

图层是什么？这是很多设计软件的初学者必须面对的问题。

打个比喻，每一个图层就好似是一个透明的"玻璃"，而图层内容就画在这些"玻璃"上，如果"玻璃"上什么都没有，这就是个完全透明的空图层，当各层"玻璃"上都有图像时，自上而下俯视所有图层，就形成了图像显示效果。

举个例子说明：在纸上画一个人脸，先画脸庞，再画眼睛和鼻子，然后是嘴巴。画完以后发现眼睛的位置歪了一些，那么只能把眼睛擦除掉重新画过，并且还要对脸庞做一些相应的修补。这当然很不方便。在设计的过程中也是这样，很少有一次成型的作品，常常是经历若干次修改以后才得到比较满意的效果。

那么想象一下，如果不是直接画在纸上，而是先在纸上铺一层透明的塑料薄膜，把脸庞画在这张透明薄膜上，画完后再铺一层薄膜画上眼睛，再铺一张画鼻子，也就是分层绘制。

分层绘制的作品具有很强的可修改性，如果觉得眼睛的位置不对，可以单独移动眼睛所在的那层薄膜以达到修改的效果，甚至可以把这张薄膜丢弃重新再画眼睛，而其余的脸庞鼻子等部分不受影响，因为它们被画在不同层的薄膜上。这种方式极大地提高了后期修改的便利度，最大可能地避免重复劳动。

图层在设计软件中的应用已经完全普及开了，在 Flash 中同样也有图层。

### 4.1.1 图层面板的基本操作

Flash 中的图层面板实际上就是时间轴面板，和其他软件所不同的是，Flash 的图层不仅能放绘制的图形等物体，还可以放声音文件，甚至还可以写 Action 语言，如图 4-1 所示。

图 4-1

在图层面板中，最基本的操作自然还是创建图层、删除图层，以及对图层位置的调整。

创建图层：在时间轴面板的最左下方，就是"新建图层"按钮，单击一下就会创建一个新的空白图层，如图 4-2 所示。

删除图层：时间轴面板的左下方有一个垃圾桶形状的小图标，就是"删除图层"按钮，选中需要删除的图层，单击"删除图层"按钮，该图层就会

图 4-2

被删除。还有一种删除图层的方法，就是在图层上面单击鼠标右键，在弹出的菜单中选择"删除图层"命令，如图 4-3 所示。

调整图层位置：选中需要调整位置的图层，按住鼠标，将其上下拖动至调整的位置，再放开鼠标即可，如图 4-4 所示。

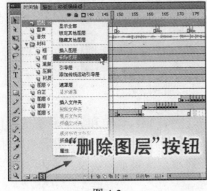

图 4-3

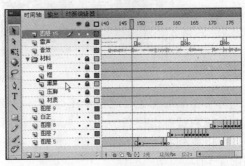

图 4-4

在"新建图层"和"删除图层"按钮之间，有一个文件夹形状的小图标，是 Flash 中的"创建文件夹"按钮。单击一下，就可以创建一个图层文件夹。将需要放入文件夹的图层选中，用鼠标直接拽入文件夹中即可。单击文件夹前面的三角形小图标，可以使文件夹展开或折叠，方便对图层进行管理，如图 4-5 所示。

图 4-5

在时间轴面板的上面，有 3 个小图标，眼睛形状的小图标是"显示或隐藏所有图层"，单击一下，可以将所有图层隐藏，也就是说舞台上将看不到这些图层上面的物体，再单击一下就取消隐藏。锁形状的小图标是"锁定或解除锁定所有图层"，单击一下，所有图层都会被锁定，即无法进行编辑，再单击一下就取消锁定。方形小图标是"将所有图层显示为轮廓"，单击一下，所有图层的色块全部消失，只能显示轮廓线，再单击一下恢复正常，如图 4-6 所示。

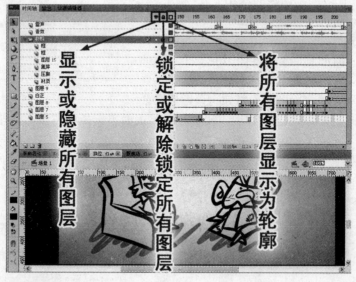

图 4-6

每个图层后面也有这 3 个图标，可以针对每个图层进行隐藏、锁定和显示轮廓的操作。

鼠标右键单击任意一个图层，在浮动面板中选择"属性"命令，会弹出图层的属性面板，可以看到有 5 种不同的图层类型，分别是一般、遮罩层、被遮罩、文件夹和引导层，如图 4-7 所示。

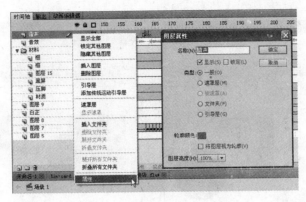

图 4-7

- 一般是指该图层为普通图层，也是图层的默认状态。
- 遮罩层是一种特殊的图层模式，遮罩层中的对象被看做是透明的，其下被遮罩的对象在遮罩层对象的轮廓范围内可以正常显示。遮罩也是 Flash 中常用的一种技术，用它可以产生一些特殊的效果，如探照灯效果。
- 被遮罩选项只在其上一层为遮罩层或被遮罩层时才有效，是指该图层受到某遮罩层的影响。
- 文件夹是指该图层为图层文件夹。
- 引导层，其作用是辅助其他图层对象的运动或定位，为其他图层的某物体绘制运动轨迹路线，例如可以为一个球指定其运动轨迹。

这 5 种不同的图层模式中，本章将主要学习一般图层和图层文件夹，遮罩层和被遮罩层将在第 6 章重点学习，而引导层主要用于动画，将在第 12 章重点学习。

## 4.1.2 图层在绘图操作中的重要性

先来看一个 Flash 绘图中的现象。现在绘制了两个图形，一个方形和一个圆形重叠在一起，放置在同一个图层中。将圆形移开，会发现方形缺了交叉的那一块，这是因为 Flash 这个软件的特性所引起的，如图 4-8 所示。

解决的办法有多种，比如将两个图形分别打个群组或者元件，但如果用图层方式解决的话，可以将两个图形放置在不同的图层中，这样再重叠在一起就不会出现问题了，如图 4-9 所示。

分图层绘制也有利于管理。例如绘制一个复杂的角色，如果都放在一个图层当中，需要单独选择腿部的时候就很难准确选中。另外，在绘制一些角色正面的时候，通常绘制完一条腿或胳膊的时候，另一边是可以通过复制来完成的，这都需要分图层绘制作为前提。

因此在绘制的时候，如果是角色，那么头部、眼睛、嘴部、胳膊、腿等需要活动的物体，都要单独放在一个图层中；如果是场景，那么场景的近、中、远三个景别中的物体，也要分图层绘制。

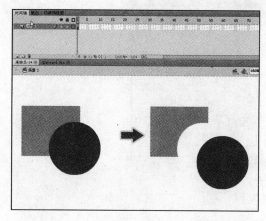
图 4-8

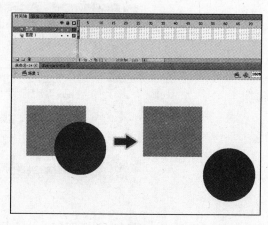
图 4-9

在制作任何一个项目之前，都必须由项目总监或组长规定清楚分图层的原则，然后大家都按照该原则进行绘制，这样在保证统一的前提下，制作才能更加快捷。如图 4-10 所示就是分图层绘制的一个角色，她的头部、眼睛、嘴部、左臂、右臂、身体、左腿、右腿都放置在单独的图层中。

图 4-10

需要注意的是，单击图层的名称，就可以选中该图层的所有物体；双击图层的名称，就可以将图层重命名。

## ▐▶ 4.2 动画角色分图层绘制实例——Angie

对于中国的动画、游戏方面的角色设定，网络上曾经有过一个很形象的比喻。

国外的画师们，他们通常在画一个角色之前，会事先设定该角色的名字、性格、身世背景、嗜好、家族派别，甚至口头禅等，然后再用形象去表现它，每一块肌肉、每一片甲都是为了角色的性格特点而服务的，而不是随感觉随便画上去的。

而中国的这些画手就不一样了，通常上来就画个结构躯干，然后就穿些铠甲，甚至在一个角色画完之后，还没起个名字。所以个性突出、有创意的角色很难在中国画手的笔下诞生出来。

问国外的画师"你在画什么？"，他会说"我再画罗杰特"，而问中国画师"你在画什么？"，他会说"我在画一个兽人"。国外画师会把罗杰特的故事给你讲出来，当然这故事是人家自己拟定的，而问起中国画师"你这个兽人是领导还是杀手？还是一个鬼计多端欲谋权的副将？"他会说"我也不知道，我只觉得它颈椎和头骨的连接还有点别扭……"

这基本上是国内的现状，即过于关注角色的外在部分，而忽略了内在部分。因此，希望读者在设计自己的角色时，要两者兼顾。

也正因为如此，本节案例中所绘制的这个女孩叫 Angie，是一个活泼、开朗、时尚的美国女孩，读者们可以根据这些来对本次绘制自行发挥。

## 4.2.1 绘制前的分析和准备

这是一个真实的商业案例，角色设定人员先绘制出了角色方案，再导入 Flash 中进行精细的刻画。先来看这组角色的最初方案，如图 4-11 所示。

图 4-11

首先来进行一下分析。目前这套角色设定风格统一，但是严重缺乏细节和层次关系。在 Flash 中刻画时要注意：

（1）三个面，即受光面、中间面和背光面要拉开，以增强立体感和层次感；

（2）尽可能添加更多的细节，例如头发部分刻画太粗糙，需要精细刻画，以提高角色的精致度；

（3）注意不同质感的表现效果，例如皮肤和衣服的质感有所不同，刻画时注意各自的特点。

另外，如果从整个动画制作的流程去考虑，还应该在绘制时注意分图层绘制，那么如何分图层，就要分析角色哪些部位需要运动。例如，眼睛肯定需要眨，因此眼睛要单独分一个图层，身体和四肢都要单独分层。

在绘制之前，组长最好列出一个绘制要求，这样所有人在绘制时能够统一标准，绘制要求样本如下：

（1）分图层要求：脸部放置在"name-face"图层里，身体放置在"name-body"图层里，眼睛放置在"name-eyes"图层里，左右手臂分别放置在"name-face-L"和"name-face-R"图层里，左右腿部分别放置在"name-leg-L"和"name-leg-R"图层里。

（2）绘制层次的要求：角色分为3个层次，即"亮部"、"中间部"和"暗部"。

（3）轮廓线的要求：角色轮廓线分为两个层次，最外部的轮廓线要比内部的轮廓线粗一倍。

在绘制时，可以将该角色设定方案导入 Flash 中，垫在图层下面随时参考，具体操作步骤如下：

（1）执行菜单中的"文件"→"导入"→"导入到舞台"命令（快捷键为 Ctrl+R），在弹出的"导入"对话框中选择配套光盘中的"04-01-设定图.jpg"文件并导入，这时会看到该图已经在舞台中出现了，如图4-12所示。

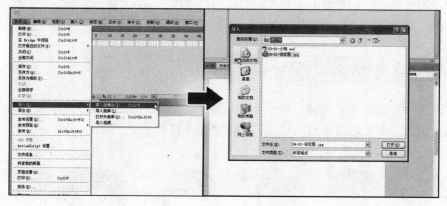

图 4-12

（2）导入的参考图比较大，选中以后，按下 Q 键切换到"任意变形工具"，将参考图缩小一些，和舞台大小保持一致，如图4-13所示。

（3）在时间轴面板上，单击参考图所在的图层的锁定图标，使参考图图层处于锁定状态，这样就不会被选中，在绘图过程中也不会被移动等误操作了，如图4-14所示。

图 4-13                                    图 4-14

在接下来的讲解中，为了避免截图效果太乱，会将参考图层隐藏，读者在学习时可以显示着参考图层进行绘制。

### 4.2.2　头部的精细绘制

（1）新建一个图层，修改图层名称为"头部"，放在"参考图"图层之上。

先来绘制脸部的轮廓线。按下 N 键切换到"线条工具"，沿着脸部绘制直线。绘制完毕后按下 V 键，切换到"选择工具"，将直线逐个调整为曲线，如图 4-15 所示。

（2）继续使用"线条工具"配合"选择工具"的绘制方法，绘制出两只耳朵的轮廓线，如图 4-16 所示。

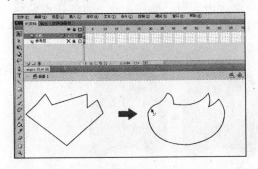

图 4-15

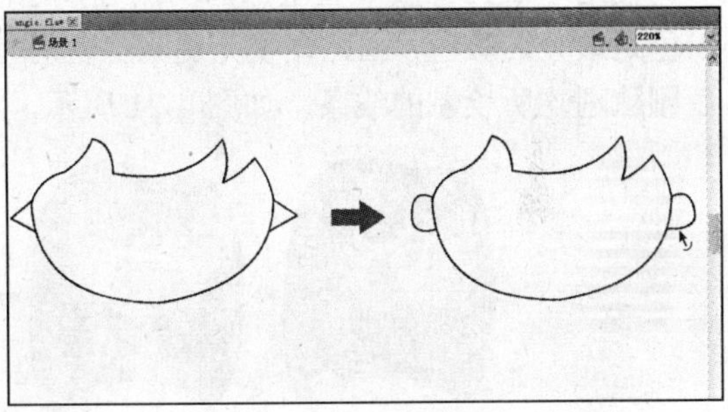

图 4-16

（3）接着来绘制头发部分，如图 4-17 所示。

（4）绘制阴影线，这样在填色时比较方便，如图 4-18 所示。

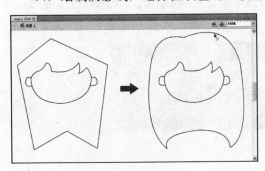
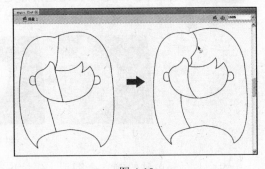

图 4-17

图 4-18

（5）按下 K 键，使用"颜料桶工具"，为头部填充颜色。可以使用"吸管工具"，单击参考图中的颜色，为头部填充，填充完毕需要把刚才绘制的线条删除，如图 4-19 所示。

（6）接下来就要绘制细节部分了，首先来绘制头发在脸部的投影。按下 N 键切换到"线条工具"，沿着头发的轮廓绘制直线，再按下 V 键切换到"选择工具"，逐一将直线变为曲线，填充为阴影部分的颜色，再将刚才绘制的线条删除，如图 4-20 所示。

（7）前面我们说过，需要绘制 3 个面，即受光面、中间面和背光面，现在只有中间面和背光面，接下来绘制受光面。

先要考虑光照的角度，例如光是从左上方照射下来的，受光面就应该在左侧。但目前没有相关的要求，可以考虑绘制一个百搭的受光效果。

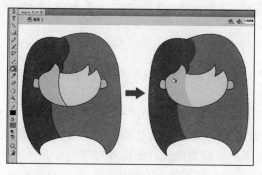
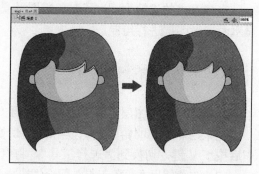

图 4-19                           图 4-20

使用"线条工具"在脸部的两侧分别绘制直线，再使用"选择工具"将其转为曲线。白色是最亮的颜色，因此在填充受光颜色时使用白色，会使立体感最为强烈。填充完颜色后删除刚才所绘制的线条，如图 4-21 所示。

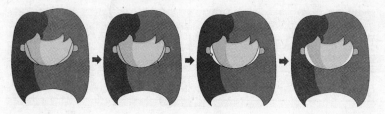

图 4-21

（8）接下来绘制耳朵的明暗关系，使用"线条工具"绘制出受光面和背光面的轮廓线，调整为曲线，分别填充颜色，受光面依然是白色，而背光面是比脸部更深一些的颜色，填充完毕后删除刚才的线条，如图 4-22 所示。

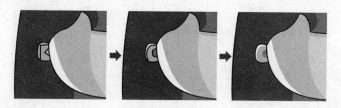

图 4-22

（9）下面要单独绘制一个图形，先拉出一条直线，再将它变曲线，再拉出一条直线连接这条曲线的起始点和结束点，填充为脸部背光面的颜色，最后把线条删除，只保留图形即可，如图 4-23 所示。

图 4-23

（10）将刚才绘制的图形放在脸部靠上一点的位置，这是一个背光面，可以有效地增强脸部的立体感，如图 4-24 所示。

（11）使用"椭圆工具"绘制脸部的雀斑，如图 4-25 所示。

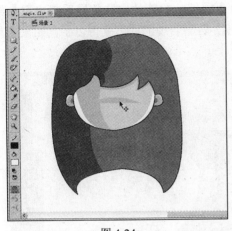
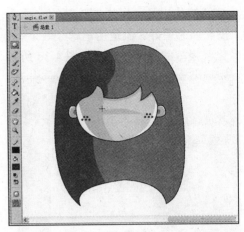

图 4-24　　　　　　　　　　　　　　　　图 4-25

（12）接下来绘制鼻子，先绘制两条直线，将其转为曲线，再绘制一条直线将其封闭，并绘制出受光面和背光面，分别填充颜色，再删除除鼻子轮廓线以外的所有线条，如图 4-26 所示。

图 4-26

（13）把鼻子放置在脸部相应的位置上，如图 4-27 所示。

（14）新建一个图层，修改图层名称为"腮红"，选择"椭圆工具"，在绘制前先取消轮廓线的绘制，并在填充颜色中选择黑色和红色的圆形渐变模式，然后再腮部绘制一个圆形渐变色块，如图 4-28 所示。

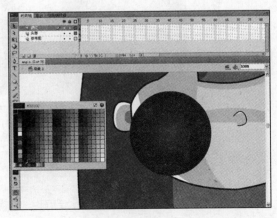

图 4-27　　　　　　　　　　　　　　　　图 4-28

（15）选中该色块，打开右侧面板组中的"颜色"面板，会看到有一个渐变颜色调节框。选中最右侧的黑色色块，将其调整为红色，将 A 值（Alpha 值），也就是透明度设置为 0。再选中左侧的红色色块，调整它的透明度为 25，这样就会看到 Angie 脸上出现了红晕的效果，如图 4-29 所示。

腮红的作用是可以增加脸部的立体感,同时也能够使脸部的皮肤效果看起来更加红润,皮肤质感更好。但是切记腮红效果不要太突出,若隐若现的程度就可以了,如果太重就像化妆很浓的感觉似的,如图4-30所示。

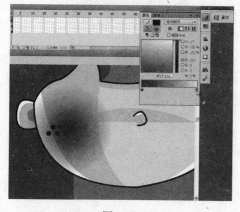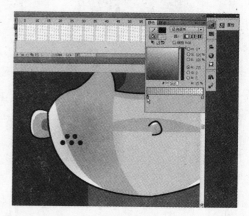

图4-29                              图4-30

(16)将刚刚绘制好的腮红复制一个,移动到脸部的另外一边,这样头部就基本上绘制完成了,如图4-31所示。

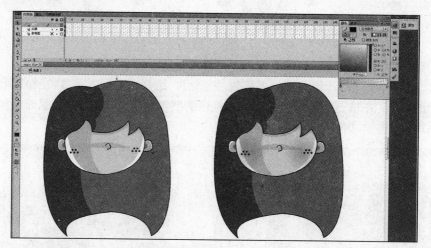

图4-31

### 4.2.3　五官和头发的精细绘制

(1)接下来绘制眼睛的轮廓线,新建一个图层,修改图层名称为"眼睛",在眼睛图层中绘制一条直线,使用"选择工具"拉弯为曲线,再绘制一条直线封闭该曲线,再用"选择工具"向反方向拉弯为曲线,使用"颜料桶工具"填充为白色,如图4-32所示。

图4-32

（2）使用"线条工具"绘制眼睫毛，再使用"选择工具"将眼睫毛的线条转为曲线，如图 4-33 所示。

（3）使用"椭圆工具"绘制眼珠，并填充为较深的颜色，如图 4-34 所示。

图 4-33　　　　　　　　　　　　　　　　　　　　图 4-34

（4）接下来绘制眼珠中的高光效果，在没有选择任何物体的情况下，单击工具栏中的"矩形工具"图标并按住鼠标不放，在弹出的浮动菜单中选择"多角星形工具"，再单击"属性"面板，单击面板下面的工具设置中的"选项"按钮，在弹出的"工具设置"浮动面板中，设置"样式"为"星形"，"边数"为"4"，这样就可以在舞台中直接绘制出四角星形的图形，并放置在眼珠当中了，如图 4-35 所示。

图 4-35

（5）接下来要对眼睛进行细节的绘制，使用"线条工具"，沿着上眼皮下方的轮廓进行绘制，然后使用"选择工具"将这些线调整得和上眼皮的轮廓线基本一致，再使用"颜料桶工具"填充为较浅的蓝色，这样能够增加眼部的立体感，同时能够使眼睛更加水润，如图 4-36 所示。

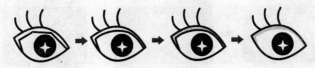

图 4-36

（6）单击"眼睛"图层，选中绘制好的这只眼睛，按住 Alt 键在舞台中将它拖拽到另一只眼睛的位置，这样就复制出来一只眼睛，然后执行菜单中的"修改"→"变形"→"水平翻转"命令，这样另一只眼睛就翻转到了正确的角度，如图 4-37 所示。

（7）再来绘制嘴部，新建一个图层，修改图层名称为"嘴部"，使用"线条工具"拉出一根直线，再用"选择工具"调整为一个弧形，放置在嘴部的位置，如图 4-38 所示。

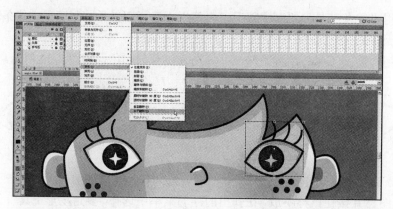

图 4-37

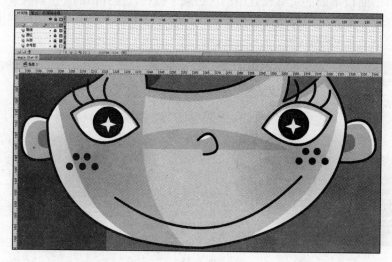

图 4-38

（8）继续细化头发部分，先使用"线条工具"把受光面的部分绘制出来，再使用"颜料桶工具"，填充一款较浅的颜色，如图 4-39 所示。

图 4-39

（9）依然使用"线条工具"，把靠近发髻的背光面部分绘制出来，再使用"颜料桶工具"，填充一款头发暗部的颜色，如图 4-40 所示。

（10）继续对头发部分进行细化，需要注意的是明暗关系的变化，最终完成的头发效果如图 4-41 所示。

（11）在头发的左上角添加一个蝴蝶结，作为装饰使用，这样可以显得 Angie 比较活泼一些，如图 4-42 所示。

图 4-40　　　　　　　图 4-41　　　　图 4-42

## 4.2.4　身体的精细绘制

（1）新建一个图层，修改图层名称为"身体"，勾出身体的轮廓线，调整好以后，填充为一款比较亮一些的黄色，如图 4-43 所示。

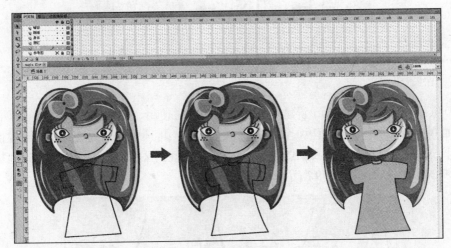

图 4-43

（2）现在要刻画裙子下摆的褶，先使用"选择工具"，按住 Alt 键，在裙子下摆上进行拖拽，每拖拽一次就会多出来一个控制点，然后松开 Alt 键，将分散为多个线段的裙子下摆逐一拖动，使裙褶增多，如图 4-44 所示。

（3）绘制裙子的受光面，并填充为白色，如图 4-45 所示。

图 4-44　　　　　　　　　　图 4-45

（4）绘制裙子的背光面，并填充为深一些的橘黄色，如图 4-46 所示。

（5）继续绘制裙子的细节，细节越丰富，表现效果就越容易提升，现在要表现的是一些受光面和背光面的细节部分，如图 4-47 所示。

图 4-46             图 4-47

（6）根据设定稿，新建一个图层，命名为"衣服纹路"，放在"身体"图层的上面，在"衣服纹路"图层上绘制裙子的间条纹，但这些绘制完的间条纹放在裙子上面太过于显眼，可以选中这些色块，把透明度降至 30，这样效果就会好多了，而且裙子的受光面和背光面也都能在间条纹上面显现，如图 4-48 所示。

图 4-48

（7）继续刻画裙子的细节。新建一个图层作为临时使用，沿着裙子的下摆绘制两条线，选中下面的线条，打开属性面板，设置其样式为虚线；再选中上面的线条，在属性面板中设置其样式为点状线。这样，这两根线条既有些装饰性，又有缝线的效果，更好地提升了裙子绘制的精细度，如图 4-49 所示。

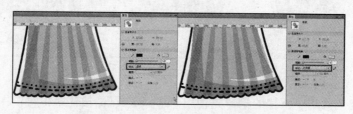

图 4-49

（8）同样，在领子和腰部加上这样的装饰线条，如图 4-50 所示。

图 4-50

（9）由于这些装饰线条是在临时图层里绘制的，接下来需要将这些线全部转移到身体图层里面。在时间轴上单击临时图层，会选中临时图层中的所有物体，也就是这些装饰线条，按 Ctrl+X 组合键剪切，再在时间轴上单击"身体"图层，按下 Shift+Ctrl+V 组合键，这样可以将这些线条还按原先的位置进行粘贴，再把刚才的临时图层删除，就完成了 Flash 中没有的图层合并的工作。

（10）接下来绘制脖子以及领口的明暗关系，完成效果如图 4-51 所示。

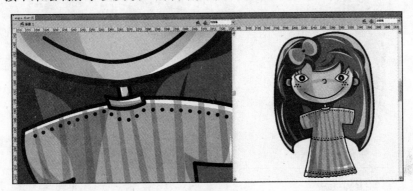

图 4-51

## 4.2.5　四肢的精细绘制

（1）新建一个图层，修改图层名称为"左手臂"，放置在"头部"图层以上、"身体"图层以下的位置，在"左手臂"图层上勾出手臂的轮廓线，并使用"选择工具"对其进行调整，如图 4-52 所示。

（2）绘制手掌掌心部分的背光面，使细节丰富，如图 4-53 所示。

图 4-52　　　　　　　　　　　　　　　　　　图 4-53

（3）勾出手臂背光面的轮廓线，使用"选择工具"调整后，填充皮肤背光面的颜色。由于手臂比较细，画得太多反而容易乱，因此受光面就省略了，如图 4-54 所示。

图 4-54

（4）由于左、右手臂的形状基本上都是一样的，因此只需要将绘制好的左手臂复制，并进行调整就能成为右手臂，这样也节省了绘制的时间。

选中左手臂，按 Ctrl+C 组合键进行复制。

新建一个图层，修改图层名称为"右手臂"，和"左手臂"图层放置在一起，并在该图层上按 Ctrl+V 组合键，将刚才复制的左手臂粘贴进来，如图 4-55 所示。

（5）选中需要进行调整的右手臂，执行菜单的"修改"→"变形"→"水平翻转"命令，这样右手臂就生成了。使用"选择工具"将它放置在合适的位置，如图 4-56 所示。

图 4-55            图 4-56

（6）新建一个图层，修改图层名称为"左腿"，放置在"头部"图层和"身体"图层之间的位置。在该图层上绘制 Angie 的鞋子。同样的操作步骤，先绘制轮廓线，再进行填充，如图 4-57 所示。

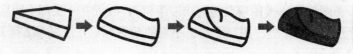

图 4-57

（7）绘制 Angie 的鞋子的受光面和背光面，如图 4-58 所示。

（8）重复上面的操作流程，绘制 Angie 的腿部，及其受光面和背光面，如图 4-59 所示。

图 4-58            图 4-59

（9）重复刚才复制右手臂的操作步骤，现在来绘制右腿。

单击"左腿"图层，选中左腿，按 Ctrl+C 组合键进行复制。

在时间轴上新建一个图层，修改图层名称为"右腿"，并在该图层上按 Ctrl+V 组合键，将刚才复制的左腿粘贴进来，如图 4-60 所示。

（10）选中刚才粘贴过来的腿部，执行菜单的"修改"→"变形"→"水平翻转"命令，使左腿翻转过来，成为右腿，使用"选择工具"将它放置在合适的位置，如图 4-61 所示。

图 4-60

图 4-61

## 4.2.6　后期整理

（1）首先来调节轮廓线。在动画中，轮廓线尽量不要使用纯黑色，这会使轮廓线看起来太死板，且黑色是最深的颜色，使用纯黑色会使轮廓线过于抢眼，因此一般的动画片中，轮廓线使用的是比较深的颜色而非纯黑色。

以现在绘制的 Angie 为例，基本上是偏橘黄色的色调，因此可以将轮廓线调整为很深的橘黄色。

选中所有的轮廓线，打开属性面板，单击填充与笔刷下面的轮廓线颜色的色块，再单击弹出来的窗口右上角的色盘图标，弹出颜色编辑器，选择一款极深的橘黄色，单击"确定"按钮，使 Angie 的轮廓线都变为该颜色，如图 4-62 所示。

图 4-62

（2）由于前面的"制作规范"规定："分图层要求：脸部放置在 'name-face' 图层里，身体放置在 'name-body' 图层里"。因此，"腮红"图层需要放置在"头部"图层中，而"衣服纹路"图层需要放置在"身体"图层中。

但是如果使用前面的方法，选中"腮红"图层中的所有物体进行复制，在"头部"图层中粘贴，会发现出现较大错误。这是因为有透明度的物体不能和色块放在同一个图层中，否则就会出错，如图 4-63 所示。

（3）下面用一个全新的命令来解决这个问题。

单击"腮红"图层，选中其中所有物体，执行菜单中的"修改"→"组合"命令（快捷键为 Ctrl+G 组合键），将所有物体组合在一起，这样再选择腮红就不会选到色块，而是成为了一个整体，如图 4-64 所示。

图 4-63         图 4-64

如果需要对腮红进行修改，需要双击才能够进入该整体当中去修改腮红的色块。进入后，在舞台面板的左上角会出现"场景 1"和"组"两个按钮，单击"场景 1"按钮才能回到原先的舞台上，这就是组合的使用方法，如图 4-65 所示。

现在再执行原操作，将腮红组合剪切，进入"头部"图层粘贴，就不会出现错误了。最后将原"腮红"图层删除，如图 4-66 所示。

图 4-65         图 4-66

如果希望将"组合"打散为色块，可以选中该组合，执行菜单的"修改"→"取消组合"命令（快捷键为 Ctrl+Shift+G 组合键）。

（4）使用同样的方法，将"衣服纹路"图层中的全部物体也打一个"组合"，合并到身体图层中去，再将已经为空图层的"衣服纹路"图层删除。

接下来依次单击每个图层，将每一个图层的所有物体都打一个"组合"，这样就完成了该角色的所有整理工作。

整理工作比较乏味，但是是必需的，因为一部动画不仅仅是一个人完成的，当你绘制完角色交给动作组时，一个整洁的文件会提高工作效率，因此，一定要养成整理文件的习惯，完成的 Angie 的最终效果如图 4-67 所示。

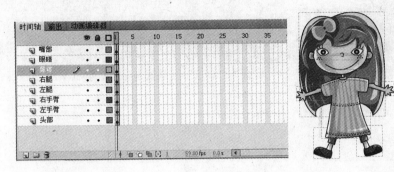

图 4-67

至此，Angie 这个角色已经绘制完毕了。最终的源文件是在配套光盘中的"源文件"文件夹下的"04-01-Angie.fla"文件。

# 本 章 小 结

本章针对 Angie 这个角色，做了完整而细致的练习。通过这次练习，读者应该熟悉了绘制的整个流程，实际上就是"线条工具"配合"选择工具"绘制轮廓线，再使用"油漆桶工具"填充颜色。该流程的 3 个命令及其快捷键必须熟练掌握，这样才能提高工作效率。

另外，本章新涉及的一些重要的知识点必须熟练掌握，例如新建图层、删除图层等命令，在制作中很常用，还有组合命令、渐变工具等，在后面的大量练习中会不断使用到。

# 练 习 题

以光盘中"源文件"文件夹下的"04-01-设定图.jpg"文件为例，绘制另外 3 个角色，下面是绘制好的参考效果，如图 4-68 所示。

图 4-68

# 第5章

# Flash 中库和元件的应用

## 5.1 库面板及其使用方法

在 Flash 中，所有的制作部分基本上都在"舞台"面板中进行，而在现实生活中，每一个舞台都会有后台，所有的演员在都在后台化妆、休息，等待着上台表演节目。这个后台在 Flash 中就是"库"面板。

在 Flash 的英文版中，"库"面板被称为"Library"面板，直接翻译过来就是"图书馆"面板。这是一个很形象的单词，"库"面板真得像一个图书馆，存储着一部动画的所有文件。

准确地说，"库"面板是 Flash 中存储和组织元件、位图、矢量图形、声音、视频等文件的容器，方便在制作过程中随时调用。

每一种不同的素材在"库"面板中都会以不同的图标显示，这样便于识别出不同的库资源，方便用户进行浏览和选择。如果素材较多，还可以创建文件夹，将素材进行分类排放。"库"面板有搜索功能，可以通过该功能来搜索库中相应的素材。

在制作动画的过程中，"库"面板是使用次数最多的面板之一，其中素材摆放得是否合理、明晰，将对动画制作的效率产生极大的影响，这在制作大型动画或者动画系列片中尤为明显。

### 5.1.1 库面板的简单操作

打开和关闭"库"面板的快捷键是 Ctrl+L 组合键，或者执行菜单的"窗口"→"库"命令。"库"面板一般位于整个 Flash 界面的右侧，如图 5-1 所示。

库名称：用于显示该库的名称，单击右侧的小三角，可以打开下拉菜单，已经打开的所有 Flash 文件的库都会显示出来，便于调取其他 Flash 文件库中的素材；

预览窗：显示被选中元素的预览画面；

库菜单：单击可以弹出库面板的操作菜单，里面有和库相关的各种操作命令；

图 5-1

搜索栏：在该栏输入需要搜索素材的关键字，即可在库面板中进行搜索；

创建新元件：单击该按钮后，会弹出"创建新元件"对话框；

新建文件夹：单击该按钮后，会自动在库面板中创建一个"未命名文件夹"；

属性：选中库面板中的文件，单击该按钮可以弹出该文件的属性窗口，便于查看；

删除：选中库面板中的文件，单击该按钮可以将该文件删除，如图 5-2 所示。

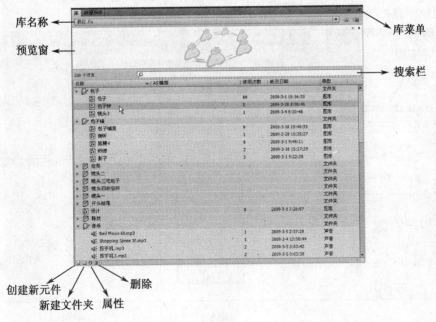

图 5-2

打开库菜单，可以看到，除了有上述的新建元件、新建文件夹、属性、删除等，还有更为详细的命令设置，如图 5-3 所示。

选中库面板中的文件，单击鼠标右键，会弹出相应的菜单，也可以针对该文件进行一些操作，如图 5-4 所示。

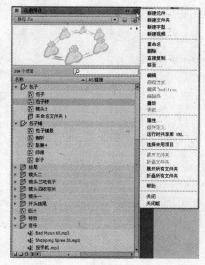

图 5-3

图 5-4

## 5.1.2 库面板的具体应用方法

首先来看下怎样将文件导入到库面板中。执行菜单的"文件"→"导入"→"导入到库"命令，选择计算机中的图片、音频或视频文件，然后双击该文件或者单击"打开"按钮，这样在库面板中就会出现该文件，但是并没有出现在舞台上，可以使用鼠标把该文件从库面板中直接拽到舞台上，如图 5-5 所示。

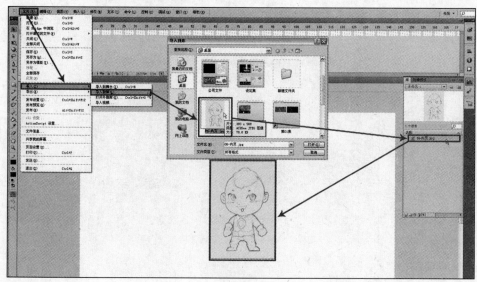

图 5-5

如果希望使用其他 Flash 文件库面板中的素材，可以打开其他 Flash 文件，再回到原 Flash 中，打开库面板，在库名称的下拉菜单中，就可以看到其他 Flash 文件的名字，单击 后，就会进入该 Flash 文件的库面板中，如图 5-6 所示。

图 5-6

在制作动画片中，库面板中的文件会越来越多，因此，对文件进行高效的管理是非常 必要的。尤其是在制作动画系列片中，大量的素材都需要重复使用，而且需要多人来合作 完成。试想一下，如果自己拿到一个库面板中文件极多，而且命名极为混乱的 Flash 文件， 可能连最基本的修改都无从下手。

那么，怎样对素材进行有效的管理呢？

一是对素材进行清晰的命名。例如一个素材是第一集当中第 37 个镜头的男孩正面的 头部，就可以这样来命名"001-037-男孩-正面-头部"，这样当其他人员拿到这个 Flash 并 进行修改时，就会对哪个素材是什么有一个比较清晰的认识。

二是将素材分门别类地放入相应的文件夹中进行管理。例如可以新建一个文件夹，命 名为"声音"，然后将库面板中所有的音频文件全部放入该文件夹，同理，视频文件等同 样进行管理。双击文件夹就可以使之收起，再双击就可以使之展开。

## ▶ 5.2 Flash 中的元件

在制作 Flash 动画的过程中，经常会有一些素材被不断重复使用，如果仅仅是使用复 制、粘贴的方法来增加素材的数量，会大量占用系统资源，使制作过程变得很"卡"，而 且最终输出的动画文件体积也会变大，在网上播放就会变得比较困难。

在 Flash 中，元件能够很好地解决这个问题。可以将一个素材转换为元件，这样该元 件就会保存在库面板中。需要使用时，只要将该元件从库面板中拽出即可。这样即便使用 该素材的次数再多，但由于使用的实际上就是同一个元件，所以占用的系统资源就会很少。

不仅如此，使用元件还可以使制作效率大大提高，给动画制作带来极大的便捷。

## 5.2.1 元件的创建和使用方法

新建一个空白元件的方法很简单，执行菜单的"插入"→"新建元件"命令，或者直接按 Ctrl+F8 组合键，就可以弹出"创建新元件"对话框，在"名称"一栏中输入元件的名称，在"类型"下拉菜单中有 3 个选项可供选择，分别是"影片剪辑"、"按钮"和"图形"，如图 5-7 所示。这 3 种元件的区别将在 5.2.2 节中进行详细讲解。

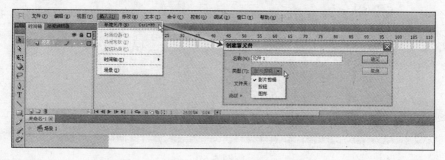

图 5-7

单击"确定"按钮创建元件以后，舞台会自动进入元件的编辑模式。注意舞台的左上角有场景名和元件名，单击场景名则回到原来的影片编辑模式，而库面板中也会有该元件显示，如图 5-8 所示。

在元件的编辑模式下，绘制一个物体，会看到库面板中的元件预览窗口中显示了该物体，如图 5-9 所示。

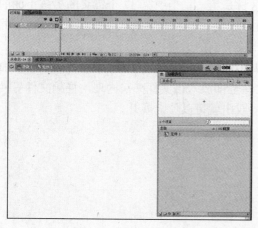

图 5-8

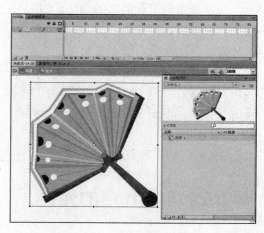

图 5-9

接下来单击舞台左上角的场景名，返回影片编辑模式；或者在元件编辑模式下，单击空白处，也可以回到影片编辑模式，这时会发现舞台中空空如也，如图 5-10 所示。这是因为虽然创建了元件，但是元件还像一个演员一样，在后台也就是库面板中等着上场。这时可以使用鼠标，将库面板中的元件拽到舞台上。一个不够，还可以多拽几次，这样元件就在舞台上登台亮相了，如图 5-11 所示。

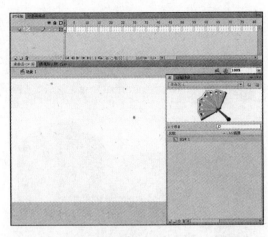

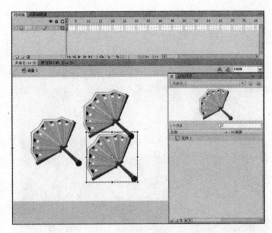

图 5-10　　　　　　　　　　　　　　　　　图 5-11

如果对元件不满意希望进行修改，可以在库面板中双击该元件，或者直接在舞台上双击该元件，就可以重新进入元件编辑模式，对该元件进行编辑。需要注意的是，元件一旦被重新编辑，那么在舞台中所有该元件都会发生相应的变化。

在舞台中直接绘制好的物体，如果希望将其转为元件，可以选中，然后执行菜单的"修改"→"转换为元件"命令，或者按下 F8 快捷键，就会弹出"转换为元件"对话框，如图 5-12 所示。

单击"确定"按钮后，会看到舞台中的物体已经被转为元件，而且在库面板中也会有相应的显示，如图 5-13 所示。

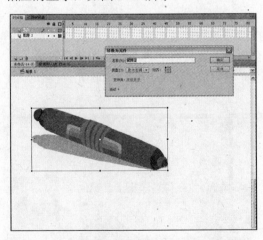

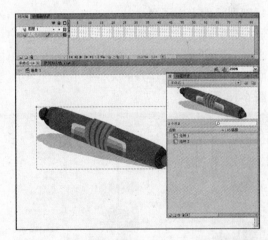

图 5-12　　　　　　　　　　　　　　　　　图 5-13

但是这种直接转换为元件的方法只适用于简单的，并且只有一个图层的物体。如果多图层的物体直接转换为元件，会在元件中直接被合并为一个图层，这样前后顺序就可能发生较大变化，从而产生错误。

例如，如图 5-14 所示的场景，一共有 9 个图层，全部选中以后，直接按下 F8 键转换为元件，结果如图 5-15 所示。可以看到，天空就直接消失了，出现了非常明显的错误。显然，这样直接转换元件的方法，对于复杂的多图层物体是不行的。

图 5-14

图 5-15

正确的方法应该是：

（1）先选中该物体所有图层的所有帧，然后单击鼠标右键，在弹出的浮动菜单中单击"复制帧"命令；

（2）按 Ctrl+F8 组合键，新建一个元件，并进入该元件的编辑模式，右键单击该元件图层的第一个空白帧，在弹出的浮动菜单中单击"粘贴帧"命令，这样就将所有的图层都复制到元件当中了；

（3）回到影片编辑模式，这时外部这些直接绘制的物体就多余了，选中所有图层，单击时间轴面板下面的垃圾桶图标，将这些物体全部删除，只留下一个空白图层，然后在库面板中，将刚刚创建好的元件拽到舞台当中。这样就完成了多图层物体的转元件操作，如图 5-16 所示。

图 5-16

以上为 Flash CS 5.5 之前版本的操作，如果使用的是 Flash CS 5.5 以上的版本，这时 Flash 增加了图层的编辑选项，那么上面的操作就可以这样来进行。

（1）先选中该物体的所有图层，然后单击鼠标右键，在弹出的浮动菜单中单击"拷贝图层"命令，注意是"拷贝图层"而不是"复制图层"。如果单击"复制图层"命令，那么 Flash 将直接完成复制图层和粘贴图层的两个步骤。

（2）按 Ctrl+F8 组合键，新建一个元件，并进入该元件的编辑模式，右键单击该元件的图层，在弹出的浮动菜单中单击"粘贴图层"命令，这样就将所有的图层都复制到元件中了。

（3）回到影片编辑模式，删除所有图层，只留下一个空白图层，然后将刚刚创建好的元件拽到舞台当中，如图 5-17 所示。

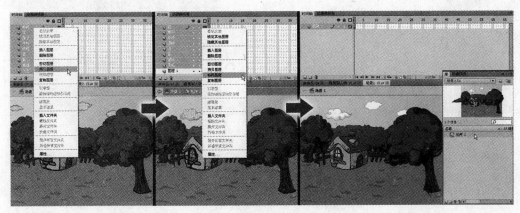

图 5-17

## 5.2.2 元件的种类

在 Flash 中共有 3 种元件，分别是"影片剪辑"、"图形"和"按钮"。

在 Adobe 公司的 Flash 帮助文档中，对于这 3 种不同的元件有如下解释。

**影片剪辑元件**：可以创建能够重复使用的动画片段。影片剪辑拥有各自独立于主时间轴的多帧时间轴，它们可以包含交互式控件、声音甚至其他影片剪辑；也可以将影片剪辑放在按钮元件的时间轴内，以创建动画按钮。此外，可以使用 ActionScript 编程语言对影片剪辑进行重新定义。

**图形元件**：可用于静态图像，并用来创建连接到主时间轴的能够重复使用的动画片段，图形元件与主时间轴同步运行。交互式控件和声音在图形元件的动画序列中不起作用。

**按钮元件**：用于创建响应鼠标单击、滑过或其他动作的交互式按钮，可以定义与各种按钮状态关联的图形；然后将动作指定给按钮实例。

从这份官方解释中不难看出，对于 3 种元件的定位分别是："影片剪辑"为动态元件，"图形"为静态图像元件，"按钮"为交互式元件。但官方说明毕竟是官方的说法，在 Flash 的实际制作过程中，对于元件的定义却并非完全如此。"按钮"作为交互式元件的定义没有异议，主要争论集中在"图形"和"影片剪辑"上。

打开配套光盘的"源文件"文件夹中的"05-01-元件.fla"文件，里面摆放着两个小球，上面的小球是"图形"元件，下面的是"影片剪辑"元件，这两个元件做了完全一样的小球向前滚动的动画，并放置在同一个图层当中，如图 5-18 所示。

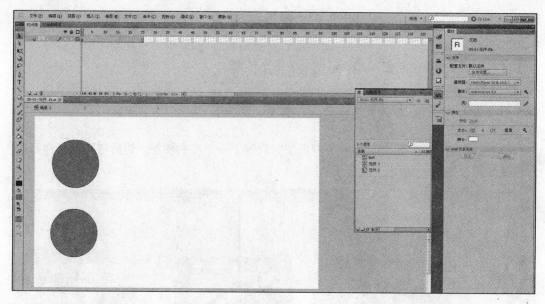

图 5-18

按 Ctrl+回车组合键，在输出的 swf 动画中，可以看到两个元件所呈现出来的动画效果是完全一样的。回到场景中，拖动时间轴，会发现只有上面的"图形"元件的小球在动，而下面的"影片剪辑"元件的小球是不动的，如图 5-19 所示。执行菜单的"文件"→"导出"→"导出影片"命令，在保存类型中选择"Windows avi"格式，导出视频，播放后也会发现，只有"图形"元件的小球动，"影片剪辑"元件的小球是静止的，如图 5-20 所示。

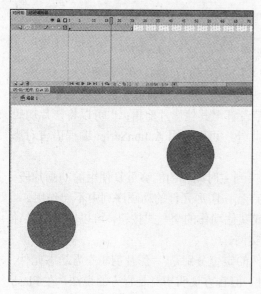

图 5-19

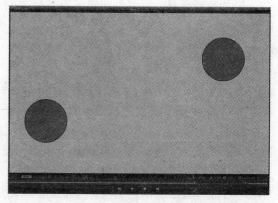

图 5-20

这是由于"影片剪辑"元件自身的特性所决定的，它必须导出 swf 格式才能正常观看动画效果，而其他格式都无法正常播放。这个特性给动画制作人员带来了极大的不便。

首先，调好的动画效果在舞台当中不能预览，无法进行实时的定位，必须导出才能看到合成的效果。而"影片剪辑"导出视频文件不能正常播放是最致命的问题。当下，Flash已经不再只是网络动画的制作软件，越来越多的动画公司使用它来制作在电视台、电影中播放的动画片，这些动画片的播放媒体决定了文件格式必须是视频格式，Flash自身的swf格式是无法在这些传统媒体中播放的。

于是，对于动画制作者来说，使用"影片剪辑"元件无法预览带来的是制作中的困扰，而无法输出视频格式则意味着辛辛苦苦制作的动画只能通过网络和电脑这两个播放渠道传播。

因此，在很多动画公司中，都严格规定"影片剪辑"元件只能用做静态素材的元件，毕竟很多效果，如滤镜、混合模式等，只能在"影片剪辑"元件中使用。而"图形"元件，由于不存在以上问题，则经常被当做动态元件使用。

如果影片需要，必须使用"影片剪辑"元件，并且要导出视频文件，那么只能通过第三方软件来辅助实现。有的软件可以将swf文件转换为其他视频文件，但绝大多数这类软件在转换效果上很难达到完美。所以在这种情况下，很多人只能使用一些土办法，例如，使用视频抓屏软件将播放中的swf全部抓屏下来，再在Flash当中将音频文件导出一个总的mp3或wav格式，然后到Adobe Premiere等剪辑软件中，将抓下来的视频和导出的音频合成，最后再输出。

### 5.2.3　元件的编辑

在对元件进行编辑前，需要注意，舞台上同一种元件都是关联的，如果对其进行修改，那么舞台上所有该元件都会被更新。

首先来看一下怎样进入元件内部进行编辑。

如果元件在舞台当中，直接双击该元件就可以进入内部进行编辑。如果元件在库面板中没有被拖到舞台上，可以在库面板中双击该元件进入其内部进行编辑，如图5-21所示。

编辑完毕以后，可以单击舞台左上角的场景名返回，也可以双击元件周围的空白区域返回舞台，如图5-22所示。

图 5-21

图 5-22

在 Flash 中可以对元件进行整体的调整。选中需要调整的元件，在属性面板中，打开"色彩效果"卷轴栏，在"样式"下拉菜单中有 5 个选项，分别为：无、亮度、色调、高级、Alpha。

无：是指对该元件无须添加任何色彩效果。

亮度：是指对该元件进行亮度的整体调整。选择了该选项后，下面会出现一个亮度的调节杠杆，数值越高亮度越强，如图 5-23 所示。

色调：是指对该元件进行色调的调整。选择该选项后，右侧会出现一个色块，单击可以进行颜色的调整，而下面会出现"色调"、"红"、"绿"、"蓝" 4 个调节杠杆。具体调节方法为，先单击色块，设定好主色调，然后调节下面的"色调"的参数，值越高，元件就会越接近主色调的颜色，而"红"、"蓝"、"绿" 3 个参数，可以更加细致的调节主色调的RGB 值，如图 5-24 所示。

图 5-23　　　　　　　　　　　　　　　　图 5-24

高级：该选项可调节的参数是最多的，包括"Alpha"、"红"、"绿"、"蓝" 4 个选项的参数，每个选项有两个值，分别为百分比和偏移值，可以进行更加细致的调整，如图 5-25 所示。

Alpha：该选项是调节元件的透明度，选择以后，下面会出现调整杠杆，数值越低，元件就会越透明，如图 5-26 所示。

图 5-25　　　　　　　　　　　　　　　　图 5-26

另外有一些整体编辑的命令，则是"影片剪辑"和"按钮"元件类型所独有的。

选中需要调整的"影片剪辑"或"按钮"元件，在属性面板中，可以看到还有"显示"和"滤镜"两个卷轴栏。单击打开"显示"卷轴栏，在"混合"选项后面有一个下拉菜单，单击会看到有多种选项，如图 5-27 所示。经常使用 Adobe Photoshop 的读者对这些选项应该不会陌生，这些都是图层混合模式的选项，例如图 5-28 所显示的就是常用的"正片叠底"模式的效果。

图 5-27

图 5-28

　　选中相应的元件，打开"滤镜"卷轴栏，单击面板左下角的"添加滤镜"按钮，会弹出显示着所有滤镜效果的浮动面板，如图 5-29 所示。常用 Adobe Photoshop 的读者应该也会发现，这些都是"图层样式"的选项，选中一个滤镜，元件会发生相应的改变，在滤镜面板中也会出现相应的参数，如图 5-30 所示就是应用滤镜"模糊"的效果。

图 5-29

图 5-30

　　有时对一个元件加了很多的特效，但是忽然发现，应该对另一个元件这样加才对。这时可以用到"交换元件"命令，将此元件替换为彼元件，而所添加的特效也会保留下来。具体操作为：在舞台上用鼠标右键单击需要交换的元件，在弹出的浮动菜单中选择"交换元件"命令，随后在弹出的"库"面板中选择需要交换的元件，单击"确定"按钮即可完成交换元件的操作，如图 5-31 所示。

图 5-31

## ▓➡ 5.3 动画角色分元件绘制实例——超人飞飞

对于一部多集动画片来说，最开始就需要建立一套完整的角色库，包括各个不同角度的身体、面部，各个表情、口型等。这样在制作动画时，可以随时在库中调取所需要的部分，极大地提高工作效率。

制作角色库时，需要注意，每个元件的命名应尽可能详细，尽量避免出现重名的现象，否则在同一个 Flash 源文件中出现同名的元件，会产生意想不到的问题。

接下来将针对前面的内容，以元件的方式来绘制一个动画角色。如图 5-32 所示是一个动画角色超人飞飞的设定图，根据这张设定图绘制该角色的正面。

图 5-32

将该图导入 Flash 中，单独放置在底层的图层，并将该图层锁定。按 Ctrl+alt+Shift+R 组合键，打开 Flash 舞台的标尺功能，拽出来一些横向参考线，分别放置在角色的头顶、眉毛、眼角、鼻子、嘴巴、下巴等部位，以便在制作其他角度的时候进行对位。

依然是使用直线变曲线的方法绘制出头发和头部的正面，然后进行填色，如图 5-33 所示。

选中画好的脸部，按 F8 键，弹出"转换为元件"对话框，设置名称为"飞飞-正面-脸"，设置元件类型为"图形"，单击"确定"按钮，这时会看到该元件出现在库面板中，如图 5-34 所示。

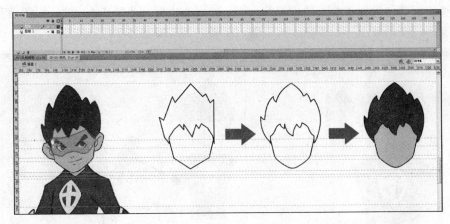

图 5-33

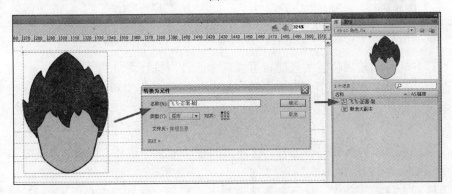

图 5-34

接着来绘制飞飞超人的五官，将每个五官都单独转换为元件，并重新命名。在绘制眼睛、眉毛、耳朵时，可以只绘制一边的，将其转换为元件，再将该元件复制，执行菜单的"修改"→"变形"→"水平翻转"命令，然后放置在另外一边，如图5-35所示。

添加眼镜的元件，如图5-36所示。继续绘制身体部分，由于使用的是元件，所以可以在元件当中新建图层进行绘制，如图5-37所示。

图 5-35

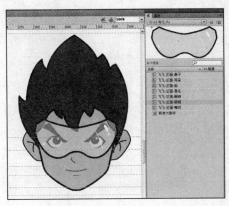

图 5-36

绘制四肢时，要严格按照关节来进行绘制，这样方便后期制作动画。例如绘制胳膊时，需要将整条胳膊设置为 3 个元件来进行绘制，分别为上臂、下臂和手。随后设置前后关系时，将身体放在最前面，后面依次为下臂、上臂、手，如图 5-38 所示。

图 5-37                     图 5-38

在设置各元件的前后位置关系时，可以选中元件，执行菜单的"修改"→"排列"中的几个命令，分别是"移至顶层"、"上移一层"、"下移一层"和"移至底层"，也可以使用快捷键进行操作："移至顶层"为 Ctrl+Shift+上箭头组合键，"上移一层"为 Ctrl+上箭头组合键；"下移一层"为 Ctrl+下箭头组合键。"移至底层"为 Ctrl+Shift+下箭头组合键。也可以在舞台中用鼠标右键单击元件，在弹出的浮动菜单中执行"排列"命令组当中的这几个命令，如图 5-39 所示。

为了后期方便调整动作，接下来需要调节下手臂各个元件的中心点。按 Q 键切换到"任意变形工具"，选中上臂元件，会看到元件的中心有一个白色的圆点，这就是元件的中心点，实际上也是物体的旋转中心点。如果这时直接旋转上臂元件，会看到手臂脱离身体。现在需要使用鼠标，将中心点放置在角色的肩膀部，这样旋转以后才会得到正确的效果，如图 5-40 所示。

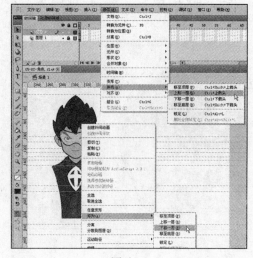

图 5-39                     图 5-40

调整手臂 3 个元件的中心 点，分别放置在关节的位置，并进行旋转测试，得到正确的效果才算完成中心点的调节，如图 5-41 所示。

将这 3 个元件复制到另一侧，执行菜单的"修改"→"变形"→"水平翻转"命令，完成两只手臂的制作，如图 5-42 所示。

图 5-41

图 5-42

接着来绘制角色的腰带和短裤，并将它们转换为图形元件，分别命名为"飞飞-正面-腰带"和"飞飞-正面-短裤"，如图 5-43 所示。

继续绘制腿部，将腿部分为大腿、小腿、脚 3 个部分来绘制，并转换为图形元件，分别命名为"飞飞-正面-大腿"、"飞飞-正面-小腿"和"飞飞-正面-脚"，然后设置前后关系，将短裤放在腿部 3 个元件的最前面，后面依次为小腿、大腿、脚，如图 5-44 所示。

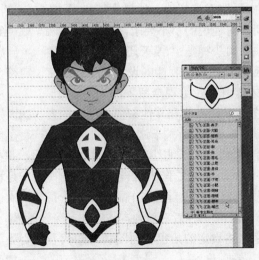

图 5-43

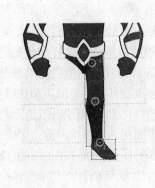

图 5-44

按 Q 键切换到"任意变形工具"，设置腿部 3 个元件的中心点，分别放置在关节部分，并进行旋转测试，如图 5-45 所示。

将腿部复制到另一侧，执行菜单的"修改"→"变形"→"水平翻转"命令，完成另一侧腿部的制作，最终效果如图 5-46 所示。

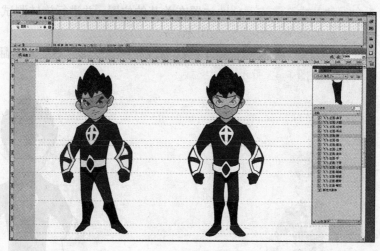

图 5-46

该实例最终完成的源文件,是配套光盘的"源文件"文件夹中的"05-02-角色.fla"文件,读者可以自行参考。

对于一部多集动画片来说,前期工作一定要细致而到位,否则在后面的制作过程中可能会出大问题。具体来讲,就是前期的角色设定一定要细致,把角色的各方面都先用文字表达出来。例如,该实例中的飞飞超人的文字简述是这样的:

飞飞超人:带头大哥,变身后飞来飞去,性格极为莽撞,总是飞得太快停不下来。飞飞超人遇到事情勇敢而冲动,一根筋,从来不计后果,当然,他也有这个资本,他除了速度快,还有着超强的抵抗力,一般武器根本无法伤害到他。他最大特点是"同情心",面对任何人的只言片语,他都会大发慈悲,朋友对他说的小小要求,他都会赴汤蹈火,当然,敌人的小小哀求,他也会立即将其释放。他的口头禅是:"毁灭还是拯救,这是一个问题!"

根据文字进行设定时,除了转面,还应该有动作和表情的设定,一定要使设定符合角色自身的性格特征,这样角色的性格特征才能鲜明,给观众留下深刻的印象。

塑造具有魅力的角色是动画的中心任务。动画人物和其他影视作品中的人物的区别在于:动画人物具有简单的类型化性格,在人物身上,所有关于这个人物的信息都一目了然,使用这些外化的典型化特征,正是为了突出角色性格的鲜明性。人物的简单类型化,并不是把角色平面化、简单化,而是要求角色性格简洁明了、文学形象鲜明突出。这些要求是和动画艺术的特征紧密结合在一起的。日本动画大师宫崎骏说自己的作品是:"一个简单的人说出的简单的故事。"而这"简单"两个字包含着成熟动画作者对动画本体的许多深刻理解。

图 5-47 和 5-48 所示为依据角色的文字简述设定的角色转面图和一些代表性姿势,以及一些不同角度的表情。

图 5-47

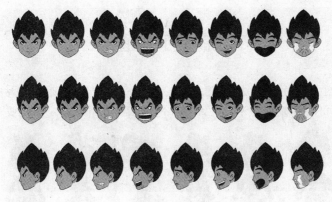

图 5-48

　　另外，还有手、脚等需要做动作的部位的各个角度和状态，也都要一一绘制出来，如图 5-49 所示。

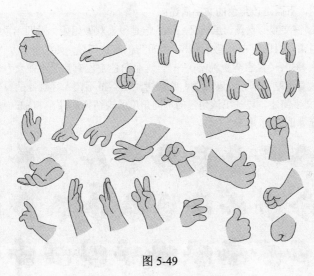

图 5-49

# 本 章 小 结

　　本章对 Flash 的库面板和元件的应用进行了详细的讲解。这两个部分，尤其是元件，不但是 Flash 这个软件的特色，也是 Flash 动画制作过程中要经常用到的部分。

　　对于交互设计和多媒体设计来讲，最常用的元件是按钮和影片剪辑；而对于动画制作人员来说，最常用的元件无疑是图形，如果制作的动画需要发布在网络上，也会用到一些按钮和影片剪辑。因此，对于元件的应用，需要针对不同的设计和制作领域来定。

　　另外，养成合理的元件命名习惯也是相当重要的。

# 练 习 题

1. 打开配套光盘中提供的 "05-02-设定图.jpg"，这是一个小女孩角色的设定稿，按照该图，在 Flash 中按照本章所介绍的分元件绘制的方法，为该角色绘制出不同角度的转面图，绘制完成的效果应如图 5-50 所示。

图 5-50

2. 依然是该角色，下面是该角色的文字简述：

冰冰超人：三妹。很文静的女孩，虽然是三妹，但是很喜欢做姐姐。对四弟爱护有加，当然，每次哥哥们夸妹妹漂亮、温柔，她也会立刻挺身而出，帮哥哥们解决问题。她的能力是"冰霜"。让一切物体立刻冰封化。她的口头禅是："让世界更纯洁……"。这个角色定位有点"小龙女"化，有一点点冷若冰霜的味道，但是，她最喜欢吃火锅、吃麻辣烫、吃烧烤，这不得不让人怀疑她的属性真实度。

按照上述角色的文字简述，设计出该角色的不同角度的表情图，并在 Flash 中以分元件绘制的方法绘制出来，最终效果应如图 5-51 所示。

图 5-51

# Flash 中的遮罩和滤镜

## ▶ 6.1 遮罩的定义及其使用方法

遮罩是隐藏或显示图层区域的技术，顾名思义，就是遮挡住下面图层中的对象。

遮罩在 Flash 中是以图层的形式存在的。在第 4 章图层部分曾经介绍过，图层有 5 种不同的图层类型，分别是一般、遮罩层、被遮罩、文件夹、引导层。其中遮罩层和被遮罩层就是本章要重点学习的类型。

通俗点讲，遮罩就是通过"遮罩层"来达到有选择地显示位于其下方的"被遮罩层"中的内容的技术，如图 6-1 所示。通常，"遮罩层"可以对其下的任意个"被遮罩层"进行遮挡和显示。

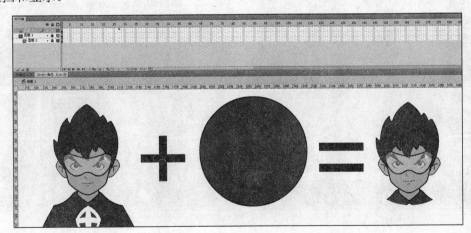

图 6-1

下面通过一个实例来介绍遮罩的使用方法。

新建一个 Flash 文件，在属性"大小"中调整文件大小为"800×600"像素。执行菜单的"文件"→"导入"→"导入到舞台"命令（或者按 Ctrl+R 组合键），将配套光盘中"源文件"文件夹中的"06-01-相框素材.jpg"文件导入到舞台中央，如图 6-2 所示。

图 6-2

打开配套光盘中"源文件"文件夹中的"06-01-场景 1.fla"文件，这是一个已经打包的群组的场景文件。选中整个场景，复制，并回到刚刚的相框文件中，新建一个图层，命名为"场景 1"，在该图层中将整个场景粘贴进来，如图 6-3 所示。按 Q 键，切换到任意变形工具，将复制过来的街道场景缩小至相框大小，如图 6-4 所示。

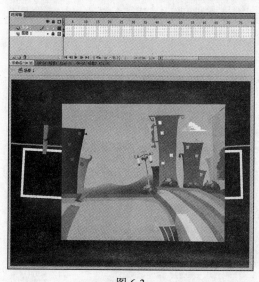

图 6-3

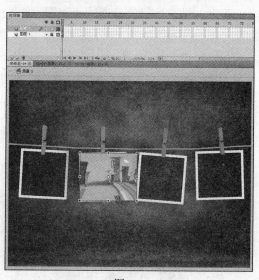

图 6-4

新建一个图层，命名为"遮罩 1"，放置在"场景 1"图层的最上面，使用直线工具在"遮罩 1"图层上沿着相框的边缘进行绘制，将整个相框内部都围绕起来。如果觉得中间的"场景 1"图层影响了绘制，可以先将该图层隐藏，如图 6-5 所示。按 K 键，切换到油漆桶工具，给绘制的区域填色，什么颜色都可以，因为遮罩的效果取决于色块的形状，和颜色无关，如图 6-6 所示。

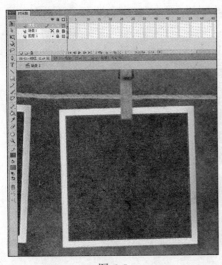
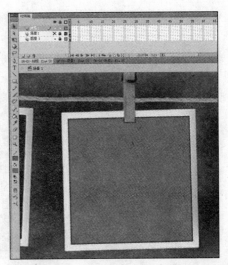

图6-5　　　　　　　　　　　　　　　　　　图6-6

用鼠标在"遮罩 1"图层上单击右键，在弹出的浮动菜单中单击"遮罩层"，这时就会看到，"场景 1"和"遮罩 1"图层都被锁定，图层前的图标也发生了变化，"场景 1"图层中的场景只在"遮罩 1"图层中绘制的图形区域内显示，超出该图形区域的部分都被隐藏了，如图6-7所示。

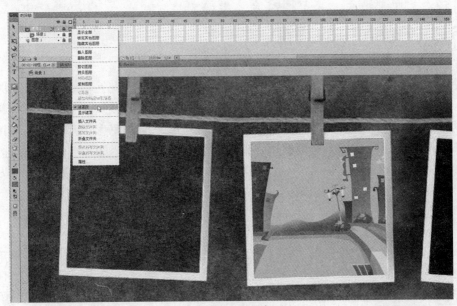

图6-7

这就是制作遮罩的标准流程，再来总结一下：先把需要被遮罩的物体放置在一个图层中，再新建一个遮罩层放在被遮罩层的上面，在遮罩层绘制色块，然后在遮罩层上用鼠标右键单击选择"遮罩层"即可产生遮罩效果。

打开配套光盘中"源文件"文件夹中的"06-01-场景 2.fla"文件，这是一个新的场景，将该场景复制到相框文件当中，为其他几个相框制作同样的效果，如图6-8所示。

图 6-8

该练习最终完成的源文件是配套光盘的"源文件"文件夹中的"06-01-相框.fla"文件，读者可以自行参考。

## 6.2 Flash 中的滤镜

使用过 Adobe Photoshop 软件的用户，都会对那一系列五花八门的滤镜留下深刻的印象，而其中的部分功能在 Flash 中也存在。但在 Flash 中，仅有"影片剪辑"和"按钮"这两个元件类型以及文本能够直接使用滤镜功能，而"图形"元件和组等其他单位是不能使用滤镜的，如果必须使用，则需要将它们转换为"影片剪辑"或"按钮"的元件类型。

### 6.2.1 滤镜的种类

Flash 中的滤镜有"投影"、"模糊"、"发光"、"斜角"、"渐变发光"、"渐变斜角"和"调整颜色"7 种。

"投影"滤镜中，可以调节"模糊 X"和"模糊 Y"两个值，使阴影效果更加柔和，这两个参数无论调哪一个，另一个也会变为相同的数值；"强度"值可以调整阴影的浓度；如果觉得阴影不够细腻，可以将"品质"设置为高；在"角度"一栏中可以调整阴影的角度；"距离"一栏中可以调整阴影和物体之间的距离值；还可以在"颜色"一栏中改变阴影的色彩，如图 6-9 所示。

"模糊"滤镜中，可以调节"模糊 X"和"模糊 Y"两个值使物体的模糊程度发生变化，同样也可以在"品质"中调节模糊的质量，如图 6-10 所示。

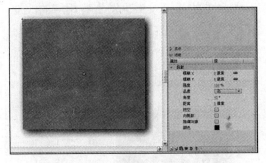

图 6-9

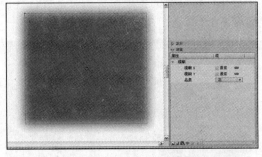

图 6-10

"发光"滤镜可以使元件产生发光的效果，相当于 Photoshop 中的"外发光"和"内发光"的图层样式效果。发光的柔和度可以在"模糊 X"和"模糊 Y"两个参数中调整，除了强度、品质和颜色之外，还可以将其设置为"挖空"或"内发光"的效果，如图 6-11 所示。

"斜角"滤镜前面已经介绍过，除了一般参数外，还可以将其类型设置为"内侧"、"外侧"和"全部"3 种，如图 6-12 所示。

其他 3 种滤镜的使用方法大同小异，这里不再一一介绍了。

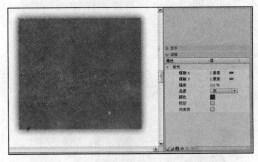

图 6-11

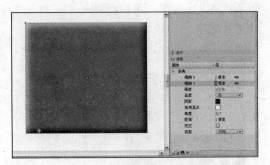

图 6-12

## 6.2.2　滤镜的使用方法

在舞台当中绘制一个色块，选中并按 F8 键，将它转换为"影片剪辑"元件类型，如图 6-13 所示。选中该元件，打开属性面板，会看到最下面有一个名为"滤镜"的卷轴栏，单击该卷轴栏左下角的"添加滤镜"按钮，会弹出包含各种滤镜的浮动菜单，如图 6-14 所示。

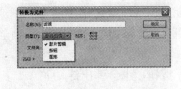

图 6-13

单击"添加滤镜"菜单中的"斜角"滤镜，会看到舞台中的元件已经添加了类似 Photoshop 中的"斜角和浮雕"的图层样式效果，如图 6-15 所示。添加后，"滤镜"面板中会出现该滤镜的各项参数，对参数进行调整，舞台中的滤镜效果也发生着相应的改变，如图 6-16 所示。

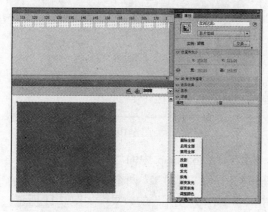

图 6-14

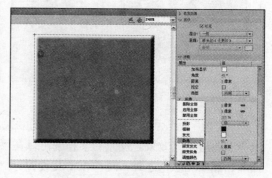

图 6-15

如果希望在现有的基础上添加新的滤镜效果，可以继续按照刚才的步骤，给元件添加滤镜，例如，再添加"模糊"滤镜效果，可以看到，两个滤镜效果进行了融合，如图 6-17 所示。在 Flash 中，可以对同一个元件添加多个不同的滤镜效果，且这些滤镜效果都会自动进行融合。

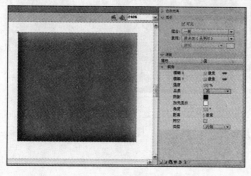

图 6-16

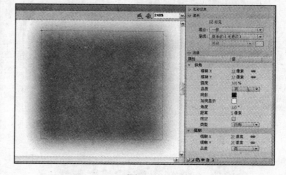

图 6-17

滤镜卷轴栏下方的右侧，有一个垃圾桶的小图标，这是"删除滤镜"按钮，选中某滤镜效果，再单击垃圾桶按钮，就可以删除该滤镜效果，如图 6-18 所示。

"滤镜"卷轴栏下面一共有 6 个按钮，分别是"添加滤镜"、"预设"、"粘贴板"、"启用或禁用滤镜"、"重置滤镜"和"删除滤镜"，如图 6-19 所示。

单击"添加滤镜"按钮会弹出浮动菜单，除了各个滤镜外，还有"删除全部"、"启用全部"、"禁用全部" 3 个按钮，分别可以删除全部滤镜、启用全部滤镜、禁用全部滤镜，如图 6-20 所示。

单击"预设"按钮，也会弹出浮动菜单，其中"另存为"可以将当前所有使用的滤镜及其参数保存为一个"预设"，再次使用时可以直接使用该预设，不用再重新调整参数了。"重命名"和"删除"按钮，可以对预设进行重新命名或者删除的操作，如图 6-21 所示。

单击"粘贴板"按钮弹出的浮动菜单可以"复制所选"的滤镜效果，或者"复制全部"的滤镜效果，复制以后，再单击"粘贴"按钮进行粘贴，如图 6-22 所示。

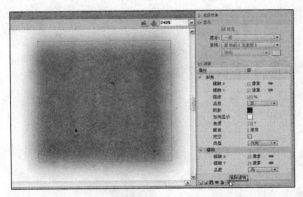

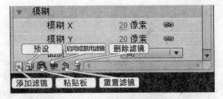

图 6-18

图 6-19

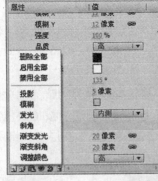

图 6-21

图 6-20

图 6-22

使用"启用或禁用滤镜"按钮，可以使被选择的滤镜隐藏或显示效果。

使用"重置滤镜"按钮，可以使被选择滤镜的所有参数全部还原为默认值。

使用"删除滤镜"按钮，可以将被选择的滤镜效果彻底删除掉。

## 6.3 使用遮罩与滤镜相结合的方式绘制角色实例——小男孩

本节将用一个比较简单的实例，来简单阐述遮罩和滤镜相结合的绘制方法。该实例由郑州轻工业学院动画系 08 级褚申宁制作完成，最终结果如图 6-23 所示。

图 6-23 中右侧的小男孩过渡非常柔和，又有一些纹理的角色效果，如果按照正常的绘制方法，在 Flash 中是极难实现的。现在借助遮罩和滤镜中的一些效果，就可以轻松地实现这种效果。

（1）打开配套光盘的"源文件"文件夹下的"06-03-男孩-素材.fla"文件，这是一个小男孩的平面效果，现在需要将他的暗部勾勒出来，但是如果直接在色块层中进行绘制，由于有不用颜色的色块，绘制出来的线很容易会被打乱。因此需要新建一个图层，在该图层上使用线条工具配合选择工具的方法，将小男孩的暗部轮廓绘制出来，如图 6-24 所示。

图 6-23

图 6-24

（2）由于线条和色块不在同一个图层中，因此需要将线条复制到色块图层中。选中所有线条，按 Ctrl+X 组合键剪切，再单击色块所在的"底色"图层，按 Shift+Ctrl+V 组合键，将线条复制在"底色"图层中，如图 6-25 所示。

（3）在"底色"图层中，选中被轮廓线分开的暗部部分的色块，按 Ctrl+C 组合键复制，注意是复制而不是剪切，再在上面的空图层中按 Ctrl+V 组合键进行粘贴，将角色的暗部独立放置在一个图层中。之后回到"底色"图层中，将所有的轮廓线选中并删除，如图 6-26 所示。

图 6-25

图 6-26

（4）在新图层中选中所有的暗部色块，按 F8 键将其转换为"影片剪辑"的元件类型，并命名为"暗部"，单击"确定"按钮。现在就有了两个图层，一个"底色"图层放置最原始小男孩的色块，一个新建的图层放置已经被转换为"影片剪辑"元件的小男孩暗部部分，如图 6-27 所示。

（5）选中"暗部"影片剪辑元件，在属性面板中，打开"滤镜"卷轴栏，为它添加一个"调整颜色"滤镜，调整亮度的参数为"−48"，这样就可以使其真正暗下来，变成暗部，如图 6-28 所示。

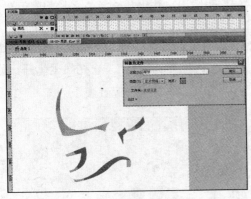

图 6-27 　　　　　　　　　　　　　　图 6-28

（6）继续为它添加"模糊"滤镜，并将"模糊 X"和"模糊 Y"数值都设置为"12"，再将"品质"设置为高，使整个暗部柔和起来，和下面的色块部分很好地融合在一起，如图 6-29 所示。

（7）这时会发现，暗部的很多部分已经超出了身体，接下来使用遮罩来解决这个问题。选中"底色"图层，将其复制并放置在最上面，改名为"遮罩"图层，如图 6-30 所示。

图 6-29 　　　　　　　　　　　　　　图 6-30

（8）用鼠标右键单击"遮罩"图层，在弹出的浮动菜单中单击"遮罩层"，使其变为"暗部"图层的遮罩层，这样暗部显示在身体以外的效果就消失了，如图 6-31 所示。

（9）使用同样的方法，勾勒出小男孩的亮部，如图 6-32 所示。

图 6-31 　　　　　　　　　　　　　　图 6-32

（10）将小男孩的亮部全部复制到新的"亮部"图层中，并将其转换为影片剪辑元件，命名为"亮部"，如图 6-33 所示。

（11）对"亮部"元件添加"调整颜色"滤镜，将亮部的参数设置为"48"；再添加"模糊"滤镜，设置"模糊 X"和"模糊 Y"值设置为 12，品质为"高"，让亮部柔化开，如图 6-34 所示。

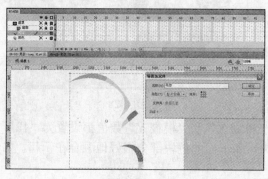

图 6-33

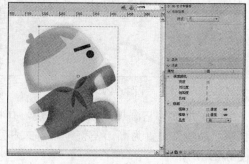

图 6-34

（12）将"亮部"图层拖拽到"遮罩"图层下面，再将"亮部"图层锁定，这样亮部超出身体的部分就都被隐藏掉了，如图 6-35 所示。

（13）接下来制作小男孩整体的纹理效果，通过前面的制作，基本上可以确定制作思路为：制作好纹理，再通过遮罩将纹理限定在小男孩上面显示。

新建一个图层，将它的位置移动到在图层面板的最上面，使用工具箱中的"矩形工具"绘制出一个细长的矩形，填充为纯黑色，并将轮廓线选中删除，放置在舞台的中央，如图 6-36 所示。

图 6-35

图 6-36

（14）按 V 键切换到"选择工具"，按住 Alt 键移动矩形，会看到矩形被复制了。经过大量的复制，将整个舞台区域填满，如图 6-37 所示。

（15）将该图层重命名为"纹路"图层，选中所有的矩形，按 Q 键切换到"任意变形工具"，按住 Shift 键进行 45°的旋转，使下面图层中的小男孩完全处于这些矩形之中，如图 6-38 所示。

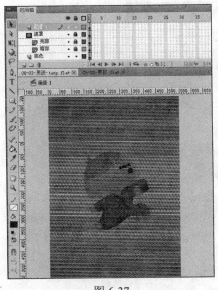

图 6-37

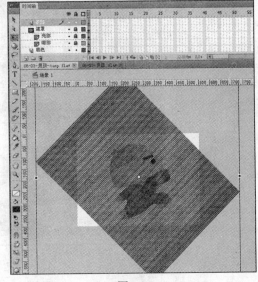

图 6-38

（16）把"纹路"图层拖拽到"遮罩"层当中，并放在"亮部"和"暗部"图层的下面，再将"纹路"图层锁定，这样就会看到小男孩上面已经有了斜条纹的纹路效果。但是这些效果显然太重了，接下来对这些纹路进行调整，如图 6-39 所示。

（17）取消"纹路"图层的锁定，选中所有矩形，选择"窗口"→"颜色"命令，或者按 Alt+Shift+F9 组合键，打开"颜色"面板，在其中修改 A 值即 Alpha 值为 10%，将矩形的透明度设置为 10%，使其显示得柔和一些，如图 6-40 所示。

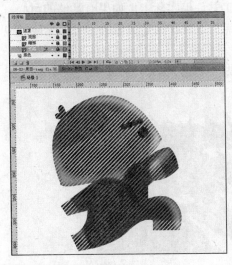

图 6-39

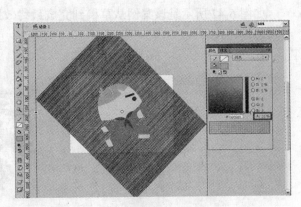

图 6-40

（18）重新将"纹路"图层锁定，会看到现在的纹路效果好多了，如图 6-41 所示。

该案例最终完成的源文件是配套光盘的"源文件"文件夹中的"06-03-男孩.fla"文件，读者可以自行参考。

图 6-41

## 6.4 复杂角色绘制实例——九头龙

在当前的游戏和动画，尤其是魔幻类的角色设定当中，很多设计师认为只有使用 Adobe Photoshop、Corel Painter 等拥有大量笔刷的绘画软件，才能够绘制出足够震撼的作品，而 Flash 只被认为是制作中、低端动画软件的工具。但实际上，如果有足够的耐心，使用 Flash 依然能够绘制出足够震撼的原画作品，而且这件作品是矢量的，可以无限制地放大。接下来将使用本章所学习到的遮罩和滤镜的制作手法来制作一个复杂角色实例。

如图 6-42 所示是该案例从草稿到完成最终效果的对比，由郑州轻工业学院动画系 03 级宋帅设计。

图 6-42

### 6.4.1 前景里面龙的绘制

（1）新建一个 Flash 文件，在属性"大小"中调整文件大小为"1000×800"像素。

执行菜单的"文件"→"导入"→"导入到舞台"命令（或者按 Ctrl+R 组合键），将配套光盘中"源文件"文件夹中的"06-03-龙.jpg"文件导入到舞台中央，并调整好位置，这是一张绘制好的角色设定草稿。

（2）将放置草稿的图层重命名为"草稿"并锁定。新建一个图层，命名为"前头-大形"。使用直线工具勾勒最前面的龙头的轮廓线，如图 6-43 所示。

（3）按 V 键切换到"选择工具"，沿着草稿的边缘将轮廓线都转换成曲线，将前面龙头的轮廓勾勒出来，如图 6-44 所示。

图 6-43

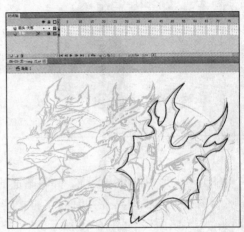

图 6-44

（4）继续在"前头-大形"图层中，使用直线工具勾勒最前面的龙头的轮廓线，如图 6-45 所示。

（5）依然是使用"选择工具"，沿着轮廓线将直线转换为曲线，如图 6-46 所示。

图 6-45

图 6-46

（6）分别给两个封闭的轮廓线填充颜色，并将前面的部分选中，剪切到一个新的图层当中，将新图层重命名为"前头-脸"，将大形填充为深绿色，将脸部填充为稍微浅一些的绿色，如图 6-47 所示。

（7）在大形中，勾勒出鼻子的形状，并将鼻子的色块剪切到新图层中，将该图层重命名为"前头-鼻子"，并填充为稍微深一些的褐色，如图 6-48 所示。

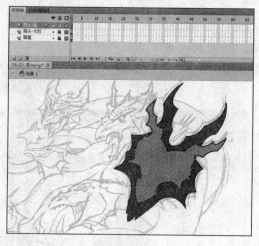
图 6-47

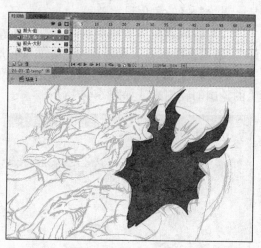
图 6-48

（8）在大形中勾勒出暗面，并将暗面的色块复制到新图层中并填充为更深的绿色，重命名新图层为"前头-大形-暗面"，再把暗面的色块转换为影片剪辑元件，命名元件名为"前头-大形-暗面"，如图 6-49 所示。

（9）为"前头-大形-暗面"元件添加"模糊"滤镜，设置模糊值为"12"，品质为"高"。

再复制"前头-大形"图层，将新图层重命名为"前头-大形-遮罩"，放置在暗面图层的上面，并将该图层转换为遮罩层，如图 6-50 所示。

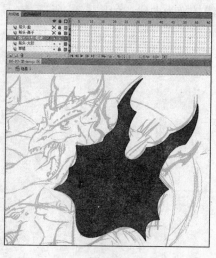
图 6-49

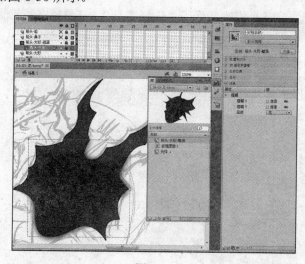
图 6-50

（10）使用同样的方法绘制出亮面并复制到新图层中，重命名新图层为"前头-大形-亮面"，再转换为影片剪辑元件，命名元件名为"前头-大形-亮面"，如图 6-51 所示。

（11）同样为亮面添加模糊滤镜，设置模糊值为"12"，品质为"高"，并将亮面图层拖拽到遮罩层下，如图 6-52 所示。

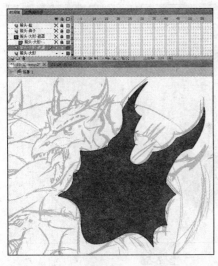

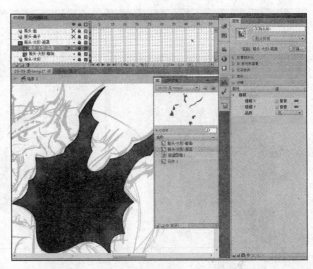

图 6-51　　　　　　　　　　　　　　　　　　图 6-52

（12）开始绘制"前头-脸"的暗面效果，绘制完以后复制到新图层"前头-脸-暗面"中，如图 6-53 所示。

（13）添加模糊滤镜，由于脸部为近景，所以对比要强烈一些，将模糊值设置为"4"，品质为"高"，如图 6-54 所示。

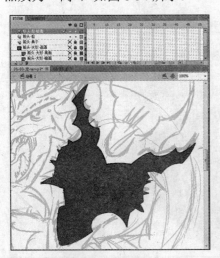

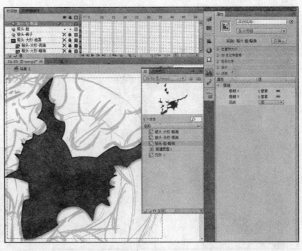

图 6-53　　　　　　　　　　　　　　　　　　图 6-54

（14）绘制"前头-脸"的亮面效果，绘制完以后复制到新图层"前头-脸-亮面"中，如图 6-55 所示。

（15）添加模糊滤镜，将模糊值设置为"8"，品质为"高"。

复制"前头-脸"图层，放置在亮面和暗面图层的上面，右键单击将其转换为遮罩层，然后将亮面图层和暗面图层拖拽到遮罩层的下面，如图 6-56 所示。

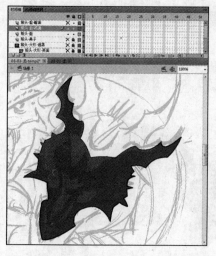 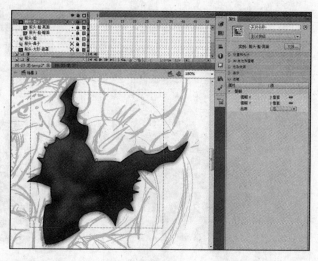

图 6-55　　　　　　　　　　　　　　　　　图 6-56

（16）按照上面的方法，绘制龙"前头-鼻子"的暗面，并放置在新建图层"前头-鼻子-暗面"中，转换为影片剪辑元件"前头-鼻子-暗面"，然后添加模糊滤镜，设置模糊值为"8"，品质为"高"，如图 6-57 所示。

（17）按照上面的步骤继续绘制鼻子的亮面，添加模糊滤镜的时候调整模糊值为"4"，品质为"高"，如图 6-58 所示。

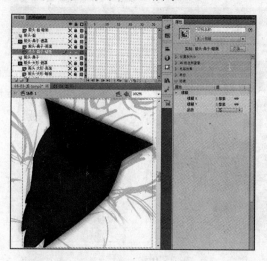 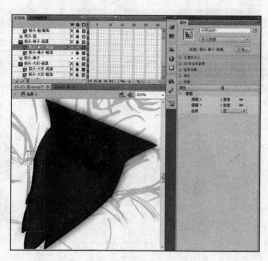

图 6-57　　　　　　　　　　　　　　　　　图 6-58

（18）在最上面新建一个图层，重命名为"前头-细节"，使用直线工具绘制前头脸部的结构线，并将眼睛和鼻孔部位封闭，填充上颜色，如图 6-59 所示。

（19）继续在该图层绘制结构线，主要是大形和鼻子的部位，以增加细节和手绘感，如图 6-60 所示。

图 6-59

图 6-60

（20）继续给眼珠增加几层色阶，眼珠越往里的颜色越接近纯黄色。

新建一个图层，重命名为"前头-斑纹"，在这个图层中添加脸部的斑纹，这一步需要很耐心地绘制，一幅图细节越多就会显得越精致，如图 6-61 所示。

（21）在鼻子和前脸图层之间新建一个图层，重命名为"前头-牙齿"，在该图层上绘制龙的牙齿并填充为黄色，如图6-62 所示。

图 6-61

（22）在前脸图层中绘制出暗部的反光，由于整体色调为绿色，因此反光的颜色设置为绿色的补色——红色。按照绘制暗面和亮面的方法，将绘制出的反光区域新建图层并转换为元件，然后添加模糊滤镜，设置模糊值为"8"，品质为"高"，然后将反光图层拖拽到前头的遮罩层下面，如图 6-63 所示。

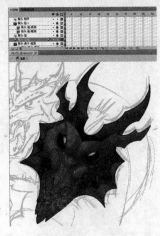

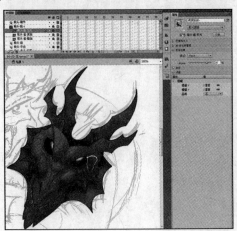

图 3-62

图 6-63

（23）按照刚才的步骤，继续为前头的鼻子和大形部分增加反光，效果如图 6-64 所示。

（24）在最上面新建一个图层，重命名为"前头-气氛"，在该图层中添加脸部的红色光晕，然后转换成影片剪辑元件，添加模糊滤镜，用来模拟眼睛射出的红光，如图 6-65 所示。

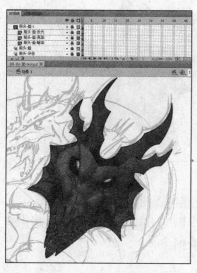
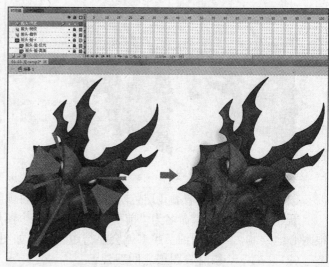

图 6-64                                图 6-65

（25）新建一个图层文件夹，重命名为"前头"，将前景龙头部的所有图层都拖拽到该图层文件夹下，将该图层文件夹收起并隐藏，为接下来的绘制做准备。

（26）接下来绘制前景龙的身体部分。新建一个图层重命名为"前身-大形"，放置在龙头文件夹的下方，开始沿着设定稿中的身体进行轮廓线的勾勒，注意将身体分为两个封闭部分进行勾勒，分别为背部和腹部，如图 6-66 所示。

分别为背部和腹部填充颜色，背部填充稍深一些的绿色，腹部填充为稍深一些的黄色，如图 6-67 所示。

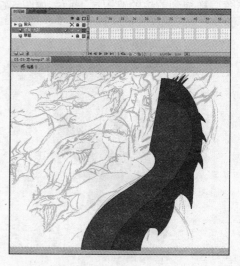

图 6-66                                图 6-67

（27）绘制身体的暗面，并将色块复制到新图层"前身-暗面"中，如图 6-68 所示。

（28）将暗面转换为影片剪辑元件"前身-暗面"，先添加调整颜色滤镜，将亮度值降低到"-48"，再添加模糊滤镜，设置模糊值为"20"，品质为"高"，如图 6-69 所示。

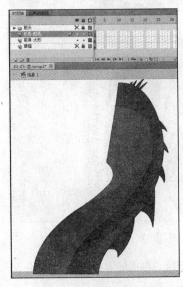
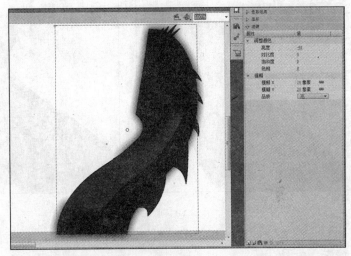

图 6-68 　　　　　　　　　　　　　　　　图 6-69

（29）绘制身体的亮面，并将色块复制到新图层"前身-亮面"中，如图 6-70 所示。

（30）将暗面转换为影片剪辑元件"前身-亮面"，先添加调整颜色滤镜，将亮度值提高到"48"，再添加"模糊"滤镜，设置模糊值为"16"，品质为"高"。

再将"前身-大形"图层复制，重命名为"前身-大形-遮罩"，放置在暗部和亮部图层的上面，并转为遮罩层，再将暗部和亮部图层都拖到遮罩层的下面，变为被遮罩层，如图 6-71 所示。

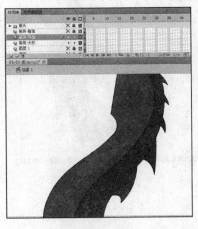
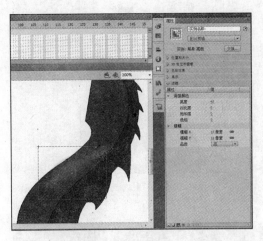

图 6-70 　　　　　　　　　　　　　　　　图 6-71

（31）新建图层"前身-纹路"，开始绘制身体腹部的纹路效果，一般是绘制好一个以后进行大量复制，这样绘制速度会快得多，如图 6-72 所示。

（32）将绘制好的纹路转换为影片剪辑元件，命名为"前身-纹路"，为它添加模糊滤镜，模糊值为"8"，品质为"低"，这是为了模拟色块的手绘感，如图6-73所示。

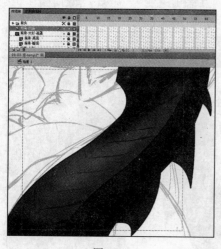

图 6-72

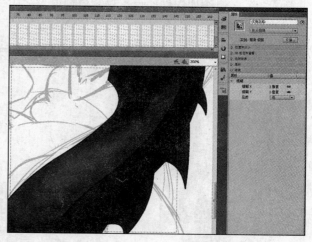

图 6-73

（33）新建图层"前身-反光"，绘制龙身体暗部的反光部分，并填充为红色，如图6-74所示。

（34）将反光部分转换为影片剪辑元件"前身-反光"，添加模糊滤镜，设置模糊值为"18"，品质为"高"，然后将反光层拽到遮罩层下。

新建一个图层文件夹，重命名为"前身"，将所有的龙身体部分的图层全部拽入该图层文件夹中，便于统一管理。

将所有图层都显示出来，看一下当前的效果，如果发现有瑕疵的话进入相应的图层进行修改。这样就完成了最为复杂的前景龙的绘制工作，如图6-75所示。

图 6-74

图 6-75

## 6.4.2 中景里面龙的绘制

对于中景的龙来说，因为距离比较远，没有必要刻画得像前景的龙那么细致，因此绘制时，可以3条龙一起进行绘制。

（1）新建一个图层，放置在前景龙的下面，重命名为"中头-大形"，在该图层对中景的3条龙的头部进行轮廓线的勾勒。需要注意的是，这3条龙是张着嘴的，因此需要把嘴部分开绘制，这样便于分别填色，如图6-76所示。

（2）分别给头部填充深绿色，鼻子部分填充深褐色，嘴部填充稍浅一些的褐色，如图6-77所示。

图 6-76　　　　　　　　　　　　　　　图 6-77

（3）勾勒出3个龙头的暗面，并将这些色块复制到新图层"中头-暗面"中。

选中暗面的所有色块，转换为影片剪辑元件"中头-暗面"，添加调整颜色滤镜，将亮度值设置为"-28"。再添加模糊滤镜，设置模糊值为"6"，品质为"高"，如图6-78所示。

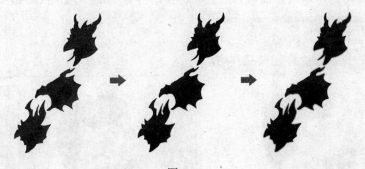

图 6-78

（4）勾勒出3个龙头的亮面，并将亮部的色块复制到新图层中"中头-亮面"中。

选中亮面的所有色块，转换为影片剪辑元件"中头-亮面"，添加调整颜色滤镜，将亮度值设置为"28"。再添加模糊滤镜，设置模糊值为"6"，品质为"高"，如图6-79所示。

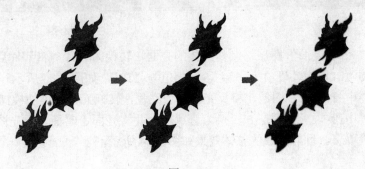

图 6-79

（5）新建图层"中头-细节"，沿着结构添加结构线，并绘制出眼睛部分。

新建图层"中头-斑纹"，为头部增加浅绿色的斑纹，提高画面的精细度。

新建图层"中头-反光"，将反光色块设置为红色，转换元件以后添加模糊滤镜。

复制"中头-大形"图层，放置在这几个图层的上面，转换为遮罩层；并将亮面、暗面、细节、斑纹和反光图层拖拽到遮罩层下变为被遮罩层，如图 6-80 所示。

图 6-80

（6）新建"中身-大形"图层，绘制中景龙的身体，注意将腹部分开绘制，然后分别填充颜色，如图 6-81 所示。

（7）新建"中身-暗面"图层，在该图层中制作身体的暗面，转换元件以后分别添加调整颜色和模糊滤镜，设置亮度值为"−36"，模糊值为"12"，如图 6-82 所示。

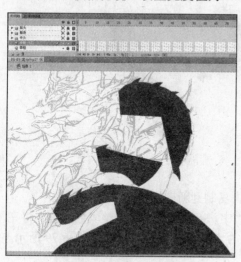

图 6-81

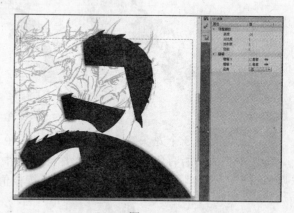

图 6-82

（8）新建"中身-亮面"图层，制作身体的亮面，转换为影片剪辑元件后分别添加调整颜色和模糊滤镜，设置亮度值为"24"，模糊值为"12"，如图 6-83 所示。

（9）新建"中身-反光"图层，将反光调整为红色，转换元件后添加模糊滤镜。

然后复制"中身-大形"图层并转换为遮罩层，并将亮面、暗面、反光图层都拽到遮罩层下变为被遮罩层。目前完成的整体效果如图 6-84 所示。

图 6-83　　　　　　　　　　　　　　　　图 6-84

### 6.4.3　远景里面龙的绘制

（1）远景的龙绘制方法和前面相同，绘制出大形以后，开始添加暗面和亮面，效果如图 6-85 所示。

图 6-85

（2）新建"远头-细节"图层，添加结构轮廓线和眼睛；新建"远头-斑纹"图层，添加脸部的斑纹；新建"远头-反光"图层，添加反光部分。

复制"远头-大形"图层设置为遮罩层，并将亮面、暗面、细节、斑纹和反光图层都拖拽到遮罩层下变为被遮罩层，如图 6-86 所示。

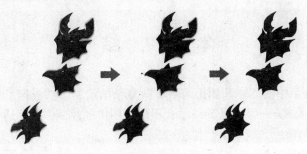

图 6-86

新建图层文件夹"远头",将相关图层都拽入该文件夹中,锁定后收起。

(3)按照上述顺序开始绘制远龙的身体,再分别添加亮面、暗面和反光,添加遮罩和图层文件夹,效果如图 6-87 所示。

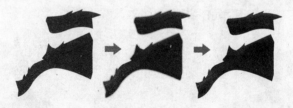

图 6-87

(4)最远处的两条龙只需要填充为极深的绿色就可以了,下图是最终完成的效果,如图 6-88 所示。

图 6-88

该案例最终完成的源文件是配套光盘的"源文件"文件夹中的"06-03-龙.fla"文件,读者可以自行参考。

# 本 章 小 结

本章针对 Flash 当中的遮罩和滤镜,对一些复杂的绘制方法进行了深入的讲解。需要指出的是,这种绘制方法一般情况下只适合于静态图像的绘制,并不适合制作动画,因为这种方法绘制出来的角色光影效果会比较细腻,一旦动起来,很多地方无法进行准确的对位,会产生错误的动画效果。

　　可能有人会觉得使用 Photoshop 之类的位图软件绘制会更快一些，但是使用 Flash 可以绘制出非常精细的图像，可以得到矢量的图，在一些商业领域会有较大的优势，读者可以有选择地进行使用。

　　通过本章的学习，读者对 Flash 中的遮罩和滤镜能够更加熟练得操作，今后制作动画时可以使用不同的遮罩动画和滤镜动画效果使动画的效果更加出色。

# 练　习　题

　　打开配套光盘中提供的"06-04-设定图.jpg"，这是一个次世代角色的设定稿，按照该图，使用本章所介绍的滤镜配合遮罩的方法绘制该角色。绘制完成的最终效果应如图 6-89 所示。

图 6-89

# 第 7 章

# Flash 中的属性面板

## ⏩ 7.1 属性面板概述

属性面板可以说是 Flash 中使用最为频繁的面板，工具、物体甚至文件的一切属性的调整都需要在这个面板中进行。在属性面板中，也有很多相关的属性参数可以设置，在实际制作中能够起到非常大的作用。

Ctrl+F3 组合键是打开和关闭属性面板的快捷键，将属性面板在打开和隐藏两种状态下切换。

在舞台的空白处单击，属性面板会显示出整个文件的属性，比较重要的是属性卷轴栏下面的参数："FPS"是帧频，可以设置制作的 Flash 动画是每秒多少帧；"大小"可以设置整个 Flash 舞台的大小；而舞台选项后面的色块可以设置舞台的背景颜色，如图 7-1 所示。

如果选中的是一个色块，属性面板也会发生相应的变化。位置和大小一栏中，X 和 Y 后面的数值是色块在舞台当中位置的坐标，宽和高后面的数值是色块的大小。填充和笔触一栏中，可以设置轮廓线和色块的颜色，笔触选项可以控制轮廓线的粗细。样式选项可以设置轮廓线的类型，分为极细线、实线、虚线、点状线、锯齿线、点刻线、斑马线 7 种。再下面的几个参数基本上都是设置轮廓线的，如图 7-2 所示。

选中一个组，会看到属性面板中只有位置和大小的参数可供设置，如图 7-3 所示。

在时间轴上选中任意一帧，属性面板中会有标签和声音的参数可供设置，如图 7-4 所示。

选中舞台中的文字，属性面板中会出现很多参数，除了位置和大小以外，还有字符和段落选项，可以对文字进行相关的编辑，如字体、大小、间距等，如图 7-5 所示。

元件在属性面板中的选项是最多的，其中 3D 定位和查看属性栏是专门针对 Flash 中的 3D 工具而设置的，这需要配合 Flash 工具栏中 3D 旋转工具或 3D 移动工具来使用；另外色彩效果一栏是使用频率非常高的，有亮度、色调、高级和 Alpha 4 个选项，可以进行有针对性的调整；显示栏中混合选项有十几种不同的混合模式，相当于 Photoshop 中的图层混合模式；另外还有滤镜选项，如图 7-6 所示。

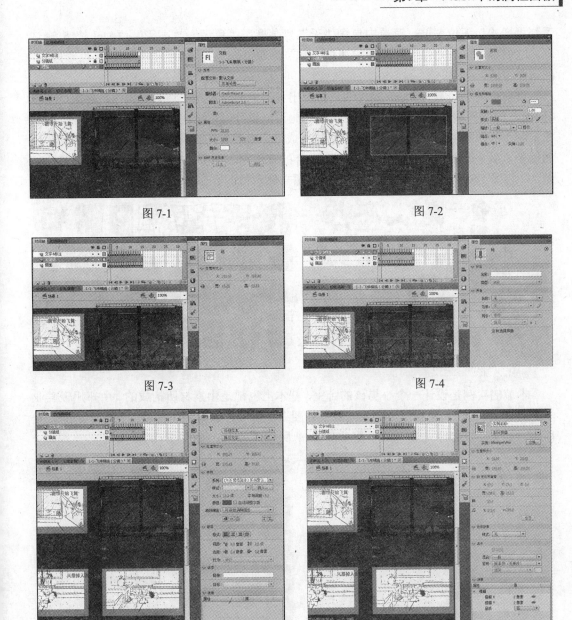

图 7-1                    图 7-2

图 7-3                    图 7-4

图 7-5                    图 7-6

部分属性面板中参数的设置，在"5.2.3 元件的编辑"一节及前面其他章节中，已经做了介绍，在此不再赘述。关于属性面板中动画部分的设置，将在后面的章节中逐一展开介绍。

## ▌▶ 7.2  属性面板中色彩效果调整实例——男孩卧室

属性面板中有一个"色彩效果"卷轴栏，选中一个元件，打开"色彩效果"卷轴栏会看到"样式"下拉菜单，菜单中包含"无"、"亮度"、"色调"、"高级"、"Alpha" 5 个选项，它们都可以对元件进行相应的调整。本节将通过一个实例，来详细介绍"色彩效果"的调整方法。

目前市场上经常有 Flash 相关的素材库出售，里面有大量的道具、家具、建筑、角色等 Flash 源文件素材，如果是通过正规渠道购买，是可以直接在商业中使用的。在一些低成本制作的动画中，很多元素都是由素材构成的，但需要注意的是，由于素材的风格、色调等美术效果不统一，使用时需要挑选适合的来使用，必要时还需要重新进行调整，如图 7-7 和图 7-8 所示都是素材库中的 Flash 源文件素材。

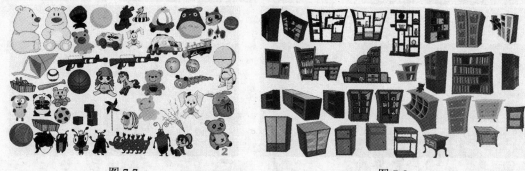

图 7-7　　　　　　　　　　　　　　　　　　图 7-8

本节的实例是设计一个小男孩的卧室，基本上也都是由素材所构成的，由郑州轻工业学院动画系 05 级佘静制作，完成的效果如图 7-9 所示。该案例所使用的素材，是配套光盘的"源文件"文件夹中"07-1-男孩卧室-素材.fla"文件，如图 7-10 所示。

图 7-9

图 7-10

## 7.2.1　调整素材位置及大小

（1）在图层 1 中绘制 3 个方形，由上往下依次填充为浅紫色、深紫色、浅黄色，其中浅紫色的方形作为墙壁，深紫色的方形作为踢脚，浅黄色的方形作为地面，如图 7-11 所示。

（2）使用线条工具，绘制地板上的纹路，然后将绘制的所有线条转换为群组，排列在最上方，如图7-12所示。

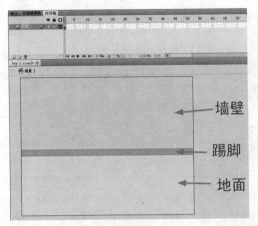

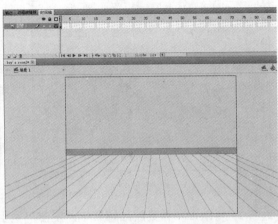

图7-11　　　　　　　　　　　　　　　　　图7-12

（3）接下来需要确定室内光源的位置，即光是从哪边照射过来的，这样便于确定每一个物体的受光区域和背光区域。

一般情况下，光源不宜从正上方打下来，这样会使受光区域和背光区域形成上下的关系，画面效果不理想。所以，一般光源都设置在斜上方，在本练习中，将光源的位置设置在右上方，这样使得每个物体的受光区域在自身的右侧，而背光区域在自身的左侧。

为墙壁和地板绘制背光面，并将墙壁、踢脚和地板都转换为群组，这样便于管理，而且不会在后面的制作中误选，如图7-13所示。

（4）在地板上绘制一块小地毯，并绘制出背光区域，转换为群组，如图7-14所示。

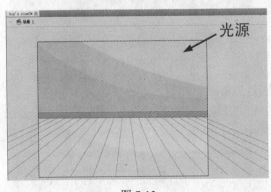

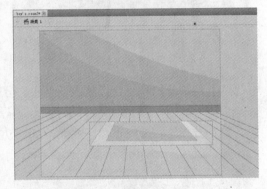

图7-13　　　　　　　　　　　　　　　　　图7-14

（5）将桌子、小柜子放入场景中，并摆好位置，另外，男孩的房间可以放入一些体育用具，因此把棒球棒放入场景中，让它斜靠在桌子上，将3个物体分别转换为群组，并排列好前后顺序，如图7-15所示。

（6）现在的场景有些飘，这是物体与物体之间缺乏关系所造成的。一般情况下，由于有光，物体与物体之间存在投影与被投影的关系，投影的存在会使物体之间的关系明确，也会增加立体感，越重的物体投影越深，轻的物体则越浅。

绘制上述3个物体的投影，并将投影转换为群组，如图7-16所示。

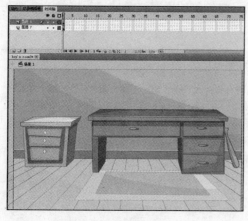
图 7-15

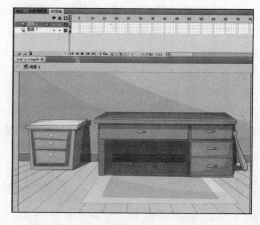
图 7-16

（7）将窗户和背景放入场景中，使窗户置于背景之前，再将窗帘放入场景中，并水平翻转复制一个，放在窗户的两旁，将这几个物体分别打为群组，如图 7-17 所示。

（8）为窗户和两侧的窗帘添加打在墙壁和桌子上的投影，并将投影打为群组，如图 7-18 所示。

图 7-17

图 7-18

（9）将计算机和小台灯放入场景中，分别打为群组，并放置好位置，如图 7-19 所示。

（10）添加计算机和小台灯的投影，需要注意的是，计算机会在后面的窗台上打上投影，这部分投影需要在窗户中绘制，如图 7-20 所示。

图 7-19

图 7-20

（11）将椅子放入场景中，转换为群组，如图 7-21 所示。

（12）添加椅子的投影，另外需要在桌子上绘制椅子打上去的投影，如图 7-22 所示。

图 7-21                                    图 7-22

（13）放入其他物体，并分别转换为群组，摆好位置，如图 7-23 所示。为各个物体添加投影效果，如图 7-24 所示。

图 7-23                                    图 7-24

## 7.2.2 使用色彩效果调整素材

整个场景虽然摆好了，但是由于素材各有不同，因此显得整体风格有点乱，接下来将使用属性面板进行逐一的调整。

（1）执行菜单的"文件"→"导入"→"导入到库"命令，将配套光盘中附带的"07-1-男孩卧室-素材.png"图片导入到库中，这是一张墙纸的纹理图，把它放在墙壁的上面，使墙壁增加一些纹理效果，但是放上去以后，明显与整个场景的风格冲突，如图 7-25 所示。

（2）在舞台中选中这张墙纸图，按 F8 键将它转换为元件，这时再按 Ctrl+F3 组合键打开属性面板，在"色彩调整"卷轴栏下的"样式"中，选择"Alpha"即透明度，将参数设置为"50%"，使墙纸图的透明度降低一些，如图 7-26 所示。

（3）调整过后墙纸效果依然和整个场景的色调不符，再选中墙纸元件，打开属性面板的"显示"卷轴栏，在"混合"后面的下拉菜单中选择"叠加"模式，使墙纸和后面的墙壁进行混合，这样效果就好多了，如图 7-27 所示。

图 7-25                                          图 7-26

（4）接着来调整椅子的色调，先将椅子转换为元件，在属性面板的"色彩效果"中，选择"高级"样式，该样式可以对元件的色彩进行极为细致的调整，将红色项的参数降为"60"，即消除了40%的红色调，再将蓝色项的参数提升为"30"，增加了30%的蓝色调，使椅子偏蓝，与整个场景色调相一致，如图7-28所示。

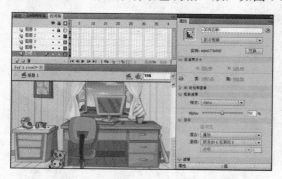

图 7-27                                          图 7-28

（5）接着来调整右下方的小凳子，同样先将它转换为元件，再进入属性面板，为其添加"高级"样式，将红色调的值降为"72"，再追加"255"的蓝色调值，使凳子偏蓝，如图7-29所示。

（6）选中其他需要调整的物体，按照上述方法逐一进行调整。由于目前场景物体比较多，如果调整完以后的色调依然不够统一，可以对场景进行一次整体调整。

选中几个图层，单击鼠标右键，在弹出的浮动菜单中选择"剪切图层"，再按Ctrl+F8组合键新建一个"整体场景"元件，进入该元件内部，将这几个图层剪切进来。这样就将这个场景转换为了一个单独的元件。

回到舞台中，将"整体场景"元件拖入，缩放到合适大小，再进入属性面板，为"整体场景"元件添加"高级"样式，略微降低红色和绿色调，并追加一些蓝色调，使场景整体的色调偏蓝，这样就可以使整个场景的色调更加统一，如图7-30所示。

完成的最终效果是配套光盘中的"07-1-男孩卧室-完成.fla"文件，有需要的话可以打开查看相关参数。

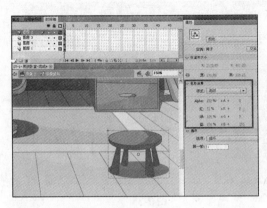
图 7-29

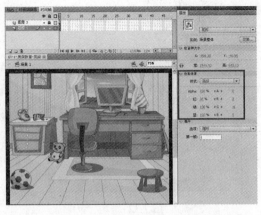
图 7-30

## ▌▶ 7.3　属性面板中滤镜调整实例——景深效果

景深效果，是在摄影技术里面常用的一个名词。一般而言，无论是摄像机还是照相机都有一个聚焦的范围，就是将摄影的焦点放在某一个距离段上，将这个距离段的物体清晰化，而脱离了这个距离段的物体都将以模糊处理。这种效果称为照相机或是摄像机 Depth of Field（景深）。

本节的实例就是通过调整属性面板中的滤镜参数，来达到模拟景深效果的目的。如图 7-31 所示就是添加景深效果前后的对比图。

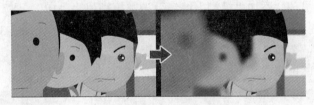
图 7-31

（1）打开配套光盘提供的"07-2-景深效果-场景.fla"源文件，场景中共有 5 个物体，分别是 3 个小男孩、背景和黑框，都放在单独的图层当中，如图 7-32 所示。

（2）将 3 个小男孩和背景都转换为元件，其中前景男孩、中景男孩和背景都要转换为"影片剪辑"元件，这是为了方便后面添加滤镜效果，"图形"元件是不能添加滤镜效果的，如图 7-33 所示。

（3）选中前景男孩，由于焦点是放在黄色衣服男孩上面的，因此前景男孩应该是最虚的。按 Ctrl+F3 组合键打开属性面板，打开"滤镜"卷轴栏，添加"模糊"滤镜，将"模糊 X"和"模糊 Y"的值都设置为"20"，使前景男孩模糊，再设置品质为"高"，让模糊效果更好一些，如图 7-34 所示。

图 7-32　　　　　　　　　　　　　　　　图 7-33

（4）前景一般会暗一些，在属性面板的"色彩调整"卷轴栏中，添加"亮度"样式，调整值为"-20"，使前景男孩暗一些，如图 7-35 所示。

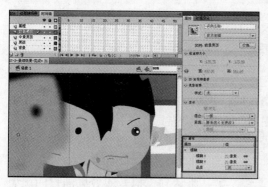

图 7-34　　　　　　　　　　　　　　　　图 7-35

（5）选中中景男孩，添加"模糊"滤镜，调整模糊值为"10"，品质为"高"。再进入"色彩调整"卷轴栏添加"亮度"样式，设置亮度值为"-10"，如图 7-36 所示。

（6）选中背景，添加"模糊"滤镜，设置模糊值为"10"，品质为"高"。远景可以将亮度适当提高，因此调整"亮度"样式的值为"10"，如图 7-37 所示。

图 7-36　　　　　　　　　　　　　　　　图 7-37

完成的最终效果是配套光盘中的"07-2-景深效果-完成.fla"文件，需要的话可以打开查看相关参数。

## ⫸ 7.4　属性面板中显示调整实例——立体大炮

常用 Adobe Photoshop 的读者可能会对图层的概念印象深刻，而图层面板中的"图层混合模式"能够创造出很多神奇的效果。实际上在 Flash 当中也存在着"图层混合模式"，这就是属性面板中的"显示"卷轴栏下的一些参数。这些参数只针对"影片剪辑"和"按钮"元件来使用，因此，如果需要使用这些功能，必须将相关物体转换为以上两种元件。

本节的案例是使用这种"图层混合模式"功能，在 Flash 中绘制一门大炮，与一般绘制手法不同的是，大炮上面还有各种各样的纹理，立体感十足。该实例由郑州轻工业学院动画系 05 级漫晓飞制作，如图 7-38 所示。

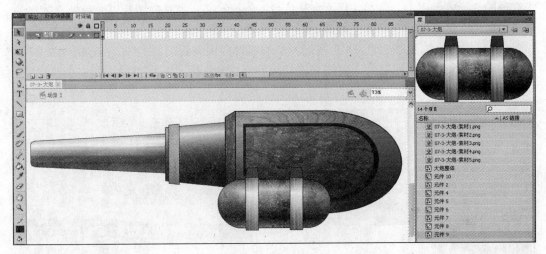

图 7-38

本节的案例需要用到一些纹理图，以模拟大炮上面各种不同的质感，共有 5 种，在配套光盘中可以找到，分别是"07-3-大炮-素材 1.png"、"07-3-大炮-素材 2.png"、"07-3-大炮-素材 3.png"、"07-3-大炮-素材 4.png"、"07-3-大炮-素材 5.png"，如图 7-39 所示。

图 7-39

（1）首先来绘制大炮的炮管，使用"基本矩形工具"绘制出有圆角的矩形，并调整为炮管的形状，再使用颜料桶工具为炮管填充上渐变色，如图 7-40 所示。

（2）选中炮管，按 F 键切换到渐变变形工具，旋转渐变色的角度，浅色在上，深色在下，使炮管有立体感。再按 Alt+Shift+F9 组合键，打开颜色面板，调整炮管的渐变色为 6 种颜色，并调整好每种颜色的位置，使炮管的立体感更加丰富，然后将炮管转换为元件，命名为"炮管"，如图 7-41 所示。

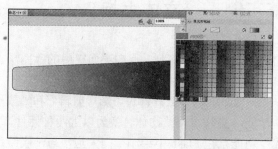

图 7-40

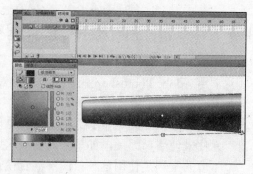

图 7-41

（3）执行菜单的"文件"→"导入"→"导入到库"命令，将配套光盘中附带的 5 张纹理图片导入到库中，导入以后再点开色盘，会看到这几张纹理图片以一种填充效果的形式出现了，可以使用它们为色块进行填充，如图 7-42 所示。

（4）将炮管原地复制一个，并把复制出来的炮管剪切到新图层当中，为它填充" 07-3-大炮-素材 5.png"的纹理效果，再按 F 键切换到渐变变形工具，调整纹理的大小和角度，如图 7-43 所示。

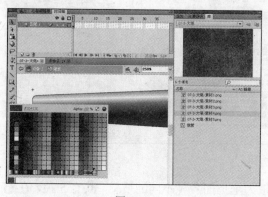

图 7-42

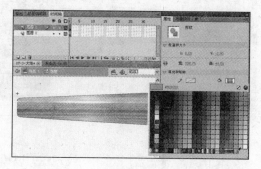

图 7-43

（5）选中填充了纹理的炮管，按 F8 键将它转换成"影片剪辑"元件，并命名为"炮管纹理"，如图 7-44 所示。

（6）选中"炮管纹理"影片剪辑元件，打开属性面板的"显示"卷轴栏，单击"混合"选项后面的下拉菜单，选择"叠加"混合模式，会看到上面的纹理和下面的立体效果很好地融合在了一起，如图 7-45 所示。

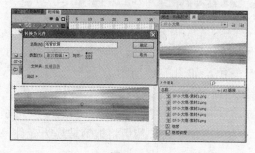

图 7-44

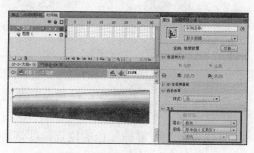

图 7-45

（7）继续绘制炮身连接处，需要分别绘制两个色块，并分别填充不同的渐变效果，如图 7-46 所示。

（8）复制炮身连接处到新图层，再分别使用"07-3-大炮-素材 1.png"和" 07-3-大炮-素材 4.png"为炮身连接处的两个部分填充材质，然后将材质转换为"炮身连接处纹理"影片剪辑元件，将混合模式设置为"叠加"，如图 7-47 所示。

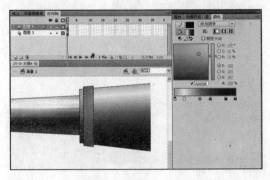
图 7-46

图 7-47

（9）绘制炮身，并为不同的部分填充渐变效果，由于结构比较复杂，可以将不同的色块转换为群组，然后排列前后顺序，如图 7-48 所示。

（10）复制炮身到新图层，再分别使用" 07-3-大炮-素材 1.png"和" 07-3-大炮-素材 2.png"为炮身各部分填充材质，然后将材质转换为"炮身"影片剪辑元件，将混合模式设置为"叠加"，如图 7-49 所示。

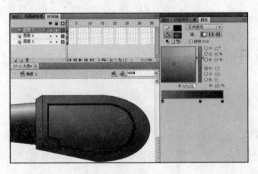
图 7-48

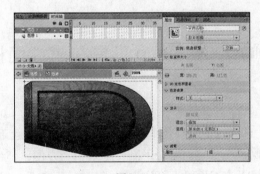
图 7-49

（11）绘制弹仓部分，设置渐变色时注意光源方向要统一，如图 7-50 所示。

（12）复制弹仓到新图层中，再分别使用" 07-3-大炮-素材 3.png"和" 07-3-大炮-素材 5.png"填充材质，然后将材质转换为"弹仓"影片剪辑元件，将混合模式设置为"叠加"，如图 7-51 所示。

（13）将所有的零部件剪切到新元件"大炮整体"中，使整门大炮是一个单独的元件，如图 7-52 所示。

（14）选中"大炮整体"元件，在属性面板的"色彩调整"栏下，添加"亮度"样式，设置值为"12%"，使大炮整体提亮一些，如图 7-53 所示。

完成的最终效果是配套光盘中的"07-3-大炮.fla"文件，需要的话可以打开查看相关参数。

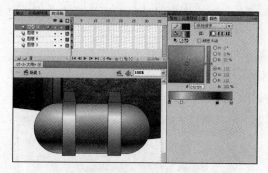

图 7-50

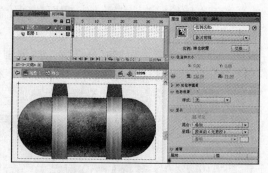

图 7-51

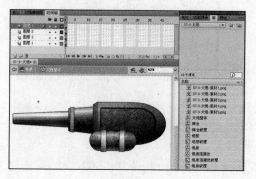

图 7-52

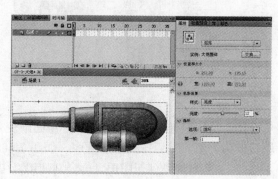

图 7-53

## ▐▶ 7.5 Deco 工具在属性面板中的使用实例——夜空下的城市

Deco 工具是 Flash CS4 以后添加的新工具，它的作用很像系统自带的图案填充或笔刷，在特定的场合下制作起来相当方便。但由于自定义功能一般，在实战中使用并不多，接下来就通过一个实例来了解 Deco 工具的使用方法。

按 U 键，就可以切换到工具栏上的 Deco 工具，打开属性面板，会看到 Deco 工具的相关参数。一般情况下，在使用 Deco 工具之前，要先在属性面板中设置好相关的参数，然后才在舞台中进行绘制。

（1）先来绘制城市中的建筑物，在属性面板中，将 Deco 工具的绘制效果切换为"建筑物笔刷"，然后在舞台中将鼠标由下往上拖拽，会看到有一个建筑物开始生长，松开鼠标，建筑物顶端会自动添加上顶部，如图 7-54 所示。

（2）在属性面板中进入 Deco 工具的高级选项，现在绘制的是"随机选择建筑物"，可以单击下拉菜单，选择不同的 4 种摩天大楼进行绘制，如图 7-55 所示。

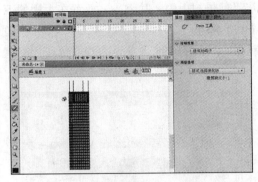

图 7-54

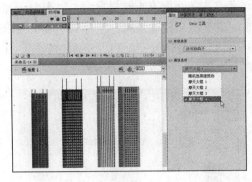

图 7-55

（3）高级选项的下面，有一个"建筑物大小"的参数，数值越高，绘制出来的建筑就越宽，如图 7-56 所示。

（4）多绘制一些不同的摩天大楼，并且使它们的宽度各不相同，高低错落有致，形成一个城市的样子，如图 7-57 所示。

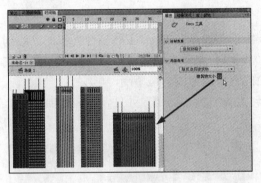

图 7-56

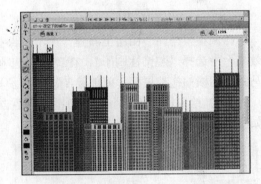

图 7-57

（5）接着来绘制两边的树，新建一个"近景树"图层，在 Deco 工具属性面板的"绘制效果"中选择"树刷子"，在"高级选项"的下拉菜单中会出现十几种不同的树的类型供选择，单击"枫树"，在舞台中按住鼠标由下往上拖拽，就能绘制出树的效果，鼠标停留时间越长，树的枝叶就会越茂盛，如图 7-58 所示。

（6）多绘制几棵树，并摆放好位置，如图 7-59 所示。

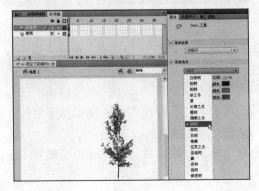

图 7-58

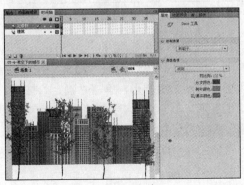

图 7-59

（7）将近景的 4 棵树复制，粘贴到新的图层"远景树"中，并缩小，放置在大楼的下面，多复制一些远景树，一字排列好，如图 7-60 所示。

（8）新建"天空"和"地面"图层，并绘制相应的色块，地面填充为浅灰色，天空填充为深蓝色，如图 7-61 所示。

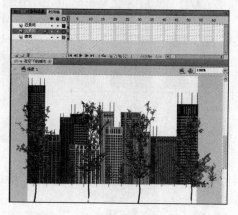
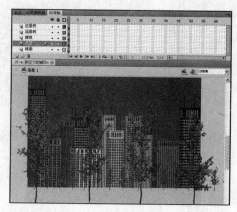

图 7-60                                          图 7-61

（9）在"马路"图层上新建一个"马路护栏"图层，在 Deco 工具属性面板的"绘制效果"中选择"装饰性刷子"，在"高级选项"的下拉菜单中选择"1：梯波形"，然后在马路中间横向拖拽鼠标，就能绘制出马路护栏的效果，如图 7-62 所示。

（10）绘制浅黄色的小圆形和星形，各自转换为"影片剪辑"元件，准备绘制星空，如图 7-63 所示。

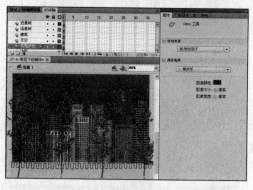
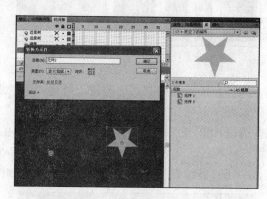

图 7-62                                          图 7-63

（11）接下来要绘制星空，在 Deco 工具属性面板的"绘制效果"中选择"藤蔓式填充"，单击"树叶"选项后面的"编辑"按钮，在弹出的"选择元件"窗口中选择"元件 1"，即刚才绘制的小圆形，单击"确定"按钮。按照同样的方法，"花"选项指定为"元件 2"，即小星形。单击"高级选项"中"分支角度"后面的色块，在弹出的色彩编辑器中选择一款较天空背景稍浅一些的蓝色，如图 7-64 所示。

（12）使用 Deco 工具在"天空"图层的色块上单击，就会看见星空逐渐蔓延开了，如图 7-65 所示。

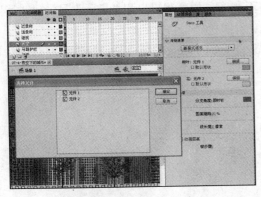

图 7-64　　　　　　　　　　　　　　　　　　图 7-65

（13）选中刚刚绘制出来的星空，系统自动将其转换为了群组，按 Ctrl+B 组合键将它打散，再按 F8 键将它转换为"影片剪辑"元件。双击进入元件，再双击所有的蓝色线条，选中所有线条，剪切到新图层当中，如图 7-66 所示。

（14）再选中所有的星形和圆形，即"元件 1"和"元件 2"影片剪辑元件，添加"发光"滤镜，如图 7-67 所示。

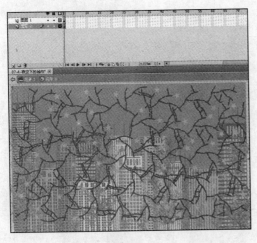

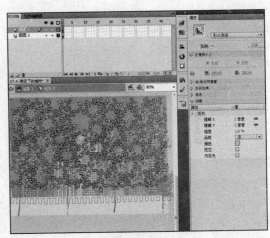

图 7-66　　　　　　　　　　　　　　　　　　图 7-67

完成的最终效果是配套光盘中的"07-4-夜空下的城市.fla"文件，需要的话可以打开查看相关参数。

# 本 章 小 结

本章使用了大量的案例，对 Flash 属性面板中的常用参数进行了讲解，希望读者能够熟练掌握这些命令及参数。

属性面板在实际的制作中非常常用，尤其是"色彩调整"一栏是使用频率最高的。对于不同的元件，属性面板展现出来的参数也各不相同，如"滤镜"和"显示"只针对"影片剪辑"和"按钮"元件。

本章还介绍了 Deco 工具的使用方法，Deco 工具是 Flash 的新成员，一般要配合属性面板来进行使用。

# 练 习 题

使用本章所介绍到的相关参数，绘制一个室内场景，为各个物体添加不同的纹理效果。

# 第 8 章

# Flash 在 SNS 游戏中的应用

　　SNS 游戏是近些年才流行起来的一种游戏类型，它从美术到程序，基本上都是使用 Flash 来制作完成的，也正是 SNS 游戏的盛行，才使 Flash 这款软件真正意义上迈入游戏制作软件的行列。

　　本章就来针对 SNS 游戏，主要介绍 Flash 进行游戏美术制作的应用方法。

## ▶ 8.1　SNS 游戏概述

　　SNS 游戏（SNS Game）也被称之为"社交游戏"（Social Game），是运行在"社交网站"（Social Network Site）上的休闲类游戏。

　　1967 年，美国的心理学家 Stanley Maikgrams（1934—1984）创立了六度分割理论（Six Degrees of Separation）。该理论的核心部分是："你和任何一个陌生人之间所间隔的人不会超过六个。"也就是说，最多通过六个人你就能够认识任何一个陌生人。该理论也被称之为"小世界理论"。按照这个理论，每个个人的社交圈都可以不断放大，最后成为一个大型网络。这也是 SNS 网站建立的美好愿景。

　　2004 年 2 月 4 日，由哈佛大学辍学的学生 Mark Zuckerberg 创办的 SNS 网站 FaceBook 正式上线，至 2007 年 9 月，该网站在全美网站中的排名跃升至第 7 位，同时 FaceBook 是美国排名第一的照片分享站点，每天上传 850 万张照片。

　　2005 年，QQ 空间和人人网（原为校内网）在国内兴起，这也是国内做得好的社交网站，如图 8-1 所示是人人网界面，如图 8-2 所示是 QQ 空间界面。

　　除了上述两家网站以外，开心网、若邻网、豆瓣等社交网站在国内也有较大影响。

　　SNS 游戏就是以插件的形式，植入到社交网站中的互动游戏。它运行在 SNS 社区内，通过趣味性游戏的方式增强人与人之间的交流。它的最大特点就是社区好友之间可以在游戏中进行互动。

　　2008 年年末，国内的 Five Minutes 公司开发的《开心农场》游戏登录当时的"校内网"，随后又在 2009 年改名为《QQ 农场》，并登录"QQ 空间"，迅速在国内引起强烈轰动，"偷菜"风靡一时，掀起了国内第一次 SNS 游戏的浪潮。

图 8-1                                             图 8-2

随后大量游戏开发商开始跟进，形成了 SNS 游戏开发高峰，各种良莠不齐的游戏迅速登堂入室，在各大社交网站上攻城略地，如图 8-3 所示是一款比较有代表性的游戏——《人人餐厅》。

大量的 SNS 游戏都打着免费的旗号，但大量道具需要玩家掏钱购买，一些用户量庞大的游戏也因此赚得盆满钵满，随后国内大量的风投和天使投资开始注资，形成了一套完整的产业链，SNS 游戏自此进入了全盛时期。很多老牌的动画公司看到"钱景"，也纷纷改行或推出自己的 SNS 游戏，如图 8-4 所示就是老牌动画公司"彼岸天"推出的一款运行在人人网的 SNS 游戏《BT 小星球》。

图 8-3                                             图 8-4

随着 SNS 游戏的发展，如何使玩法推陈出新来吸引玩家，让大量 SNS 游戏公司绞尽脑汁去思考、策划，如图 8-5 所示是结合了塔防玩法的一款 SNS 游戏——《QQ 超市》。

SNS 游戏全部是由 Flash 软件开发完成的，其中美术方面是 Flash 的强项，而编程是用 Flash 最新开发的 Action 3.0 语言。

本章所要着重介绍的，就是 Flash 在 SNS 游戏美术方面的应用方法。

图 8-5

## 8.2　场景设定中的透视关系

"透视"，是绘制场景不得不提到的概念。

### 8.2.1　"透视"概述

"透视"一词源于拉丁文"perspclre"（看透）。最初研究透视是采取通过一块透明的平面去看景物的方法，将所见景物准确描画在这块平面上，即成为该景物的透视图。后来，把在平面画幅上根据一定原理，用线条来显示物体的空间位置、轮廓和投影的科学称为透视学。

简单地说，"透视"就是指画面的空间感。有了空间感，画面才会产生真实的立体以及光影变化的效果，更好地表现出画面中的远近关系，使画面的表现更有说服力。"透视"除了运用在场景设定中以外，还可以用到各种道具的绘制当中。"透视"一般情况下分为3种，即色彩透视、消逝透视和线透视，本书主要讲述的是线透视的方法。

首先，先来学习一下"透视"当中最基础的视角。一般来讲，视角分为俯视、平视、仰视，如图 8-6 所示。

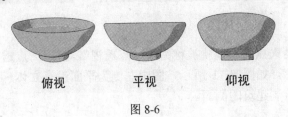

俯视　　　　平视　　　　仰视

图 8-6

在绘制场景时，一定要保证所有物体视角的准确性，但是要注意，同一个场景中，不是所有的物体都是同一个视角，例如，3个碗由下往上依次摆在碗柜上，人的视线与中间的碗平行，如图8-7所示，那么在同一张图中看到的碗的视角就有3种，如图8-8所示。

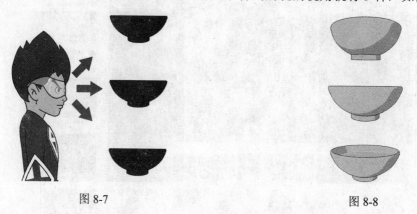

<table>
<tr><td>图 8-7</td><td>图 8-8</td></tr>
</table>

在绘制场景时，一定要先确定好总视角的位置，这样才可以绘制出其他各个物体的准确角度。

## 8.2.2 透视中的消失点

提到透视，就经常会提到"一点透视"、"两点透视"、"三点透视"等名词，这些名词究竟指的是什么呢？

在现实中，大小相同的物体，近看起来远看大，这被称为"近大远小"法则。沿着铁路线去看两条铁轨，沿着公路线去看两边排列整齐的树木时，两条平行的铁轨或两排树木连线交与很远很远的某一点，这点在透视图中叫做消失点。凡是平行的直线都消失于无穷远处的同一个点，消失于视平线上的点的直线都是水平直线，如图8-9和图8-10所示。

<table>
<tr><td>图 8-9</td><td>图 8-10</td></tr>
</table>

这种只有一个消失点的透视就被称为"一点透视"。使用一点透视绘制建筑物时，可以使建筑物有立体感，如图8-11所示，图中左侧为平面没有立体感的建筑，右侧使用了一点透视的方法来绘制建筑的侧面。

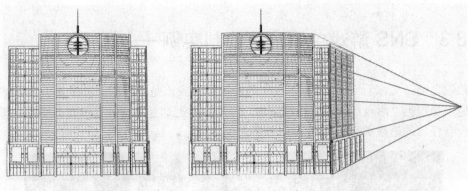

图 8-11

　　"两点透视"则是有两个消失点，画面构图具有稳定的立体感，增加了体现远近感的平面，使背景更广阔，如图 8-12 所示。

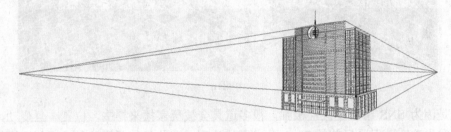

图 8-12

　　"三点透视"是通过三个消失点来架构空间，在三点透视中，不存在平行线的概念，所有的线都有自己的消失点，也可以说，画面中的每一条线都是由三个消失点所延伸出的放射线所构成。"三点透视"所绘制出的场景，真实感极强，在大俯视或大仰视的视角中尤为突出，如图 8-13 所示。

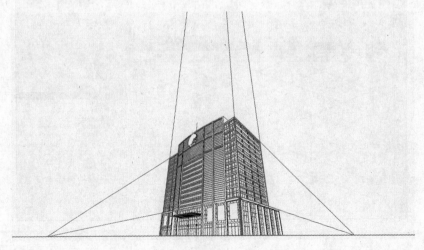

图 8-13

　　一般情况下，掌握以上 3 种透视方法，再来绘制相应的场景，就会使场景的真实感更加强烈，效果也更好。

## ➧ 8.3 SNS 游戏单体建筑绘制实例——棋社

绘制之前，先来看一下 SNS 游戏中的透视关系应该是怎样的。SNS 游戏中的场景看起来似乎是根据"两点透视"进行绘制的，但是实际上却并非如此，所有的线都是平行关系，没有任何的透视关系，如图 8-14 所示。

图 8-14

这是因为 SNS 游戏交互性极强，很多道具会被玩家摆来摆去，位置一旦变动，视关系也要发生改变，但是目前的 Flash 技术无法达到，因此只能采用这种"平行透视"的方法来进行绘制。

综上所述，在使用 Flash 中绘制 SNS 游戏场景之前，最好先绘制一些平行线，放在最下面的图层中并锁定，在制作时当参考线来使用，如图 8-15 所示。

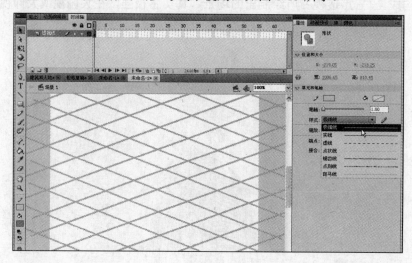

图 8-15

先来介绍该实例的制作要求：该游戏是以日本棋社为背景展开的，要求设计并绘制一级建筑、二级建筑各一个，主角一个，分别绘制角色的正面图、侧面图和背面图。该实例由郑州轻工业学院动画系 05 级何玲设计并绘制，完成的效果如图 8-16 所示。

图 8-16

本节主要介绍的是二级建筑的绘制方法。

## 8.3.1　棋社顶层的绘制

（1）绘制一个矩形，使用任意变形工具将其旋转，使它的轮廓线与底层的参考线对齐，再使用选择工具将它调弯，如图 8-17 所示。

图 8-17

（2）绘制一个椭圆形，稍微旋转，放置在矩形的两头，根据近大远小的原则，右侧的椭圆应该小一些，如图 8-18 所示。

图 8-18

（3）使用线条工具绘制直线，再使用选择工具调整后填色，之后将所有的轮廓线都删掉，一般的 SNS 游戏中是不允许出现轮廓线的，如图 8-19 所示。

图 8-19

（4）继续使用线条工具绘制房檐，填色后删除轮廓线，如图 8-20 所示。

（5）绘制房体，注意最下面的两条线需要和参考线平行，填色后删除轮廓线，如图 8-21 所示。

图 8-20                    图 8-21

（6）将房体两边的角往中间收一些，造成房体上大下小的感觉，使造型更加丰富。绘制房体的柱子，填色后删除轮廓线，如图 8-22 所示。

图 8-22

（7）绘制房体的踢脚线并填充，再将房体的墙壁填充为白色，为房体增加细节以后，添加门的结构，并将多余的色块删除，如图 8-23 所示。

图 8-23

（8）绘制背光面房檐处的木制结构，注意线条要与参考线平行，接着再添加木制结构处的细节，然后为屋门添加门帘，如图 8-24 所示。

图 8-24

（9）为房体的踢脚部分绘制细节，形成彩色的色带，用同样的方式为房檐的红瓦添加细节，如图 8-25 所示。

（10）使用选择工具，将房檐部分调整为波浪形，再将房檐最下面一部分改为浅绿色，使细节更为丰富，如图 8-26 所示。

图 8-25　　　　　　　　　　　　　　　图 8-26

（11）为房梁、柱子等添加暗部的颜色，使立体感增强，然后再添加阴影效果，使建筑的光感和结构感增强，如图 8-27 所示。

（12）为房体的踢脚部分添加木制结构，再在房体背光面处添加木制窗户，并绘制背光面和阴影效果，如图 8-28 所示。

图 8-27　　　　　　　　　　　　　　　图 8-28

（13）为房梁和门帘添加装饰性图案，以增加画面的细节，如图 8-29 所示。

（14）绘制灯笼，绘制完后删除所有轮廓线，转换为群组，挂在房檐露出来的三个角上，如图 8-30 所示。

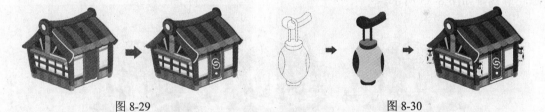

图 8-29　　　　　　　　　　　　　　　图 8-30

（15）绘制房檐上的装饰物，绘制完后删除所有轮廓线，转换为群组，放在房檐的两侧，如图 8-31 所示。

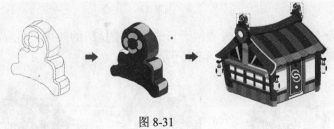

图 8-31

## 8.3.2　棋社底层的绘制

（1）绘制棋社顶层的底座，由 3 部分组成，注意明暗关系的变化，转换为群组后放在棋社顶层的下面，如图 8-32 所示。

图 8-32

（2）使用线条工具绘制棋社底层的房梁，并使用选择工具调整线条的形状，填色后删除轮廓线，如图 8-33 所示。

（3）绘制棋社底层的房檐，并调整线条往内收一些，如图 8-34 所示。

图 8-33                                    图 8-34

（4）绘制棋社底层的房体，同样调整房角往内收一些，再绘制房体的柱子，填色后删除轮廓线，如图 8-35 所示。

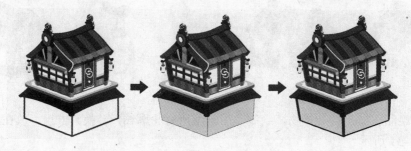

图 8-35

（5）绘制房体的踢脚，制作成类似于日式纸质推拉门的效果，然后加上房檐在房体上的投影，再绘制木制的门条，如图 8-36 所示。

图 8-36

（6）根据房檐的形状，绘制上面的红色瓦片，这次的绘制难度比较大，如果都是单一红色的瓦片，效果会太单调，因此需要使用浅、中、深三种红色搭配着进行绘制，除此之外还要绘制出瓦片的立体感和阴影效果，绘制后删除轮廓线并转换为群组，放置在房檐上，如图 8-37 所示。

图 8-37

（7）绘制推拉门的把手及装饰纹样图案，并放在合适的位置上，然后将整个底层转换为群组，如图 8-38 所示。

（8）绘制棋社底层的底座，注意相互之间的结构和前后关系，如图 8-39 所示。

图 8-38                                              图 8-39

（9）绘制底座及柱子的明暗关系，以及底座的投影效果，如图 8-40 所示。

（10）沿着底座的平行线，绘制一些比底座颜色浅一些的线条，放在底座上面，使底座看起来像是一条一条木板所组成的。把整个底座转换为群组，放在棋社底层建筑的下面，如图 8-41 所示。

图 8-40                                              图 8-41

### 8.3.3　棋社细节部分的绘制

细节对于一件作品来说是至关重要的，尤其对于游戏美术来讲，"细节决定成败"绝不是一句空话。

在前面两节的棋社绘制中，已经加入了很多细节，包括结构、装饰等。在作者的教学中，曾经有不止一个学生质疑过这种大量绘制细节的画法，其中有代表性的质疑是"这些细节画上去根本看不出来，画了也是白画"。的确，很多细节过于细微，画上去以后似乎就被立即淹没了，但是在大量的这种"微不足道"细节添加上去以后，整个作品就会由"量变"升华到"质变"，这就是细节的作用。

接下来，为棋社增加更多的细节，使它更加细致。先来分析一下，目前整个棋社还应该添加哪方面的元素。因为这是个"棋社"，"棋"的元素目前还太少，因此需要添加"棋"元素。

（1）绘制黑、白两个围棋棋子，白子添加暗部，黑子添加高光，以增加立体感，绘制以后分别转换为群组，如图 8-42 所示。

（2）将这两个棋子交叉排列，多复制一些，分别放置在房梁和房檐处，以增加整个建筑中的"棋"元素，如图 8-43 所示。

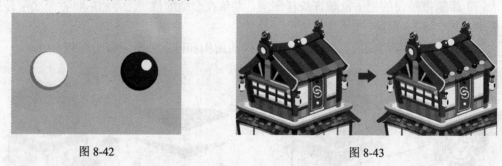

图 8-42                           图 8-43

（3）在房檐上绘制多条平行线，以模拟出围棋棋盘上的线条感，如图 8-44 所示。

图 8-44

（4）按照图 8-45 所示过程绘制蒲团，注意绘制出受光面和背光面，并添加阴影效果，绘制完成以后转换为群组。

图 8-45

（5）按照图 8-46 所示过程绘制棋盘，并在棋盘上添加几枚棋子，添加阴影效果后转换为群组。

图 8-46

（6）将蒲团和棋盘放置在底层的底座上，摆出对弈的样子，增加棋社户外对弈的元素，如图 8-47 所示。

绘制好的二级棋社的最终效果如图 8-48 所示。

图 8-47　　　　　　　　　　　　　　　　图 8-48

完成的最终效果是配套光盘中的"08-1-棋社.fla"文件，有需要的话可以查看相关参数。

## 8.4　SNS 游戏室内场景绘制实例——饭馆

室内 SNS 游戏以经营类居多，大多是经营饭店、超市、美容店等。室内场景的设计要求就是要元素较为丰富，道具比建筑要多得多。

本节的实例是以中国古代饭馆来进行设计并绘制的，该实例由郑州轻工业学院动画系 10 级秦文汐设计并绘制。

### 8.4.1　室内结构的绘制

（1）首先来绘制饭馆的地面，使用线条工具绘制出封闭空间，再用颜料桶工具进行填充，注意地面的立体感，如图 8-49 所示。

（2）让地面延伸出来一块，作为进门的小空间，如图 8-50 所示。

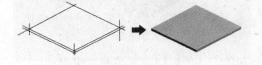

图 8-49　　　　　　　　　　　　　　　　图 8-50

（3）绘制平行排列的线条，放在地面上，形成地板的效果，需要注意的是，紧挨着的线条是两种不同颜色的，一条深色一条浅色，这样可以绘制出来有立体感的地板缝隙，如图 8-51 所示。

（4）绘制饭馆的第二层，并加上黄色的装饰带，如图 8-52 所示。

图 8-51                                    图 8-52

（5）依次绘制处两边的墙壁、饭馆第三层的平台和第三层的墙壁，形成立体的空间结构，填色时注意不同的受光面之间，颜色深浅的关系，如图 8-53 所示。

图 8-53

（6）绘制饭馆第一层到第二层的楼梯，注意不同受光面的颜色关系，绘制完以后转换为群组，放在第二层的两侧，如图 8-54 所示。

（7）绘制饭馆第二层到第三层的楼梯，注意透视角度和色彩关系，然后转换为群组放在第二层的拐角处，如图 8-55 所示。

图 8-54                                    图 8-55

（8）使用线条工具绘制平行的直线，放在第二层的地板、背光部分，作为木制地板的纹理，依然是深色和浅色线条交叉绘制的方法，如图 8-56 所示。

（9）绘制饭馆第一层的门的结构，注意各个面之间的色彩关系，如图 8-57 所示。

图 8-56                                    图 8-57

（10）上一步绘制的门，将它定义为通往厨房的门，所以门前需要有布帘遮挡。
绘制布帘，注意布帘下方故意绘制的两个缺口，这样的细节越丰富，场景就越有生活气息。再继续绘制布帘的暗部。

使用手绘板，在布帘上写出一个"食"字，并用圆圈将它圈起来，这样厨房的标记就更明显了。绘制完以后将整个门转换为群组，如图8-58所示。

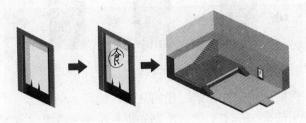

图 8-58

（11）按照图8-59所示步骤绘制扶手部分，并绘制出暗面及结构，并以此方法，绘制出各个不同角度的扶手，并各自转换为群组。

图 8-59

（12）将各个角度的扶手分别放置在相应的位置，并分别转换为群组，与其他的物体排列好前后关系，如图8-60所示。

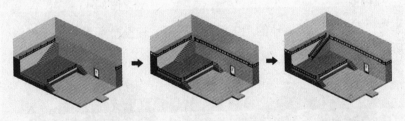

图 8-60

（13）按照图8-61所示步骤，绘制出第三层雅间的房门，注意倾斜的角度要和第三层一致。绘制完毕以后转换为群组。

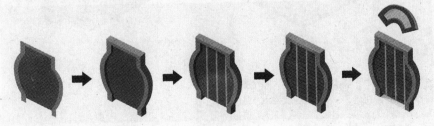

图 8-61

（14）按照图8-62所示步骤，绘制出第二种三层雅间的房门，可以先按照平视的角度进行绘制，完毕以后将它转换为群组。使用"任意变形工具"，将鼠标放在它左右两侧的控制线上，上下拖动，使它斜切。

图 8-62

（15）将两种雅间的房门放置在第三层的两侧，如图8-63所示。

（16）绘制第三层的踢脚基本形状，绘制完以后转换为群组，复制一个，执行菜单的"修改"→"变形"→"水平翻转"，就可以得到另外一个角度的效果，将它们摆放在第三层的踢脚位置，如图8-64所示。

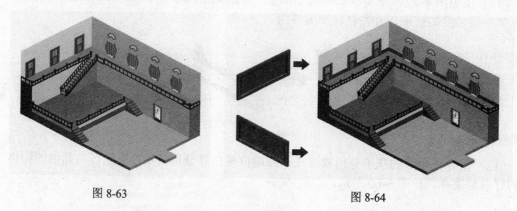

图 8-63                                        图 8-64

（17）为第二层和第三层墙体的上方添加红色带，使整个场景增加了很多喜庆的气氛，如图8-65所示。

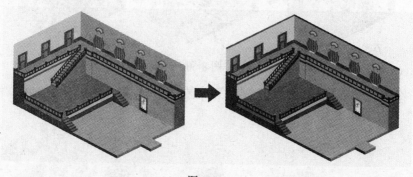

图 8-65

## 8.4.2 道具、装饰品的绘制

（1）绘制柜台，添加细节，在柜台上摆一块抹布，这样能增加场景的生活气息，绘制完以后转换为群组，如图8-66所示。

图 8-66

（2）将柜台摆到门口，厨房门的外面，如图 8-67 所示。

（3）绘制茶具、筷子等物品，并转换为群组，如图 8-68 所示。

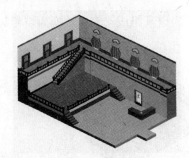

图 8-67

图 8-68

（4）绘制桌子、凳子，并将先前绘制好的茶具、餐具等摆到桌子上，绘制完阴影后全部转换为一个群组，如图 8-69 所示。

图 8-69

（5）绘制酒坛，并让它们 4 个一组摆在一起，加上投影后转换为群组。在场景中摆置酒坛一定不要摆得太有序，稍微乱一点。

再绘制红色的桌子，转换为群组，在场景中起到点缀作用，如图 8-70 所示。

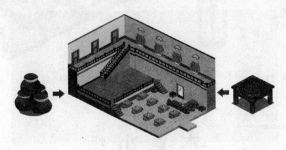

图 8-70

（6）绘制八角桌和八角凳，和先前绘制的茶具、餐具组合在一起，打上阴影以后转换为群组，摆放在饭馆第二层的位置，如图 8-71 所示。

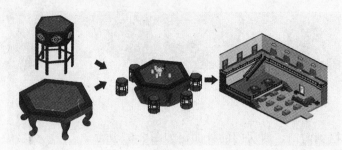

图 8-71

（7）继续绘制其他样式的家具，并和已经绘制好的道具组成一套，转换为群组以后摆放在场景中，如图 8-72 所示。

图 8-72

（8）接着来绘制一些绿色植物、盆景和装饰用的灯笼等物品，加上投影后转换为群组，如图 8-73 所示。

（9）将这些装饰物在场景中摆好，该练习的最终效果如图 8-74 所示。

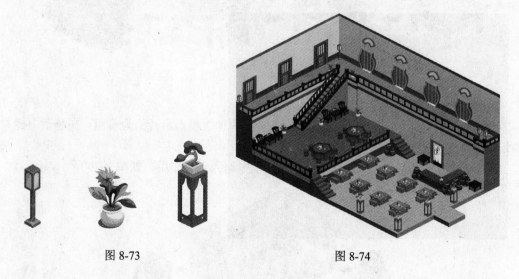

图 8-73    图 8-74

# 本 章 小 结

本章主要针对 Flash 制作 SNS 游戏的应用方法做了讲述。从整个制作来看，SNS 游戏绘制时尽量使用"群组"的方法来进行管理，而不是完全依赖元件。

虽然技术上的要求并不高，但对于绘制人员来讲，绘制效果的好坏才是决定一件作品的标准。我对学生作业细节上的要求至少有两点：

（1）尽可能地添加细节，直到实在想不出该加什么为止；

（2）不允许出现大的色块，如果有较大的色块，一定要想办法在色块中加入元素。

很多人觉得设计中多未必是一件好事，但对于一个设计师来说，必须会画元素多的东西，也会画元素少的东西，大量的细节是一个必须经历的过程，因此本章的内容在技术上也许并不多，但如果能够让读者真正理会"细节"对于一件作品的作用，那将是比技术更重大的收获。

# 练 习 题

在教学中，当讲完这一章节的内容以后，我会请已经毕业了并在游戏公司任职的学生给他们的学弟学妹们出题，而且题目都是其公司正在做的项目，这样做的好处是相互的，在校生可以在大二时就接触到公司的实战项目，而对于游戏公司，也可以在短时间内拿到关于这个游戏的几十份设计图，而且还是源文件，其中总会有能够让他们眼前一亮的元素出现。

以下是相关的题目，可以作为读者的练习题。

### 1. 室内场景设计

要求以下风格任选一种进行设计：典雅风格（青白淡金）、锦堂风格（华丽的布艺、富贵牡丹）、欧式风格（有人物雕塑、小型喷泉）、中式风格（中国古典）、富丽堂皇风格（金碧辉煌）、休闲风格（休闲区域类似咖啡厅的感觉）、简约风格（单色）、美式风格、日韩式风格、泰式风格（大象椰子树）、法式风格（浪漫）、巴洛克建筑风格、洛可可建筑风格、新古典风格（福尔摩斯时代）、明清风格。

### 2. 建筑场景设计

这是一个城市建筑类游戏，要求分别设计以下建筑的三种不同状态——"待建状态"、"建筑完成状态"和"拆除状态"：

烧烤摊、公交站牌、服装小摊、报刊亭、冰激凌摊、饰品小摊、热狗摊、公交站棚、平房区、杂货小摊、桌游吧、电玩吧、便利店、汉堡店、公交站台、低层小区、连锁超市、拉面店、停车场、漫画屋、附属学校、中层小区、音像店、寿司馆、酒吧、中国菜馆、连锁书店、高层小区、夏威夷海滩主题酒店、披萨店、地铁站、罗马假日主题酒店、服饰精品店、法国风情主题酒店、意式菜馆、健身中心、购物中心、电影院、停机坪、大剧院、花园小区、图书大厦。

### 3. 角色设计

分别为以上两款游戏设计角色，要求绘制出角色的正面、正侧面、背面的三视图。要求尽量画细，多绘制一些细节，并注意光影关系。

# 第 9 章

# 手绘板在 Flash 中的使用

近些年来，数字绘画开始兴起，而这一切都源于一块小小的板子。

1984 年，刚刚成立仅一年的 Wacom 公司在市场上推出了一款神奇的小板子，用户可以在它上面绘制图形，并且在计算机上实时显示，这一技术在早期主要用于计算机辅助 CAD 设计，取得了很大的成功。

1988 年，这块神奇的小板子开始进入欧美市场，两年以后，迪斯尼就开始使用这块板子创作著名的《美女与野兽》动画电影。

随后，这块小板子以神奇的速度开始进入动画、绘画、漫画等多个领域，这就是本章所要重点讲述的"手绘板"。

## ▶ 9.1  关于手绘板

### 9.1.1  手绘板概述

"手绘板"，又名数位板、绘画板、手写板等，是计算机输入设备的一种。

"手绘板"通常由一块板子和一只笔组成，配合计算机中的相关绘图软件，如 Adobe Photoshop、Corel Painter、Autodesk Sketchbook Pro、Easy Paint Tool SAI 等进行绘制。

通常的绘制流程为：安装手绘板的驱动程序；打开相关绘图软件，并新建文件，选择相应的工具、笔刷；使用绘图笔在手绘板上进行绘制，然后就会看到，在板子上绘制的图形会实时显示在计算机的绘图软件中，如图 9-1 所示。

2001 年，Wacom 公司推出了一款全新的手绘板，但是当时没人将这件产品定义为手绘板，而称之为"LCD 数位屏"（俗称手绘屏），这就是"新帝"（Cintiq），它将手绘板和显示器合二为一，使用用户可以直接在显示屏上进行绘制，但由于价格昂贵，目前只在高端用户群中使用较多，如图 9-2 所示。

相比于传统绘画方式，手绘板的优势很明显，其中最重要的一点就是可以实时纠正绘画过程中出现的错误。例如在传统绘画中，如果有一笔颜色绘制错了，那就需要用其他颜色再去遮挡，而使用手绘板的话，只需要按"Ctrl+Z"组合键，撤销刚才那一步就可以了。除此之外，由于不使用颜料、水等作画工具，不但经济实惠，而且也很环保。

<table>
</table>

图 9-1　　　　　　　　　　　　　　　　图 9-2

　　随着技术的进步，使用手绘板进行数字绘画的人会越来越多，关于数字绘画能否代替传统绘画的争论也已开始。但从目前的发展来看，数字绘画由于自身的局限性，依然无法完美地表现出传统绘画的效果，例如水墨在宣纸纸上的晕染、油画笔触的厚重感、水彩由于水分的多少而在纸上呈现出的效果以及颜色之间的过渡等，都是传统绘画的优势。

　　因此，数字绘画和传统绘画在未来相当长的一段时间内，都会不断地取长补短，并行发展。

　　除此之外，手绘板也在三维、影视特效等多个领域显现出作用，大家熟知的《泰坦尼克号》、《星球大战》、《阿凡达》等多部电影的特技，都有手绘板的身影。

## 9.1.2　手绘板的参数

　　如果还没有使用过手绘板，在购买的时候肯定会对各种各样的参数产生困惑，究竟一款手绘板的参数具体代表着什么。

　　实际上对于一块手绘板而言，最重要的参数就是两个——尺寸大小和压力感应。尺寸大小比较容易理解，毕竟手绘板越大，工作起来就会更加得心应手。而压力感应是以级数为基本单位的，例如压力感应为 1024 级，意思是说从起笔压力 7 克力到 500 克力之间，在细微的电磁变化中区分 1024 个级数，从使用者微妙的力度变化中表现出粗细浓淡的笔触效果。读取速率的提升能有效避免断线和折线，但这一参数同时也受到 PC 运行速度的制约，如果计算机配置太低，也会影响绘图板的读取速度。

　　除此之外，还有以下一些参数。

　　（1）活动区域。数位板的绘图区域，又名工作区域，与数位板的物理尺寸不同。通常手绘板上有一块区域称之为"绘图区域"，绘图笔在这个区域内才能正常绘制。

　　（2）纵横比。数位板或显示屏幕的垂直方向尺寸和水平方向尺寸的比例。数位板的纵横比一般与显示屏相对应，以 4:3 为主流比例。对应宽屏比例的数位板为 16:9 或者 16:10。

　　（3）单击力度。为了激发单击而必须施加到笔的笔尖的力量大小。

　　（4）双击间距。两次单击被作为一次双击接受时，光标可以在两个单击期间移动的最大间距（以屏幕像素作为单位）。增大双击间距可以使双击更加容易，但是在某些图形应用程序中，较大的双击间距可能会使笔刷操作产生迟疑。

（5）双击速度。两次单击被作为一次双击接受时，两次单击期间所能间隔的最长时间。

（6）可识别橡皮擦的应用程序。内置有对橡皮擦支持的应用程序软件。这些应用程序以不同方式使用橡皮擦所带来的好处，取决于不同应用程序的实际需求。

（7）指动轮。数位笔上的控制滚轮。

（8）横向。数位板的一个"方向"设置。在横向放置的状态下，数位板的状态指示灯位于数位板的顶部。直角数位板将会处于水平位置。

（9）映射。数位笔与显示器屏幕上光标位置之间的关系。

（10）数位板上的快捷键。对于 Windows 操作系统计算机，快捷键包括 Shift、Alt 和 Ctrl。对于 Macintosh 计算机，快捷键包括 Shift、Control、Command 和 Option。

（11）鼠标加速度。用来设置数位笔在鼠标模式下的屏幕光标加速度。

（12）笔芯。数位板的笔芯是可以随意更换的，而且笔芯的种类也很丰富。特别要注意的是，长期使用一根笔芯，笔芯会被磨损出尖来，那样就会刮花手绘板工作区。

### 9.1.3　手绘板的绘图效果

由于手绘板可以逼真地模拟手绘的效果，就相当于可以完全替代纸和笔作画，所以很多数字艺术家们从头到尾都使用手绘板在计算机中进行绘画，无论是草稿、线稿、上色等所有流程都可以胜任。如图 9-3 所示就是郑州轻工业学院动画系 06 级肖遥在设计角色时绘制的草图方案。

图 9-3

由于有压力感应（简称压感），手的用力大小可以绘制出不同的效果，并且一些软件里可以设置不同的笔刷，所以很多绘画可以模拟非常逼真的手绘效果。如图 9-4 和图 9-5 所示是郑州轻工业学院动画系 03 级宋帅所绘制的角色。

无论是角色还是场景，手绘板都完全可以胜任，如图 9-6 所示是中国传媒大学南广学院 07 级王延宁所绘制的场景。

图 9-4

图 9-5

图 9-6

正因为绘图板有这么大的作用，所以现在几乎成为动画、插画、漫画、影视特效、三维制作中必不可少的工具。

## 9.2　Flash 中关于手绘板的设置

在 Flash 中，适合手绘板并且常用的工具只有"铅笔工具"和"刷子工具"，接下来分别介绍这两种工具配合手绘板使用的方法。

### 9.2.1  铅笔工具配合手绘板的使用方法

在使用手绘板前，一定要安装相关的驱动程序，这样在软件中才能激活关于手绘板的参数，也更能将手绘板的作用发挥得淋漓尽致，如图9-7所示是安装手绘板的驱动前后，铅笔工具的相关参数对比。

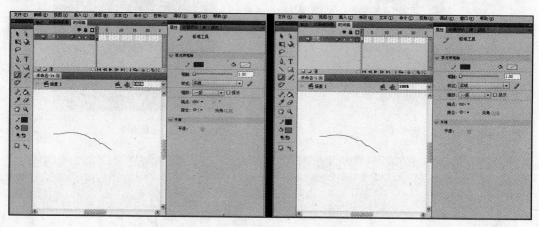

图 9-7

可以看出，安装手绘板对铅笔工具的参数并没有什么影响，因为铅笔工具是绘制"线"的，手绘板的压力、斜度等无法对 Flash 中的线起作用。

虽然参数没有改变，但是安装手绘板以后，就可以使用铅笔工具自由的绘制了。例如绘制极其复杂的场景时，如果需要勾线，按照前面所使用的直线工具配合选择工具的方法，工作量会极大，而使用铅笔工具配合手绘板，将极大地提升工作效率，如图9-8所示这张场景线稿就是使用这种方法绘制的。

图 9-8

### 9.2.2  刷子工具配合手绘板的使用方法

刷子工具是在 Flash 中将手绘板作用发挥到最大的工具，安装了手绘板驱动以后，再选择刷子工具,会看到工具栏下方会多出来两个按钮,如图9-9是安装手绘板的驱动前后,刷子工具的相关参数对比。

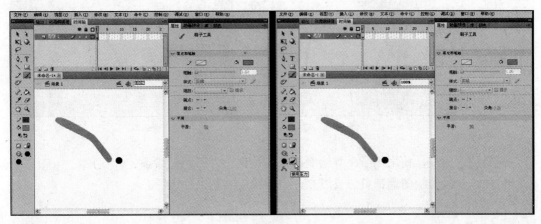

图9-9

多出来的两个按钮分别是"使用压力"和"使用斜度",这也是因手绘板而异的,如果用的手绘板比较低端,不能辨别绘图笔斜度的话,那就没有"使用斜度"的按钮了。

单击"使用压力"按钮,使其处于打开状态,再使用刷子工具用不同的力度就能绘制出不同粗细的图形,力度越大则图形越大,反之就越小。

单击"使用斜度"按钮,使其处于打开状态,将绘图笔用不同的斜度在手绘板上绘制,就能在Flash中绘制出不同粗细的图形。如图9-10所示,分别是没有打开"使用压力"和"使用斜度"按钮、只打开了"使用压力"按钮、打开了"使用压力"和"使用斜度"两个按钮三种状态下,绘制的同一条曲线的效果。

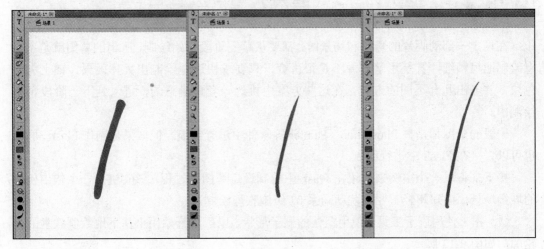

图9-10

选择刷子工具,在属性栏中有一个"平滑"选项,数值越高,绘制出来的线和图形就越平滑,如图9-11所示是"平滑"参数分别为0、50和100的情况下,绘制同样图形的不同效果。

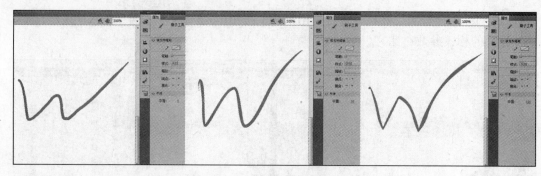

图 9-11

需要注意的是，使用刷子工具绘制出来的是色块，而不是线条。

另外，一般的绘图笔都可以反过来，当做橡皮工具来使用的。

# Ⅱ▶9.3 手绘板在 Flash 中的绘图实例

由于 Flash 软件本身的局限性，如笔刷很单一、图层模式较少、针对手绘板的设置不多等，所以不可能画出非常细腻的效果，但在 Flash 中使用手绘板还是能够绘制出比较独特的效果的。

## 9.3.1 使用手绘板在 Flash 中绘制设定草图实例——大场景

在设定一部动画片的角色和场景时，都要从草图阶段开始绘制，所谓的草图就是不刻意绘制地很精细，甚至用笔都并不是很讲究，只要求快速地绘制出大体效果，铺上大的色块，并多出几套不同的方案。在这些方案中挑选一套最满意的，进入到下一阶段精细绘制中。

一般的草图都是在 Photoshop、Painter 等软件中进行绘制，但如果是制作 Flash 动画，也可以直接在 Flash 中进行绘制。

接下来将以一个实例来介绍在 Flash 中绘制设定草图的过程，该实例是一个依山傍海的城堡场景，由郑州轻工业学院动画系 07 级施雅静绘制。

（1）先来使用刷子工具，使用默认的刷子形状，以黑色开始由上往下地绘制教堂的外轮廓，如图 9-12 所示。

（2）将绘制外轮廓的图层命名为"轮廓"，在下面新建一个"上色"图层，并进行教堂颜色的绘制，如图 9-13 所示。

图 9-12                                    图 9-13

（3）在教堂周围绘制绿色植物，以及花花草草，如图 9-14 所示。

图 9-14

（4）绘制教堂后面的悬崖及城堡，如图 9-15 所示。

（5）绘制天空、海洋、云和太阳，如图 9-16 所示。

图 9-15                                    图 9-16

（6）将整个场景转换成元件，选中以后，在属性栏中进入色彩效果卷轴栏，在样式中选择色调，并对场景的整体色调进行调整，如图 9-17 所示。

图 9-17

该练习最终完成的源文件是配套光盘的"源文件"文件夹中的"09-1-大场景草图.fla"文件，读者可以自行参考。

### 9.3.2 使用手绘板在 Flash 中绘制漫画实例——这小俩口

目前有很多画手，以漫画的形式记录下自己生活的点点滴滴，并发布到网络上，很多作品还红极一时，不仅赚足了人气，还出版成书，热销海内外，其中最有代表性的要数台湾的弯弯绘制的《可不可以不要上班》、《可不可以不要上学》系列，和日本高木直子的《一个人上东京》、《150cm Life》等。

绘制的时候，很多人选择的是 Photoshop、Comic Studio、SAI 等软件，但实际上也可以通过 Flash 进行绘制，而且是矢量的，无论是出版还是贴在网络上，都可以导出不同格式、精度的图片，更加方便。

在 Flash 中绘制漫画，可以先使用铅笔工具绘制草图，如图 9-18 所示。

图 9-18

打好草稿以后，就可以开始正稿的绘制了。

（1）先来使用刷子工具，绘制出简易的场景，如图 9-19 所示。

（2）配合场景，绘制出相应的角色，注意姿势、表情及辅助线等，另外角色和场景最好是分图层进行绘制，这样便于调整相互之间的位置关系，如图 9-20 所示。

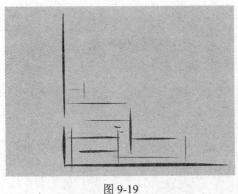

图 9-19

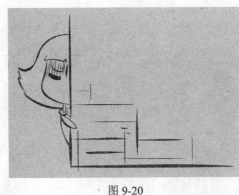

图 9-20

（3）给角色上色，如果希望绘制精细的话，要给角色绘制出亮面、中间面和暗面，如图 9-21 所示。

（4）绘制角色的细节部分，如图 9-22 所示。

图 9-21

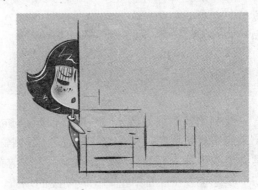

图 9-22

（5）绘制相应的对话框，并填色，和周围的物体区分开，如图 9-23 所示。

（6）在对话框中写上对白，值得注意的是，字体的选择要配合漫画的风格，例如 Q 版的漫画就需要选择可爱一些的字体。当然，如果能自己手写效果会更好，很多漫画作者都会写很特别的对白字体，以提升漫画的趣味性，如图 9-24 所示。

图 9-23

图 9-24

（7）按照上述流程，绘制接下来的画面，如图 9-25 所示。

（8）当一幅幅画面都绘制完了以后，一个小故事就跃然纸上，再配上统一的版头，并写上作者的名字和联系方式，就可以发布到网络上了，如图 9-26 所示。

图 9-25

图 9-26

该作品由郑州轻工业学院动画系 08 级王娟绘制,最终完成的源文件是配套光盘的"源文件"文件夹中的"09-2-漫画 1.fla"、"09-2-漫画 2.fla"和"09-2-漫画 3.fla"文件,读者可以自行参考。

### 9.3.3 使用手绘板在 Flash 中绘制精细场景实例——大自然

绘制比较精细的场景时,Photoshop、Painter 等软件自然是首选,但这些软件所绘制出来的毕竟是位图,无法进行随意的放大缩小,而且位图导入 Flash 中做动画效果时,常常会遇到各种各样的抖动、画面质量下降等问题。

实际上在 Flash 中绘制比较精细的场景,虽然质量无法和 Photoshop、Painter 等软件绘制出来的相比,但也有它自身的优势,接下来将通过一个实例来讲解在 Flash 中绘制精细场景的整个过程。

该实例是绘制一片大自然的景色,有草、花、树林,以及天空和白云,由郑州轻工业学院动画系 07 级朱伟伟绘制。

(1)首先使用刷子工具,将颜色设置为黑色,勾勒出整个树林等物体的轮廓线,如图 9-27 所示。

(2)接下来给整个场景铺大底色,将整个远景分为天空、树冠、树干和草地四部分来上色,如图 9-28 所示。

图 9-27

图 9-28

（3）开始绘制远景四个部分的细节，如图9-29所示。

（4）为草地绘制一些具象的草，点缀整个画面，如图9-30所示。

图 9-29

图 9-30

（5）在草地上绘制一些花，使整个画面看起来更加有生气，如图9-31所示。

（6）绘制天空中的云朵，注意每一朵云的形状都要有所不同，如图9-32所示。

图 9-31

图 9-32

（7）远景绘制完以后，新建一个元件，用来绘制整个场景的近景部分。首先依然是用刷子工具勾勒出轮廓线，如图9-33所示。

（8）为近景的草地铺上绿色的底色，如图9-34所示。

图 9-33

图 9-34

（9）绘制一些草地上的草，由于是近景，要绘制得大一些，而且细节也要比远景的草要多，如图9-35所示。

（10）绘制近景草地上的花，起到点缀的作用，如图9-36所示。

图 9-35

图 9-36

（11）绘制一朵大一些的花，并添加细节，如图 9-37 所示。

（12）再绘制一朵花，要尽可能地增加细节，使这朵花在整个场景中起到画龙点睛的作用，如图 9-38 所示。

图 9-37

图 9-38

整个场景完成的最终效果如图 9-39 所示。

图 9-39

　　该练习最终完成的源文件是配套光盘的"源文件"文件夹中的"09-3-大自然.fla"文件，读者可以自行参考。

# 本 章 小 结

　　本章主要针对手绘板配合Flash绘制的方法进行了讲解，由于这并不是Flash的特色，因此在软件中相关的设置也不多。可以这么说，这种绘图方式并不是Flash的长处，但这并不影响手绘板在Flash制作中的大规模使用。

　　由于现在动画制作水平的不断提高，在Flash动画制作中，逐帧制作的形式也开始普遍，这就经常要求Flash动画制作人员能够快速绘制出原画，再将原画勾线上色进行动画的制作，所以手绘板经常被用于原画草图的绘制。除此之外，熟练使用手绘板的动画制作人员，在各个制作环节中都能将效率提高，可以说，手绘板是动画制作人员的必备设备之一。

# 练 习 题

　　使用手绘板，绘制出一家人的全家福照片并上色，最终参考效果如图9-40所示。

图9-40

　　上图最终完成的源文件是配套光盘的"源文件"文件夹中的"09-4-全家福.fla"文件，读者可以自行参考。

# 第 *10* 章

# Flash 的基础动画操作

在给其他专业学生上课时，只要演示动画效果，哪怕只是让角色眨一下眼睛，都会听到下面的阵阵惊呼声。动画的魅力就在于让画中的人物或物体动起来，而不动的画只能称之为角色设定、场景设定。

从本章开始，来学习怎样在 Flash 中制作运动的动画，在这之前，需要大家记住一位动画大师格里穆·乃特维克的话："动画的一切皆在于时间点（Timing）和空间幅度（Spacing）。"这句话实际上点出了动画的本质，动画中最重要的两个因素就是"空间"和"时间"。

上述这些仅仅是关于动画的最本质的理解，但对于动画制作，尤其是软件操作人员来说，最基本的依然是软件的制作工序。

## ▮▶ 10.1 Flash 的时间轴

时间轴面板是 Flash 动画制作的核心区域，主要用于组织动画内容的安排，并控制动画在某一时间段显示的内容。

### 10.1.1 时间轴面板

时间轴从表面上看分为"图层"和"帧控制区"两个部分，其中图层区域在前面的章节中已经详细叙述过，本章主要围绕着"帧控制区"来展开。

帧控制区的下方，是一系列控制播放、显示效果、动画属性的按钮，如图 10-1 所示。

其中"转到第一帧"、"后退一帧"、"播放"、"前进一帧"和"转到最后一帧"是对动画的播放控制项，便于观看动画，也可以按一下 Enter 键进行动画的播放，再按一下 Enter 键就是暂停播放。

单击"帧居中"按钮，可以将当前被选择的帧显示在时间轴的中间。

如果希望对某一时间段的动画进行反复循环播放，也可以单击"循环"按钮，在时间轴上选择一个区域，再单击"播放"按钮，就可以对该时间段动画进行循环播放。

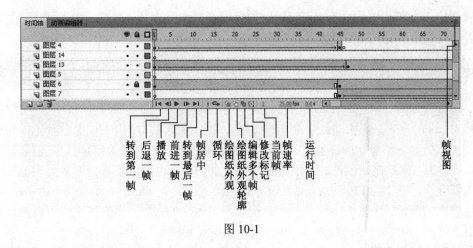

图 10-1

单击"绘图纸外观按钮"，可以在被选择区域内显示出所有连续帧的内容，而单击"绘图纸外观轮廓"按钮则是显示这些帧的轮廓线效果。

时间轴上方的一系列数字，是代表帧的编号。

粉红色的小方块是播放头，可以拖拽播放头在时间轴上移动，可以指示当前显示在舞台中的帧。

另外，"帧视图"按钮可以控制时间轴的显示效果，分为"很小"、"小"、"标准"、"中"、"大" 5 种显示效果。如果将显示效果调整为"很小"，时间轴上将会变得很紧凑，从时间轴上面的帧编号就能看得出来，如图 10-2 所示；"标准"是默认的显示效果，如图 10-3 所示；"大"的显示效果会比较宽松，如图 10-4 所示。

| 图 10-2 | 图 10-3 | 图 10-4 |

除此之外，"预览"和"关联预览"显示项，能够在时间轴上显示出相应的图像，但是这样会占用系统资源，一般情况下很少使用。

## 10.1.2 帧的定义

1824 年，法国人皮特·马克·罗杰特（Peter Mark Roget）发现了重要的"视觉暂留"原理（Persistence of Vision），这是动画最原始的理论依据。

通俗点说：眼睛在看过一个图像的时候，该图像不会马上在大脑中消失，而是会短暂停留一下，这种残留的视觉称"后像"，视觉的这一现象就称为"视觉暂留"。

图像在大脑中"暂留"的时间约为二十四分之一秒，也就是说，如果做动画的话，每秒需要制作二十四张图，才能让人感觉动作很流畅。这里的每一张图，在动画术语当中就被称之为"帧"，如图 10-5 所示。

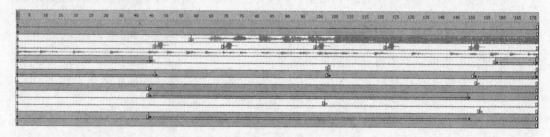

图 10-5

帧（frame），就是影像动画中最小单位的单幅影像画面，相当于电影胶片上的每一格镜头。一帧就是一幅静止的画面，连续的帧就形成动画，如电视图像等。 我们通常说帧数，简单地说，就是在一秒钟时间里传输的图片的帧数，也可以理解为图形处理器每秒钟能够刷新几次，通常用 FPS（Frames Per Second）表示，在 Flash 中译为"帧速率"。每一帧都是静止的图像，快速连续地显示帧就能够形成运动的假象。高的帧速率可以得到更流畅、更逼真的动画。每秒钟帧数（FPS）越多，所显示的动作就会越流畅。

动画中最基本的组成部分就是帧，一帧就是一幅画面，而一秒要播出 25 帧左右才会让肉眼感觉运动流畅。

在 Flash 中，帧是最基本的动画制作单位，每个 Flash 动画都是由很多个帧所组成的。Flash 的帧不仅仅是图像，还可以是声音、函数等多种不同的类型，如图 10-6 所示。

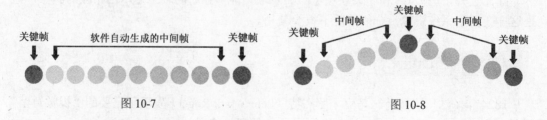

图 10-6

在制作动画时，还有一个重要的单位，"关键帧"。无论哪个软件，在制作动画时，最基本的要素一定是"Key"，即"关键帧"。

"关键帧"指角色或者物体运动或变化中关键动作所处的那一帧，关键帧与关键帧之间的动画可以由 Flash 软件自动生成，称为过渡帧或中间帧。在图 10-7 中，球体运动的起始点和结束点被设置为关键帧，这两个关键帧之间的过渡帧就可以被 Flash 自动创建出来。

如果希望物体运动复杂一些，关键帧就要设置得多一些，如图 10-8 所示。

关键帧　　软件自动生成的中间帧　　关键帧

关键帧　中间帧　关键帧　中间帧　关键帧

图 10-7　　　　　　　　　　　　图 10-8

### 10.1.3　Flash 中不同的帧类型

在 Flash 的时间轴上，有多种不同类型的帧，不同类型的帧有不同的作用，在时间轴上也会有不同的显示效果，一般包括"普通帧"、"关键帧"、"空白帧"、"空白关键帧"、"动作关键帧"、"声音帧"、"标签帧"、"传统补间帧"、"形状补间帧"和"补间动画关键帧"等，如图 10-9 所示。

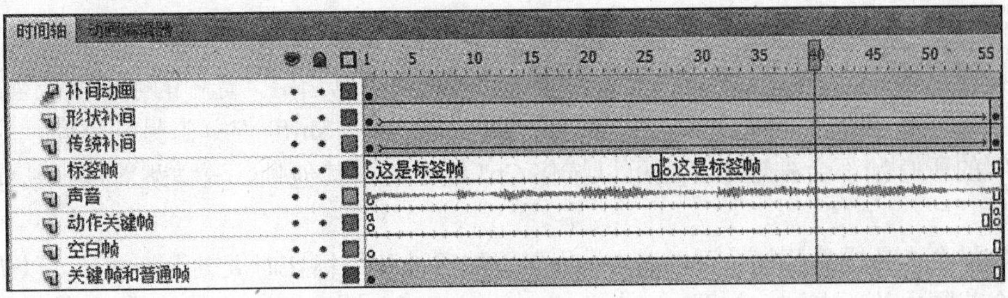

图 10-9

普通帧：是前一个关键帧所含内容的延续，在制作一些动画效果时，经常需要使一些效果延续，这就需要添加普通帧。

关键帧：在时间轴的帧上显示为一个实体的黑圈，一般放在一段动画的开头和结尾的位置。一般新建一个关键帧的时候，会直接复制过来上一帧的内容（动作和声音除外）。

空白帧：不包含任何内容的帧。

空白关键帧：在时间轴的帧上显示为一个黑色轮廓的圆圈，是不包含任何内容的关键帧。一般在新建一个图层的时候，第一帧就是一个空白关键帧，当向该帧添加内容时，就会自动转为关键帧。

动作关键帧：添加了 Action 函数的帧。

声音帧：包含了音频文件的帧。

标签帧：添加了标签的关键帧，便于做注释和一些 Action 函数的设置。

传统补间帧：两个关键帧之间，由 Flash 自动生成运动补间效果的中间帧。在时间轴上显示为浅紫色效果。

形状补间帧：两个关键帧之间，由 Flash 自动生成形状补间效果的中间帧。在时间轴上显示为浅绿色效果。

补间动画关键帧：可以生成特殊动画效果，例如 3D、骨骼等动画效果的关键帧。在时间轴上显示为浅蓝色效果。

## 10.1.4  Flash 中帧的编辑方法

在 Flash 中，常用的帧的编辑方法有：插入帧、删除帧、移动帧、复制帧、粘贴帧、翻转帧、清除帧等。

### 1. 插入帧

插入普通帧：在时间轴上单击需要插入一个普通帧的位置，执行菜单的"插入"→"时间轴"→"帧"命令，或者按 F5 键，就可以在该位置插入一个普通帧。

插入关键帧：在时间轴上单击需要插入一个关键帧的位置，执行菜单的"插入"→"时间轴"→"关键帧"命令，或者按 F6 键，就可以在该位置插入一个关键帧。

插入空白关键帧：在时间轴上单击需要插入一个空白关键帧的位置，执行菜单的"插入"→"时间轴"→"空白关键帧"命令，或者按 F7 键，就可以在该位置插入一个空白关键帧。

### 2．选择帧

如果只选择一个帧的话，直接在时间轴上单击就可以选中，选中的帧会变成蓝色。

如果需要选择多个帧，可以选中一个帧以后，按住 Shift 键单击另一个帧，这样两帧之间的所有帧都会被选中。也可以按住 Ctrl 键，单击其他帧，这样跳着选择其他不连续的帧。

如果要大范围选择帧，可以选中一个帧，然后按住鼠标在时间轴上拖拽，可以快速选择一个范围内的所有帧，如图 10-10 所示。

如果希望选择一个图层中的所有帧，也可以在图层区单击某一个图层，这样该图层的所有帧都会被选中，如果希望多选图层的话，也可以按住 Shift 或 Ctrl 键单击其他图层，如图 10-11 所示。

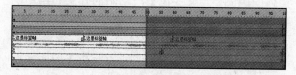

图 10-10

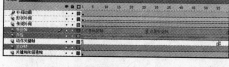

图 10-11

如果需要全选所有帧的话，也可以执行菜单的"编辑"→"时间轴"→"选择所有帧"命令，或者按 Ctrl+Alt+A 组合键来完成。

### 3．删除帧

先选中要删除的帧，执行菜单的"编辑"→"时间轴"→"删除帧"命令，就可以将这些帧删除。或者选中帧以后单击鼠标右键，在弹出的浮动菜单中单击"删除帧"，或者按 Shift+F5 组合键。

执行菜单的"编辑"→"时间轴"→"清除帧"命令，可以将被选择的帧都转换为空白帧，也可以按 Shift+F6 组合键来完成同样的操作。

需要注意的是，如果选中帧以后只是按 Delete 键，只会删除该帧的图像等内容，而不能将帧删除掉。

### 4．移动帧

先在时间轴上选中要移动的帧，然后用鼠标将这些帧拖拽到所需的位置即可。

### 5．复制帧

在时间轴上选中要复制的帧，执行菜单的"编辑"→"时间轴"→"复制帧"命令，再在时间轴上单击要粘贴的位置，执行菜单的"编辑"→"时间轴"→"粘贴帧"命令，即可完成操作。该操作也可以通过右键单击帧，在弹出的浮动菜单中单击"复制帧"和"粘贴帧"来完成。

如果需要剪切，可以执行菜单的"编辑"→"时间轴"→"剪切帧"的命令。

这些操作的组合键为：复制帧（Ctrl+Alt+C）、粘贴帧（Ctrl+Alt+V）、剪切帧（Ctrl+Alt+X）。

**6．翻转帧**

选择一个动作的所有帧，然后执行菜单的"修改"→"时间轴"→"翻转帧"命令，可以将所有帧完成翻转，使影片的播放顺序完全反过来。

## ▌▶ 10.2　关键帧动画制作实例——GIF 动画

在网络时代，大家经常在聊天软件 QQ、MSN 上发一些动态的表情图，其中就有一只做出各种夸张动作的猫风靡一时，这只由插画家郑插插制作的"阿了个喵"的猫就是将一张图片进行处理，然后连成能动的 GIF 图，如图 10-12 所示。

图 10-12

GIF 图，是一种能制作动态效果的图片格式，是 CompuServe 公司在 1987 年开发的，全称为 Graphics Interchange Format，简称 GIF。

本节将使用 Photoshop 软件制作每一帧的静态效果，然后再由 Flash 将这些图合成为动态的 GIF 并发布。打开"配套光盘"→"源文件"文件夹中的"10-1-阿了个喵.jpg"文件，这是本节练习的原始图。

### 10.2.1　在 Photoshop 中处理图片

由于练习图片是位图，所以需要在 Photoshop 当中进行处理。

（1）打开 Adobe Photoshop 软件，执行菜单的"文件"→"打开"命令，或者双击 Photoshop 的灰色空白区域，打开配套光盘的"源文件"文件夹中的"10-1-阿了个喵.jpg"文件。执行菜单的"文件"→"存储为"命令，或者按 Ctrl+Shift+S 组合键，将图片的存储格式设置为 JPG，把该图另存在一个独立文件夹下，命名为 001.jpg。

执行菜单的"滤镜"→"液化"命令，或者按 Shift+Ctrl+X 组合键，打开"液化"滤镜的设置窗口。使用最左上角的手形"向前变形工具"，按键盘的"["或"]"键调整笔刷大小，然后将鼠标放置在猫的眼睛上，由上眼皮上方向下拖拽鼠标，使猫的眼睛稍稍闭上，按下 Enter 键。然后将该图另存为 002.jpg 文件，如图 10-13 所示。

（2）再次执行"液化"命令，将猫的眼睛完全闭上。但仅仅使用"液化"工具无法达到满意的效果，所以按下 Enter 键以后，需要使用画笔工具，将猫眼睛全部涂黑，使眼睛完全闭上。然后将该图另存为 003.jpg 文件，如图 10-14 所示。

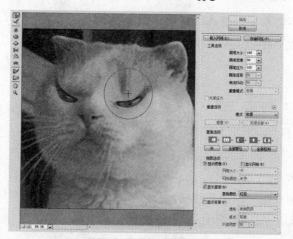

图 10-13

图 10-14

图 10-15

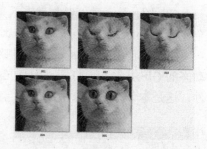

图 10-16

（3）在放置图片的文件夹中，将 001.jpg 复制出来一个，命名为 004.jpg。

现在打开 001.jpg 文件，使用"液化"工具，这次选择的是"膨胀工具"，调整好笔刷大小后，将鼠标放置在猫眼睛的正中间，按住鼠标不要松手，会看到猫的眼睛开始膨胀变大，按下 Enter 键后将该图另存为 005.jpg，如图 10-15 所示。

现在，文件夹下就有了 5 张图片，其中 001.jpg 和 004.jpg 是相同的效果，而其他 3 张都是在 Photoshop 当中处理后的不同效果，如图 10-16 所示。

## 10.2.2　在 Flash 中制作动态效果

（1）新建一个 Flash 文件，在属性面板中设置舞台大小为 120×120 像素，即刚刚制作的图片的大小，再设置 fps 为 12 帧每秒，然后执行菜单的"文件"→"导入"→"导入到库"命令，将刚才制作的 5 张 jpg 全部导入到 Flash 的库当中，如图 10-17 所示。

（2）在时间轴上单击图层 1 的第 1 帧，将库中的 001.jpg 拖入舞台当中，将该图完全放置在舞台正中央。

可以在舞台中选中该图，然后打开属性栏中"位置和大小"卷轴栏，设置 X 和 Y 的数值都为 0；或者打开对齐面板，先勾选下面的"与舞台对齐"，然后再分别单击"垂直居中分布"和"水平居中分布"按钮。这两种方法都可以使物体与舞台完全对齐，如图 10-18 所示。

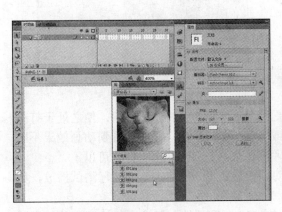

图 10-17　　　　　　　　　　图 10-18

（3）右键单击图层 1 的第 2 帧，在弹出的浮动菜单中选择"插入空白关键帧"，或者按 F7 键。然后将库中的 002.jpg 拖入舞台，并放置在舞台的正中央，如图 10-19 所示。

（4）同样的方法，将 003.jpg 放入第 3 帧，如图 10-20 所示。

图 10-19　　　　　　　　　　图 10-20

（5）单击时间轴右上角的"帧视图"按钮，在弹出的菜单中单击"预览"项，可以看到每一帧的图像都在时间轴上显示出来了，这样可以更加直观地进行调整，如图 10-21 所示。

（6）右键单击第 1 帧，在弹出的浮动菜单中单击"复制帧"，再用右键单击第 4 帧，在弹出的浮动菜单中单击"粘贴帧"，这样就可以将第 1 帧复制到第 4 帧处，使猫的眼睛重新睁开，如图 10-22 所示。

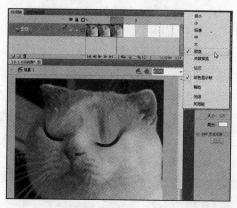

图 10-21                                           图 10-22

（7）现在可以按 Enter 键预览下动画效果，单击时间轴上的循环按钮，使之处于打开的状态，再单击时间轴上的"播放"按钮，或者按下 Enter 键，就可以看到动画效果不断地循环播放了。如果想要停止播放，再单击"播放"按钮或按 Enter 键就可以了。

也可以按 Ctrl+Enter 组合键，将当前的动画效果在 Flash Player 中进行测试播放，如图 10-23 所示。

（8）在第 5 帧插入空白关键帧，将库中的 005.jpg 图片拽入舞台，并按照之前的设置摆放好，完成整体的动画效果。

现在就可以将动画效果输出为 GIF 图片了，执行菜单的"文件"→"导出"→"导出影片"命令，或者按 Ctrl+Alt+Shift+S 组合键，弹出"导出影片"对话框，设置保存类型为"GIF 动画"，注意是"GIF 动画"而不是"GIF 序列"，然后单击"保存"按钮。这时会弹出"导出 GIF"设置窗口，一般默认值就可以了，如果需要导出的图片大小有所改动的话，也可以修改"宽"和"高"的像素值，然后单击"确定"按钮就可以完成 GIF 的导出了，如图 10-24 所示。

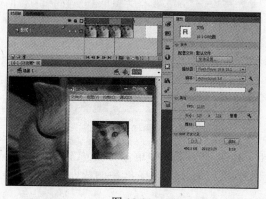
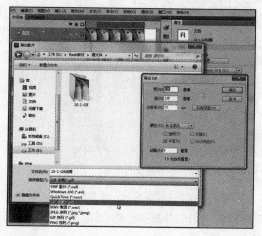

图 10-23                                              图 10-24

　　该实例的源文件是配套光盘中"源文件"文件夹下的"10-1-Gif动画.fla"文件，如在制作过程中有问题可自行参考。

### 10.2.3　在 Ulead GIF Animator 中制作 GIF 动画

　　Flash 并不擅长制作 GIF 动画，一般使用 Flash 导出的 GIF 动画质量都很不好，容易出现大量白色的点和线。

　　本节将介绍一款专门制作 GIF 动画的软件，由友立公司出品的 Ulead GIF Animator。这款软件中内建了许多现成的特效可以直接套用，可将序列图、视频文件等转成动画 GIF 文件，而且还能将动画 GIF 图片最佳化，还能根据需要将动画 GIF 图保存为适合大小，以便让人能够更快速地下载。

　　Ulead GIF Animator 不但可以把一系列图片保存为 GIF 动画格式，还能产生二十多种 2D 或 3D 的动态效果，足以满足制作者的各种要求。

　　接下来介绍 Ulead GIF Animator 软件的使用方法。

　　（1）打开 Ulead GIF Animator，启动后会弹出"启动向导"窗口，单击当中的"动画向导"按钮，如图 10-25 所示。

　　（2）在"动画向导-设置画布尺寸"中，设置要创建的 GIF 图片的大小，这里设置高度和宽度都为 120 像素，然后单击"下一步"按钮，如图 10-26 所示。

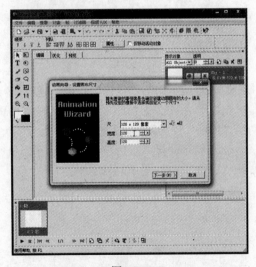

图 10-25　　　　　　　　　　　　　　　　　图 10-26

　　（3）在"动画向导-选择文件"窗口中，单击"添加图像"按钮，将之前创建的 5 张 JPG 图片都导入进来，然后在当前窗口中，可以上下拖拽图片，使之改变顺序，调整好以后单击"下一步"按钮，如图 10-27 所示。

　　（4）在"动画向导-画面帧持续时间"中，设置"延迟时间"，和"按帧比率指定"，这一项是控制 GIF 图的播放速度，设置完以后单击"下一步"按钮，如图 10-28 所示。

　　（5）完成全部的动画向导设定后，图片就全部在时间轴上排列好了，如图 10-29 所示。

图 10-27　　　　　　　　　　　　　　　　　　　图 10-28

（6）如果希望单独调节其中一帧的时间长度的话，可以在时间轴上双击该图，会弹出"画面帧属性"窗口，在这里面设置该帧的延迟时间长度，如图 10-30 所示。

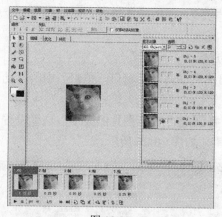

图 10-29

图 10-30

（7）单击窗口的"优化"面板，这时候舞台区域变成了两部分，左边是原始状态，右边是优化过以后的效果，优化面板右上角有"压缩后大小"项，可以调整上面的"颜色"、"抖动"、"损耗"项的数值，来观察优化以后的大小，直到设置到满意效果，如图 10-31 所示。

（8）全部设置完以后就可以输出了。执行菜单的"文件"→"另存为"→"GIF 文件"命令就可以了，如图 10-32 所示。

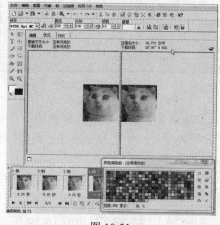

图 10-31

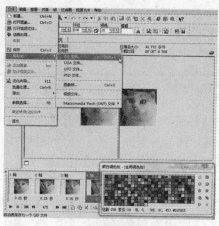

图 10-32

# 10.3 时间轴逐帧动画实例——花的生长

在传统动画的制作中，都是一帧一帧进行绘制的，制作一秒钟的动画需要绘制 24 帧，这种动画制作方式也被称为"逐帧动画"。由于是一帧一帧地画，所以逐帧动画具有非常大的灵活性，几乎可以表现任何想要表现的内容。

逐帧一般也被称之为"一拍 X"，X 可以为低于 24 的任何数值。这也是一种制作手法的表现。常见的为"一拍一"，即每一帧绘制 1 张画面；如果是"一拍二"，则是绘制一幅画面当做两帧来使用，这样一秒钟绘制 12 张画面就可以了；以此类推，"一拍三"就等于一秒钟绘制 8 张画面。

本节将在 Flash 中使用逐帧动画的制作手法，完成一个花的生长的动画效果。该动画由郑州轻工业学院动画系 06 级艾迪制作完成，所使用的制作手法为逐帧的"一拍二"，如图 10-33 所示为完成的展示图。

图 10-33

本节全部使用手写板进行绘制。

## 10.3.1 发芽过程的动画

（1）新建一个 Flash 文件，大小为 550×400 像素，FPS 为 24。

使用手写板，在 Flash 中选择刷子工具，选择第一帧，开始在舞台底部，绘制刚刚发芽的效果，如图 10-34 所示。

（2）按下 F5 键，再按下 F7 键，等于在第三帧的位置插入一个空白关键帧，这样可以将第一帧延续播出两帧，再播放第二个关键帧，术语称之为一拍二。

在第二个关键帧的位置，将发芽的效果较之第一个关键帧稍稍缩回来一点，这样使整个发芽过程有一些伸缩感，如图 10-35 所示。

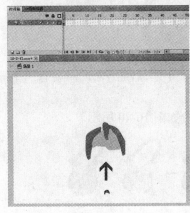

图 10-34

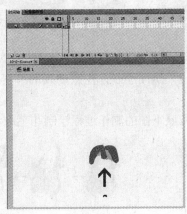

图 10-35

（3）按照"一拍二"的制作手法，继续往下绘制关键帧，注意每一帧都要有所变化，如图 10-36 所示。

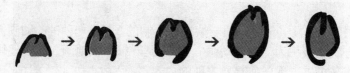

图 10-36

（4）继续往下绘制，如果在一段时间内，物体的大小形状不变的话，也需要有一些改变，让观众感觉到这个物体是在不断地运动中，如图 10-37 所示。

（5）接着往下绘制，将小芽打开，露出两片嫩叶的雏形，为下一步打开叶子做准备，如图 10-38 所示。

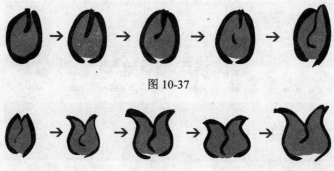

图 10-37

图 10-38

## 10.3.2　长出花茎的动画

（1）叶子打开以后，花茎就要从叶子中间长出。由于真实的生长效果不太好表现，因此在该实例中，让花茎从叶子当中直接跳出来。

按照下图的制作过程绘制花茎准备长出的效果，如图 10-39 所示。

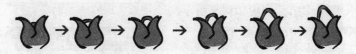

图 10-39

（2）继续绘制，注意动画的节奏，不要让花茎一下子就跳出来，需要有一个滞留的过程。

按照下图的制作过程绘制花茎准备长出的效果，如图 10-40 所示。

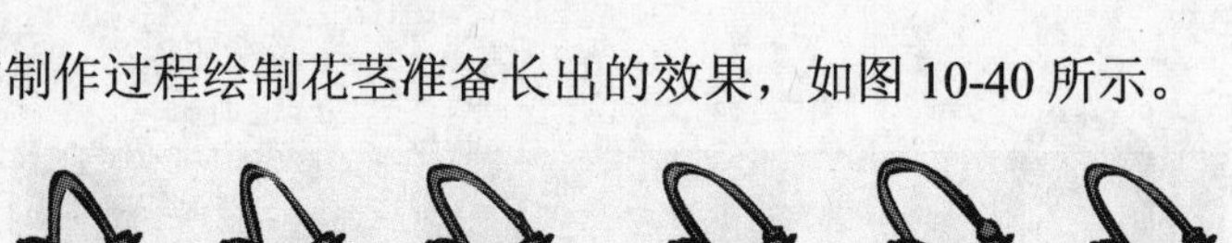

图 10-40

（3）接下来绘制花茎跳出来的过程，不要让花茎慢慢出来，要一下子跳出来，这样才会有动画的节奏感。

按照下图的制作过程绘制花茎准备长出的效果，如图 10-41 所示。

图 10-41

（4）继续往下绘制花茎长大的动画过程，如图 10-42 所示。

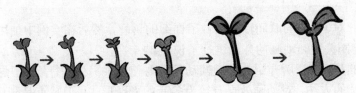

图 10-42

### 10.3.3　花开的动画

（1）由于绘制花开动画时，不打算让花的叶子再发生什么改变，因此可以再新建一个图层单独绘制花朵。花开的过程细分起来应该分为两个阶段，第一阶段是冒出花骨朵，第二阶段是花骨朵盛开为鲜花。

首先来绘制花骨朵长出的效果，如图 10-43 所示。

图 10-43

（2）接下来绘制花骨朵由小变大，为花开做准备，如图 10-44 所示。

图 10-44

（3）然后才是绘制花开的动画效果，花瓣应该是都往上升，再以花蕊为中心打开，如图 10-45 所示。

该实例的源文件是配套光盘中"源文件"文件夹下的"10-2-flower.fla"，如在制作过程中有问题可进行参考。

图 10-45

# 本 章 小 结

本章主要针对 Flash 的时间轴面板做了详细的讲解,然后在实例中使用逐帧动画的方法,对 Flash 绘制关键帧动画的方法进行了说明。

需要指出的是,本章所介绍的关键帧动画主要使用手写板进行绘制,这种方法的优点是可以模拟逐帧的方法,对动画效果有较为多变的表现形式;但缺点是制作周期长,且由于没有使用到元件,因此修改起来非常困难。该制作手法一般情况下适合于表现实验动画,而不适合制作量大工期短的商业类动画。

熟练掌握本章的动画制作手法,可以对 Flash 制作动画的方式有一个初步的了解,便于快速掌握时间轴面板的使用方法,为下一阶段的制作做好充足的准备工作。

# 练 习 题

打开配套光盘中提供的 "10-3-girl.fla",这是一个小女孩踢毽子的逐帧循环动作,请参照该动作进行绘制,并补充上毽子飞起和落下的动画效果。绘制完成的最终效果应该如图 10-46 所示。

图 10-46

第 *11* 章

# Flash 的补间动画操作

"补间动画"是 Flash 中特有的名词,术语"补间"(tween)来源于词"中间"(in between)。

在传统动画的制作中,如果一个物体进行移动、旋转、缩放等操作,即便形体不变,也要一张一张地按照每秒 24 张进行绘制,工作量较为庞大。而在 Flash 中,这样的操作变得极为简单,就是通过"补间动画"的方法来完成。

简单地说,这是一种由计算机自动生成动画的制作方法。操作者只需要将运动的物体绘制出来,然后确定该物体的起始位置和结束位置,那么该物体的所有中间帧都由计算机自动生成。这种方式可以极大地提高动画制作的效率,因此该技术也被视为动画制作中的一次革命。

在 Flash CS 5.5 中,"补间动画"可以分为 3 种,分别是"传统补间动画"、"补间动画"和"补间形状"动画。

## ⮞ 11.1　传统补间动画

"传统补间动画"是 Flash 中历史最为悠久的一种补间动画的方式。制作"传统补间动画"有两个基本的要素,一是制作动画的物体必须是元件,如果在制作之前没有将物体设置为元件,那么 Flash 会自动将该物体命名为"补间 X"(X 指任意数值);二是必须在时间轴上设定该物体的起始帧和结束帧这两个关键帧,并设置好在该帧处,物体的位置、角度、大小、属性等,这样,Flash 的传统补间动画就可以自动生成两个关键帧之间的所有中间帧。

一般情况下,传统补间动画能自动生成位置、旋转角度、缩放、扭曲、透明度、色调和滤镜等属性变化的中间帧。

### 11.1.1　创建传统补间动画

打开配套光盘中所提供的"11-1-车轮.fla"文件,其中有两个图层,分别是地面和车轮,车轮已经设置为元件,如图 11-1 所示。

记得制作所有补间动画的一个原则，即，需要设置补间动画的物体，必须单独放置在一个图层里。

在时间轴的第 70 帧处，将地面层插入帧，将车轮层打上关键帧，如图 11-2 所示。

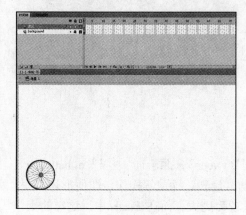
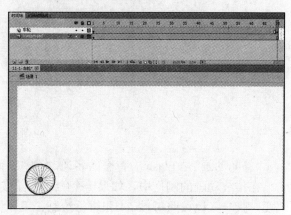

图 11-1                                        图 11-2

在第 70 帧，也就是结束帧的位置上，选中舞台中的车轮元件，将它移动到画面的右侧，如图 11-3 所示。在两个关键帧中间的任意位置，单击鼠标右键，在弹出的浮动菜单中选择"创建传统补间"，如图 11-4 所示。

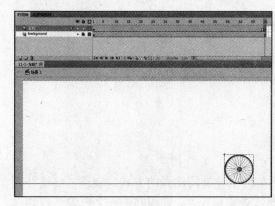
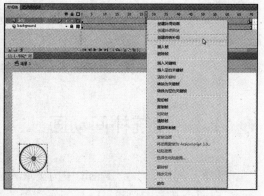

图 11-3                                        图 11-4

创建完传统补间后，会看到时间轴上两个关键帧之间的所有帧都变为了紫色，并且有一个长长的箭头，这表明创建传统补间动画成功，按 Enter 键，可以看到车轮已经生成了位移动画，如图 11-5 所示。如果中间帧变为紫色，但是出现的箭头是虚线，则表明该传统补间动画没有创建成功，如图 11-6 所示。

传统补间动画创建不成功的原因有多种，但最常见的原因是没有遵循以下两个原则：

（1）起始帧和结束帧必须是同一个元件；

（2）起始帧和结束帧中，除了一个元件以外，不能有任何其他物体。

接下来设置物体的旋转动画。在结束帧位置选中车轮，按 Q 键，使用任意变形工具对车轮进行旋转，这时按 Enter 键播放，可以看到车轮已经开始旋转了一些。

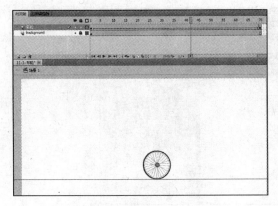

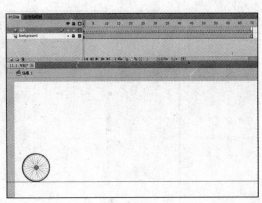

图 11-5　　　　　　　　　　　　　　图 11-6

如果希望对旋转进行精确的控制，可以在紫色中间帧的任意一处单击，在属性面板中的"补间"卷轴栏下有一个"旋转"属性，单击下拉菜单可以看到有四种不同的旋转方式，分别为"无"、"任意"、"顺时针"和"逆时针"。

无：指无旋转。

任意：指可以使用任意变形工具，对物体进行任意角度的旋转。

顺时针：指可以使物体进行顺时针的旋转，选中该选项后，后面的数字变为可调节状态，输入 1，则顺时针旋转 1 圈，以此类推。

逆时针：指可以使物体进行逆时针的旋转，选中该选项后，后面的数字变为可调节状态，可以控制物体具体旋转几圈。

在该练习中，设置旋转为"顺时针×2"，即让车轮顺时针旋转两圈，如图 11-7 所示。

在结束帧处，使用任意变形工具将车轮等比例放大一倍，再按 Enter 键播放，就可以看到车轮由左往右滚动，并且逐渐变大，如图 11-8 所示。

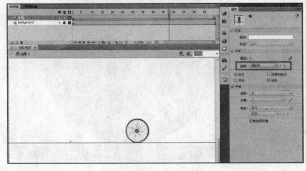

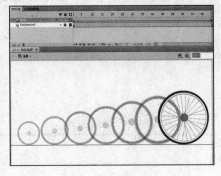

图 11-7　　　　　　　　　　　　　　图 11-8

在结束帧处，在舞台当中单击一下车轮元件，在属性面板中，将样式设置为 Alpha，即透明度，并将数值设置为 2，拨动时间轴就会看到车轮有渐隐效果，即透明度不断降低，这也是在传统补间中调整透明度动画的方法，如图 11-9 所示。

同理，如果将元件设置为影片剪辑类型，还可以给物体添加滤镜的动画效果。

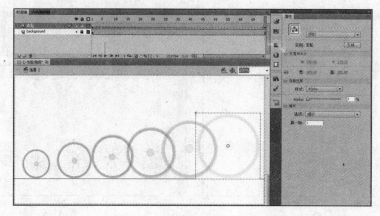

图 11-9

## 11.1.2 传统补间动画实例——小球弹跳

接下来制作一个小球弹跳的动画，该动画效果是动画从业人员的基本功，是熟悉动画运动规律的经典入门案例。

（1）分别绘制地面和一个小球，将它们放入单独的图层中，将小球设置为元件，放置在舞台左侧的位置上，如图 11-10 所示。

（2）选中小球元件，使用任意变形工具，将小球的旋转中心点由正中间移动到底部，如图 11-11 所示。

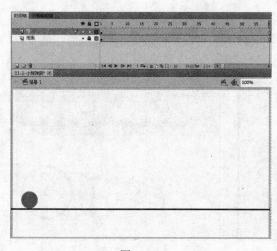

图 11-10

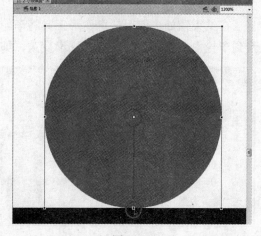

图 11-11

这一步至关重要，必须在制作补间动画之前做，因为如果两个关键帧的物体中心点位置不同，创建传统补间动画就会失败。

（3）现在设定小球的第一次跳跃，先将时间轴拖动到第 10 帧，按 F6 键打上关键帧，把小球向上并向右移动一些；再到第 20 帧，按 F6 键打上关键帧，把小球向右并向下移动到地面的位置，如图 11-12 所示。

（4）接着来设定小球的第二次跳跃，应该比第一次跳跃的力度减小一些，因此在第28帧处设定关键帧，并调整小球的位置，高度要比第10帧低一些，距离也比第一次跳跃要短；第36帧处也设定关键帧，并调整位置，第二次跳跃16帧就完成，比第一次跳跃少4帧，如图11-13所示。

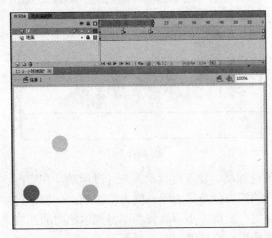 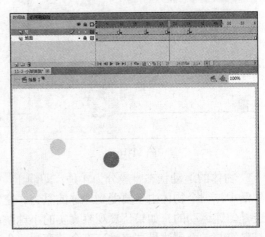

图 11-12　　　　　　　　　　　　　　　图 11-13

（5）接下来设定第三次跳跃，分别在第42帧和第49帧设定关键帧，并调整小球的位置，跳跃的高度和距离要比第二次小些，使其位置如图11-14所示。

（6）第四次跳跃，分别在第54帧和59帧打上关键帧，然后调整小球的位置，跳跃的高度和距离要比第三次小些，使其位置如图11-15所示。

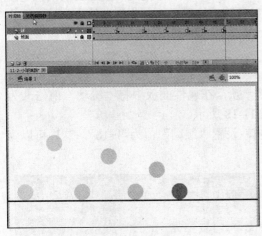 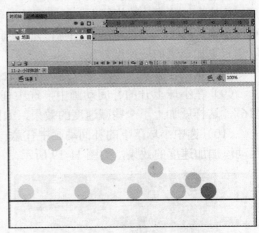

图 11-14　　　　　　　　　　　　　　　图 11-15

（7）现在一共有9个关键帧，需要添加8个传统补间动画，如果一个个单击鼠标右键创建传统补间动画则需要单击多次，实际上可以批量创建传统补间动画，直接框选所有的关键帧，使其处于蓝色被选状态，然后在任意一点单击鼠标右键，在弹出的浮动菜单中选择"创建传统补间"，这样就可以一次性创建多个传统补间动画，如图11-16所示。

（8）创建完补间动画以后，可以按Enter键进行播放观看，会发现小球的运动极其不真实，这是由于过于匀速运动所造成的，如图11-17所示。

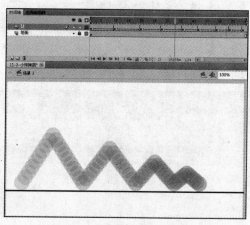

图 11-16                    图 11-17

物体的运动状态一般分为 4 种，即静止、匀速运动、加速度运动和减速度运动。在实际生活中，一个物体由于要受到地球的重力、空气的浮力以及风力等不同力的影响，一般不可能是匀速运动的。如果认真观察真实的小球跳动就会发现，小球离开和即将到达地面的速度是最快的，而到达最高点时速度会稍变慢。也就是说，小球弹起时，受到重力的吸引，速度会越来越慢，属于减速度；小球落下时，受到重力的吸引，速度会越来越快，属于加速度。

在 Flash 中，由于传统补间动画只能按照两个关键帧的数值变化，以平均值来计入每个中间帧，因此运动是匀速的，所以小球的运动会看起来比较假。

Flash 中传统补间动画的变速运动就是调节"缓动"值。调整方法为选中补间动画中的任意一帧，在属性面板中调节，具体为，正值为减速度，数值越大，减速度效果就越强烈；负值为加速度，数值越大，加速度效果就越强烈。如果需要制作复杂的变速运动，也可以单击"缓动"后面的铅笔图标，进入到"自定义缓入/缓出"面板，调节其曲线，可以加入更加丰富的变速度效果。

接下来制作本实例中小球变速运动的效果。

（9）在小球上升的补间动画中，选中任意一帧，在属性面板中将"缓动"值修改为"16"，这样就加上了一些减速度的效果，如图 11-18 所示。

（10）选中小球落下的补间动画中任意一帧，设置"缓动"值为"-16"，这样可以为运动添加加速度的效果，如图 11-19 所示。

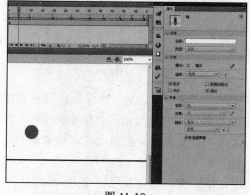

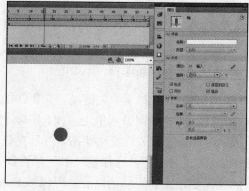

图 11-18                    图 11-19

　　实际上现在我们所制作的小球只能算是一个硬球，如果希望把它做成一个皮球，那还需要做些调整。皮球是软的，落地的时候由于受到惯性，会被挤压变形。

　　（11）在小球落地的关键帧，即第1、20、36、49、59帧上，将小球压扁一些，制作出小球落地被压变形的效果，如图11-20所示。

　　（12）值得注意的是，小球只有接触地面的时候是被压扁的，在其弹起的一瞬间和落地前应该是拉伸状态。

　　在每一个落地关键帧的前、后一帧各加一个关键帧，即在第2、19、21、35、37、48、50、58帧打上关键帧，并在该处将小球拉长一些，如图11-21所示。

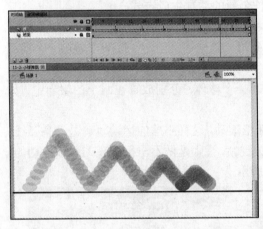

图 11-20

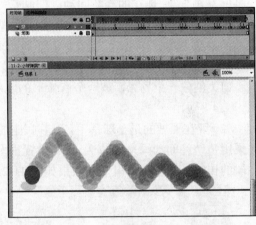

图 11-21

　　播放动画，会发现小球的形变效果已经出来了。但是需要调整的是，小球拉伸时是朝着运动的方向拉伸，而现在的拉伸是直上直下的。

　　（13）在小球落地关键帧左右两边的关键帧，即第2、19、21、35、37、48、50、58帧上，将小球沿着运动的方向进行旋转，再按Enter键进行播放时，会看到小球的弹跳有了更多的方向性，如图11-22所示。

　　（14）现在需要在小球达到最高点时，形成一个小弧线，在第9、11、27、29、41、43、53、55帧打上关键帧，分别往左、右两侧移动一些，如图11-23所示。

　　这样，小球弹跳的动画就完成了。

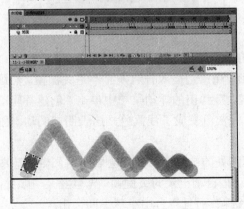

图 11-22

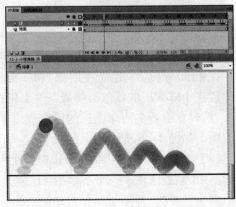

图 11-23

完成的源文件是配套光盘中的"11-2-小球弹跳.fla"，读者可以自行查看。

# ➡ 11.2  补间动画

在 Flash 升级为 CS4 以后，补间动画也进行了升级。原先的补间动画被重新命名为"传统补间动画"，而现在的"补间动画"则是一种全新的动画生成方式。

这种新的补间动画更像 Adobe 旗下的一款影视特效软件 After Effects 的调节方式，可调节的参数更加多样化、直观化，甚至可以看到每一帧的运动轨迹。接下来通过一个实例来了解一下这种全新的补间动画的制作方式。

（1）创建一个场景，是一个有弧形的底座和一个球体，分别放置在两个图层当中，如图 11-24 所示。

（2）现在要做的是小球落下，沿着底座的弧形滚动，这样小球的运动轨迹是一条弧线。如果用传统补间动画来做的话，除非设置很多关键帧，否则是做不出很漂亮的弧线运动的。一般的传统补间动画做出来的效果如图 11-25 所示。

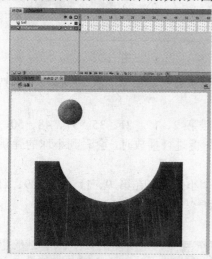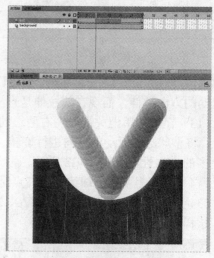

图 11-24                    图 11-25

（3）接下来将使用全新的补间动画的制作方法，来完成弧形运动的效果。

在第 30 帧处，将两个图层都按 F5 键插入帧，注意是插入普通帧而不是关键帧。然后鼠标放在小球图层的任意一帧处，单击鼠标右键，在弹出的浮动菜单中单击"创建补间动画"，这时就会看到小球图层的所有普通帧都由浅灰色变成了浅蓝色，这表明补间动画创建成功，如图 11-26 所示。

（4）在第 15 帧处，将小球移动到底座弧形凹处的中间，移动完会看到时间轴小球图层的第 15 帧处出现了一个小菱形，这就是补间动画自动记录的关键帧，一旦在某一帧处，物体发生了变化，补间动画会自动记录为一个关键帧，而且舞台中小球中间会出现一条线，这是小球整个运动过程的运动轨迹线。

继续在第 30 帧处，将小球移动到弹起的位置，但现在小球的运动轨迹依然是两条直线，如图 11-27 所示。

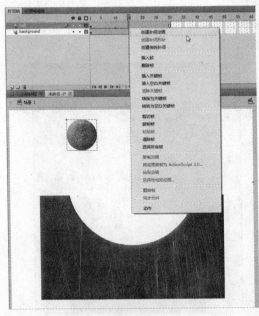
图 11-26

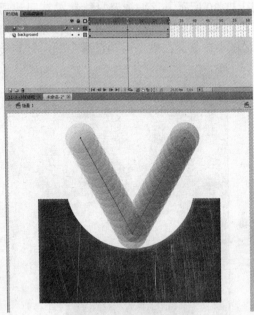
图 11-27

（5）接下来调整小球的运动轨迹，使用移动工具，用鼠标在舞台中小球的运动轨迹线上拖动，可以将运动轨迹线变为曲线，如图 11-28 所示。

（6）也可以使用部分选取工具单击运动轨迹线，使轨迹线上的节点都显示出来，再选中需要调节的节点，就会出现曲线调节杠杆，通过调节杠杆来调整小球的运动轨迹，直至使小球沿着底座的弧形运动为止，如图 11-29 所示。

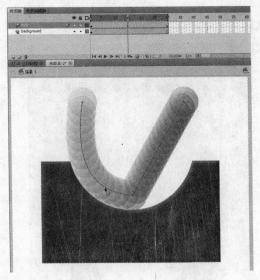
图 11-28

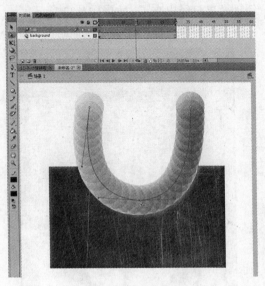
图 11-29

（7）在 Flash 界面的右上角，将工作区设置为"动画"，会弹出"动画编辑器"面板，单击已经创建的补间动画，在该面板中就会显示这个补间动画的所有信息及数据，如图 11-30 所示。该编辑器只能针对补间动画使用。

（8）将时间轴拨动到第 30 帧，在"动画编辑器"中将"旋转 Z"属性设置为"360°"，这样小球就会在整个运动过程中顺时针旋转 360°，如图 11-31 所示。

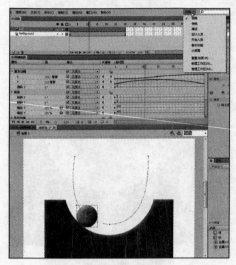

图 11-30

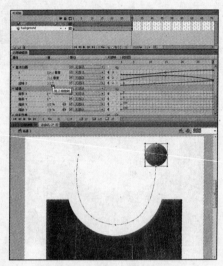

图 11-31

（9）接下来调节整个运动的缓动，在动画编辑器中，将最下面"缓动"的数值设置为"–100"，这样小球的运动就会是一个加速度运动。设置好以后，播放动画，发现变速过程并没有显示出来，如图 11-32 所示。

（10）在基本动画卷轴栏右侧，有一个下拉菜单，现在的设置是"无缓动"，单击右侧的小三角，将其设置为"简单（慢）"，就是下面设置好的缓动数值，再播放动画，会看到缓动效果已经出来了，如图 11-33 所示。

完成的源文件是配套光盘中的"11-3-小球转弯.fla"，读者可以自行查看。

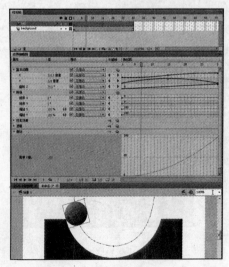

图 11-32

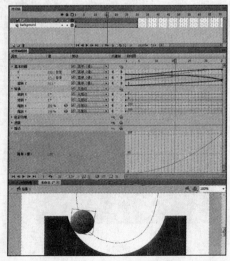

图 11-33

## 11.3 补间形状动画

之前的补间动画效果比较易用，但是都是在基于物体本身形状不变的基础上进行的动画效果，如果需要将物体本身形状的变化做成动画效果，就需要使用到一种全新的补间动画形式——补间形状。

补间形状是 Flash 中补间动画的一种，它可以将两个不同形状之间的变化过程，用动画的形式记录下来。

制作补间形状动画必须满足以下两个条件：

（1）进行补间形状动画的必须是色块或线条，而不能是元件、组等物体。如果需要对元件、组进行补间形状，则需要先选中它们，执行菜单的"修改"→"分离"命令，或按 Ctrl+B 组合键，将它们打散为色块，然后再进行补间形状动画的创建。

（2）每一个进行补间形状动画的色块，必须单独放置在一个图层中，同一个图层不能放多个色块，否则补间形状动画会创建失败。

接下来以一个实例来对补间形状动画进行具体的讲解。

### 11.3.1 补间形状动画实例 1——立方体旋转

（1）新建一个文件，创建三个图层，分别命名为"背光面"、"中间面"、"受光面"，在这三个图层中分别绘制一个立方体的三个面，如图 11-34 所示。

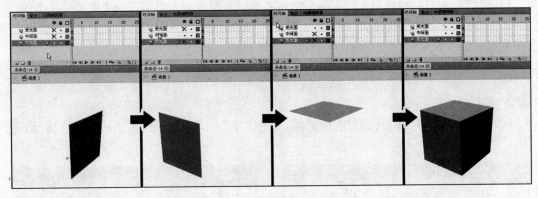

图 11-34

（2）将时间轴拖动到第 25 帧处，给三个图层都打上关键帧，并分别调整三个图层中的色块如图 11-35 所示的形状。

（3）在时间轴上单击鼠标右键，在弹出的浮动菜单中选择"创建补间形状"，为三个图层创建补间形状动画。如果两个关键帧之间变为绿色，且有一个实线的箭头符号，表明补间形状动画创建成功，如图 11-36 所示。

按 Enter 键预览动画，会看到立方体正在不断地旋转，如图 11-37 所示。

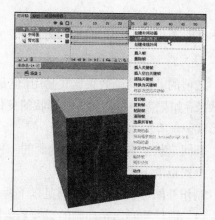

图 11-35                                                      图 11-36

图 11-37

该实例的源文件是配套光盘中的"11-4-立方体旋转"文件，有需要的读者可查看相关参数。

### 11.3.2  补间形状动画实例2——"中"字变形

在制作补间形状动画时，由于两个物体的形状有时会相差甚远，动画效果往往会出现比较大的问题，这就需要使用一些命令来配合，最常用的是菜单的"修改"→"形状"→"添加形状提示"命令。

接下来将详细讲解"添加形状提示"命令。

（1）新建一个文件，在第 1 帧处输入文字"中"，并在属性面板中设置其字体为"宋体"，如图 11-38 所示。

（2）在第 25 帧处按 F6 键打上关键帧，选中"中"字，在属性面板中设置其字体为"黑体"，如图 11-39 所示。

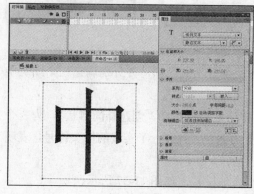
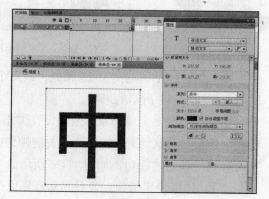

图 11-38                                                      图 11-39

这时如果想创建补间形状动画，会发现该项为灰色不可选状态，这是因为目前两个物体都是文字而不是色块的原因，接下来就需要将它们全部打散为色块。

（3）分别在第1帧和第25帧选中文字，执行菜单的"修改"→"分离"命令，将文字都打散为色块，如图11-41所示。

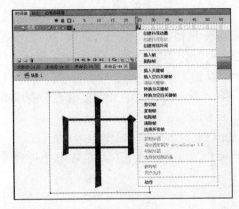

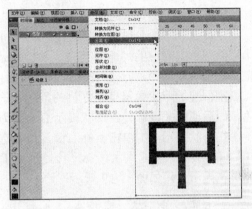

图 11-40                            图 11-41

按 Enter 键，播放补间形状的动画效果会看到，变形过程出现了很大的问题，形状扭曲极其严重，如图 11-42 所示。

图 11-42

这时就要使用"添加形状提示"命令，来使整个变形过程正常化。

（4）将时间轴拖动到第1帧处，执行菜单的"修改"→"形状"→"添加形状提示"命令，会看到舞台中出现了一个红色的"a"符号，再执行一次该命令，会在相同的位置出现一个"b"符号，如图11-43所示。

（5）分别将这两个"形状提示"拖动到"中"字上方的两个拐角处，将时间轴拖动到第25帧，会看到这两个"形状提示"还是在舞台正中间，也分别将它们拖动到"中"字最上面的两个拐角处，如图11-44所示。

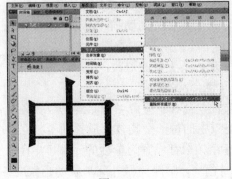

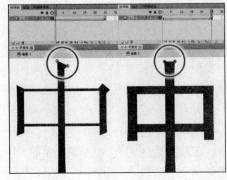

图 11-43                            图 11-44

再来播放一下，会看到这次的变形效果就基本正常了，如图 11-45 所示。

中 中 中 中 中 中 中

图 11-45

这就是"添加形状提示"的作用，它的原理实际上也很简单，两个关键帧中，形状提示点的位置是对应的，即在第一个关键帧处形状提示"a"点的位置，会移动到下一个关键帧处形状提示"a"点的位置。其他点的位置移动以此类推。

刚创建的形状提示点是红色的，设定好以后，第一个关键帧处的形状提示点会变成黄色，而后面的关键帧处，形状提示点会变为绿色。

在形状提示点上单击鼠标右键，可以选择添加或删除提示点，如图 11-46 所示。

（6）接下来就是大量添加形状提示点了，看到哪里的变形不太正确，就在哪个位置添加形状提示点，如图 11-47 所示。

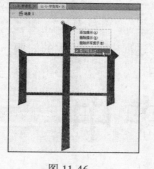

图 11-46

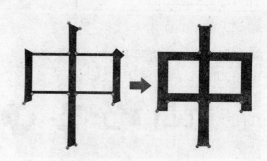

图 11-47

该实例的源文件是配套光盘中的"11-5-字变形"文件，有需要的读者可以查看相关参数。

## ▶ 11.4  补间动画综合实例——小球小品

本节以一个较为复杂的实例，来复习前面所学习的三种补间动画。该动画由郑州轻工业学院动画系 09 级周洁制作完成。

实例的主角依然是小球，所不同的是在场景中加入了更多的道具，使小球的弹跳更加复杂、激烈，另外还加入了一个大球，两个球之间也会发生碰撞。

打开配套光盘中"11-6-小球小品-场景.fla"文件，会看到舞台当中布置了很多各种各样的挡板，舞台的上方还有一大一小两个小球。场景中的每一个物体都放置在了独立的图层中，这是为后续的补间动画做准备。场景中的各个挡板都设置为单独的元件，并且都加了"斜角"和"发光"的滤镜效果。两个小球都是色块，这是为做补间形状动画做准备，如图 11-48 所示。

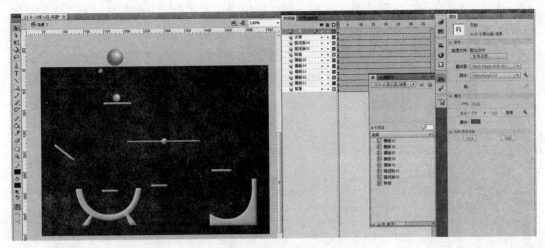

图 11-48

## 11.4.1 小球的第一阶段弹跳

首先设置较小的球在落下以后碰到各种道具的弹跳效果。

（1）选中"小球"，在第 6 帧处打上关键帧，使用任意变形工具压缩一下，制作小球弹起的"起势"，并在第 1 和第 6 帧之间创建补间形状动画，如图 11-49 所示。

（2）在第 7 帧添加关键帧，使小球恢复原状，在第 11 帧添加关键帧，使小球弹起至最高点，在第 7 和第 11 帧之间创建补间形状动画，然后将第 8 帧转换为关键帧，将小球向弹起的方向旋转一下，并压扁，做成弹起的形变效果，如图 11-50 所示。

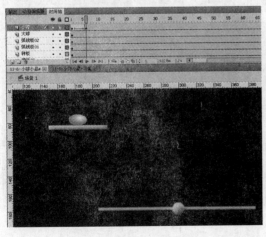

图 11-49

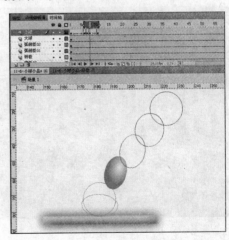

图 11-50

（3）在第 17 帧处打上关键帧，使小球落在下面的转板上，并向下压缩小球，并为该过程创建形状补间动画，需要注意的是，该下落过程应该是一个加速的过程，因此要选中该补间动画中的任意一帧，在属性面板中，调节缓动值为"-24"，然后再选中第 16 帧，打上关键帧，使小球沿着下落的方向拉伸一些，如图 11-51 所示。

（4）在第17帧和26帧之间，创建小球在转板上向左跳动的补间形状动画，注意弹起和落地的压缩及拉伸效果，如图11-52所示。

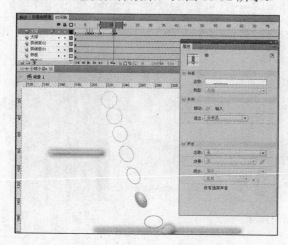 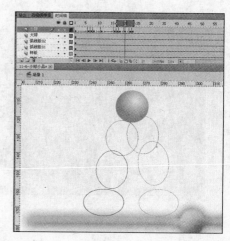

图 11-51        图 11-52

（5）小球落在转板上，转板受到力的冲击会旋转，在小球落到转板上的那一帧到第49帧之间，创建转板旋转的传统补间动画；小球则在第24帧到34帧之间，创建沿着转板缓缓下滑的传统补间动画。需要注意的是，小球一旦创建了传统补间动画，就会自动被转换为元件，如果再继续制作补间形状动画的话，需要将元件打散，如图11-53所示。

（6）在第35帧和40帧之间，创建小球在转板上向右上跳动的补间形状动画，注意在创建补间形状动画之前，需要将小球打散为色块，调节动画的时候注意小球弹起和落地的压缩及拉伸效果，如图11-54所示。

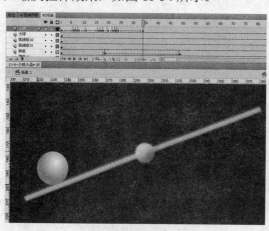 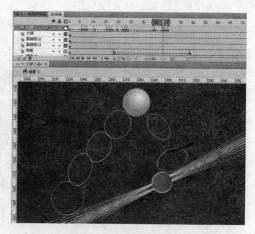

图 11-53        图 11-54

（7）在第41帧到第49帧之间，使小球继续沿着转板向上跳动，跳动到转板的最右侧，如图11-55所示。

（8）转板最右侧受到小球的力会向右侧旋转，在第49帧到62帧之间，创建转板向右侧旋转的传统补间动画。再选中小球，在第49帧到58帧之间，使小球停留在转板右侧，并跟着转板的旋转缓缓下降，恢复到正常的球形状态，如图11-56所示。

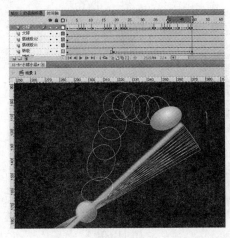

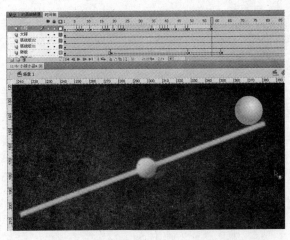

图 11-55 　　　　　　　　　　　　　　　　图 11-56

（9）在第 58 帧到第 62 帧之间，做出小球准备起跳的起势，并创建补间形状动画，如图 11-57 所示。

（10）在第 62 帧到 74 帧之间，创建小球从转板上弹起，落在转板右下方的横板上的动作，这个动作不但要注意小球弹起和落地的压缩及拉伸效果，还要调节缓动值，具体来讲，小球弹起的过程应该是减速过程，因此缓动值设置为"100"，小球落下时应该是加速过程，需要设置缓动值为"-100"，如图 11-58 所示。

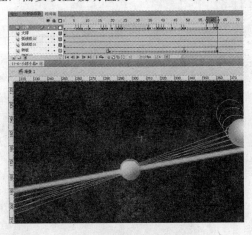

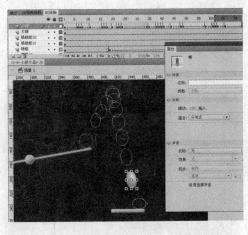

图 11-57 　　　　　　　　　　　　　　　　图 11-58

（11）由于转板在小球起跳后，受到力的影响，还会转动一下，因此在第 62 帧到第 130 帧之间，将转板顺时针转动一些，并在属性面板中设置旋转项为"顺时针"，后面的参数设置为"1"，使转板顺时针方向旋转一周，并设置缓动值为"100"，使转板的速度越转越慢，如图 11-59 所示。

（12）接下来小球需要在弧线板上运动，运动轨迹应该是沿着弧线板的弧度，做一个曲线运动，这样就需要用到 Flash 当中的"补间动画"。在小球的第 94 帧打上关键帧，并在第 74 和第 94 帧之间创建补间动画，会看到这些中间帧自动剪切到一个新图层当中，并显示为浅蓝色，如图 11-60 所示。

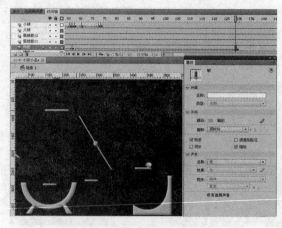

图 11-59

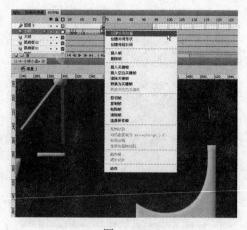

图 11-60

（13）在第 78 帧，将小球移到弹起的最高点位置，在第 85 帧，使小球落在弧线板上，并使它被压缩变形，在第 93 帧，使小球弹出弧线板，飞向左侧，并拉伸得更长一些，这时播放运动效果可以看到，小球飞行的线路都是直线，如图 11-61 所示。

（14）接下来需要将小球的运动轨迹改为平滑的弧线，按 V 键切换为选择工具，将箭头放在小球的运动轨迹线上，当鼠标右下方出现一个弧线时，按住鼠标并拖动，使直线的运动轨迹线变为曲线。将小球的运动轨迹线尽量调节得和弧线板的弧度一致，再播放动画，就看到小球紧贴着弧线板进行运动了，如图 11-62 所示。

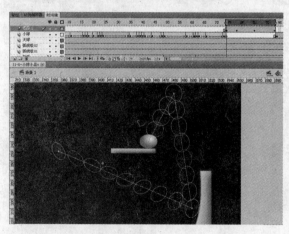

图 11-61

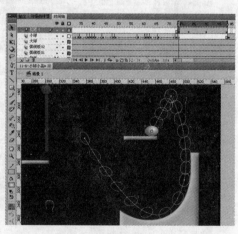

图 11-62

（15）使用旋转工具，在各关键帧处调整小球的运动方向。如果发现小球的运动轨迹不能很好地贴合弧线板，可以使用"部分选取工具"，对运动轨迹线上的每一个节点进行细致的调整，如图 11-63 所示。

（16）补间动画完成了弧线板的运动以后，再回到普通图层中，使用补间形状动画的方式创建小球接下来的弹跳效果，要注意补间形状动画的第 1 帧要和补间动画的最后一帧的位置贴合在一起，如图 11-64 所示。

（17）在第 101 到第 104 帧之间，创建小球弹起撞到上面的转板的补间形状动画效果，如图 11-65 所示。

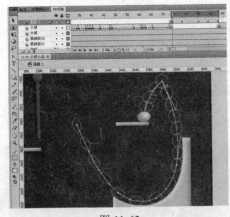

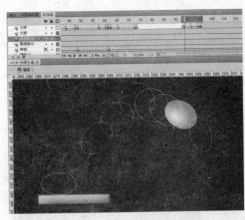

图 11-63 　　　　　　　　　　　　　　　　图 11-64

（18）下面又将会遇到弧线板，在第 105 到第 115 帧之间创建补间动画，在补间动画中设置好小球起始点、落下点、弹起最高点 3 个关键帧，如图 11-66 所示。

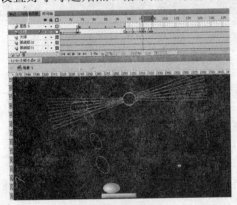

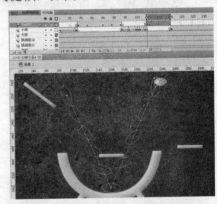

图 11-65 　　　　　　　　　　　　　　　　图 11-66

（19）使用选择工具和部分选取工具，调整小球的运动轨迹线，有时整体调整总会遇到一些问题，必要时可以逐帧设置小球的位置、形状以及旋转角度，使小球能够在弧线板上划出漂亮的弧线，如图 11-67 所示。

（20）再使用补间形状动画，让小球往左跳到最左侧的横板上，如图 11-68 所示。

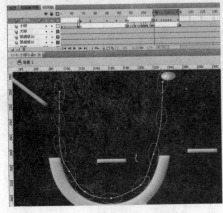

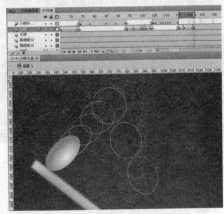

图 11-67 　　　　　　　　　　　　　　　　图 11-68

（21）继续调整小球往右侧弹跳，落在弧线板上面的横板上，如图 11-69 所示。

（22）小球落下后，由于惯性，再往右侧轻轻弹跳一下，然后静止，该小球的第一阶段动作完成，如图 11-70 所示。

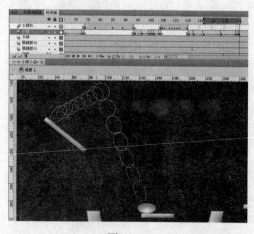

图 11-69

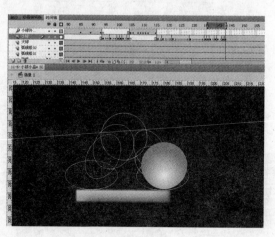

图 11-70

## 11.4.2　小球的第二阶段弹跳

第二阶段开始调整大球的落下，并且和小球相撞所产生的动作。

（1）选中大球，在第 160 帧和第 165 帧之间，创建大球由画面外落到最上面的横板上的动作，如图 11-71 所示。

（2）大球落在横板上以后，由于惯性，会轻轻地在原地弹跳两次，由于弹跳得比较低，因此稍稍有一点形变效果即可，如图 11-72 所示。

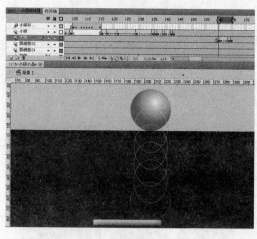

图 11-71

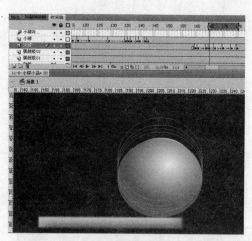

图 11-72

（3）大球先压缩一下，做好起势，再向右上方弹起，如图 11-73 所示。

（4）大球下落，落在下方的转板上，如图 11-74 所示。

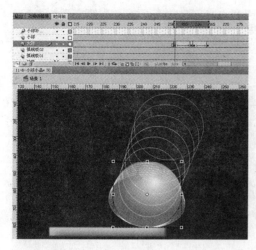

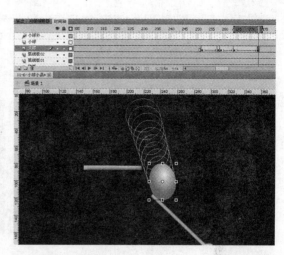

图 11-73　　　　　　　　　　　　　图 11-74

（5）大球落在转板上，转板会根据球落下的位置进行旋转，由于大球落在转板的左侧，因此转板会产生逆时针的旋转。在第273和第276帧之间，创建转板逆时针旋转的传统补间动画，同时，设置大球继续下落的动作，如图11-75所示。

（6）接着大球会落向下面的弧线板，依然使用补间动画的方法，使大球的第276到第282帧被剪切到新图层中，调整大球的起始点、落点以及弹跳最高点，并调整3个关键帧处大球的旋转角度，如图11-76所示。

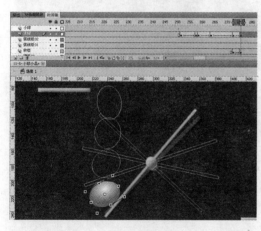

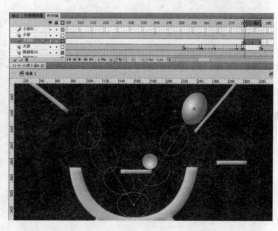

图 11-75　　　　　　　　　　　　　图 11-76

（7）调整大球的运动轨迹线，使大球在弧线板上划出一条光滑的弧线，如果有个别帧的位置有问题，可以再加入新的关键帧进行调整，如图11-77所示。

（8）大球弹起来以后，调整大球落在弧线板上面的横板处，即小球的旁边，如图11-78所示。

（9）设置大球撞向小球的动作，撞击以后由于惯性，大球会向后弹起一些并落下，如图11-79所示。

（10）小球被撞击以后，会以减速度撞向弧线板，因此缓动值需要设置为"100"，撞击后会弹回一些再开始下落，如图11-80所示。

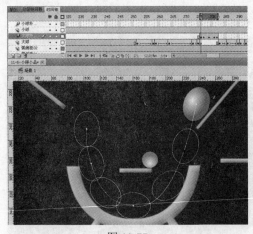

图 11-77

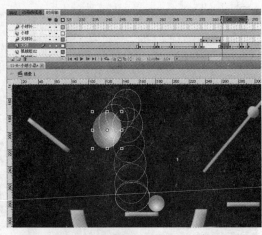

图 11-78

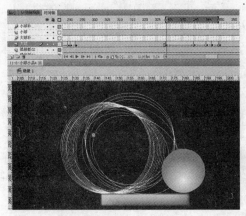

图 11-79

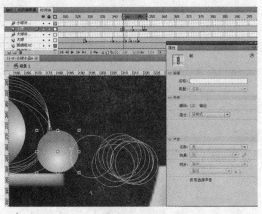

图 11-80

（11）将小球剩下的帧全部设置为补间动画，接下来的操作全部在补间动画中来实现。首先使小球下落在弧线板中，沿着弧线板滑行一下，如图 11-81 所示。

（12）接下来的 50 帧中，小球由于惯性，在弧线板中上下滑行数次，终于停止，如图 11-82 所示。

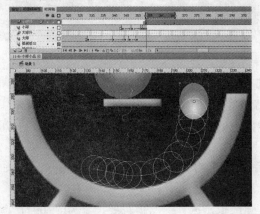

图 11-81

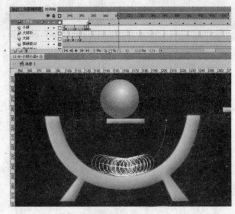

图 11-82

至此，该练习全部结束，制作完成的最终效果是配套光盘的"源文件"文件夹中"11-6-小球小品-完成.fla"文件，有需要的读者可以查看相关参数。

# 本 章 小 结

本章主要针对 Flash 的 3 种补间动画的操作方法进行了较为详尽的介绍。其中比较常用的是传统补间，这也是目前绝大多数使用 Flash 制作动画的公司常用的技术手段，原因主要是简便、直观，而最新推出的补间动画反而用得较少。补间形状动画在制作一些复杂的形变动画时也经常被使用到。

补间动画是 Flash 制作动画的特点，也是 Flash 的优势，熟练掌握并娴熟运用这几种不同的补间动画，能够使动画制作更加便利、快速，因此必须熟练掌握。

本章的实例主要以小球的运动、弹跳、形变为主，虽然看起来比较简单，但这是熟悉物体运动规律的入门经典案例，熟练掌握这些，并认真观察现实中物体的运动方式，以及加速度、减速度等不同的运动形式，会对以后调节动画效果起到很大的帮助。

# 练 习 题

重新设计一个场景，再将两个小球放入该场景中，设置两个小球弹跳以及相互碰撞的动画效果。

# 第 *12* 章

# 引导层动画和遮罩层动画

在第 4 章中，学习了 Flash 中图层的相关内容，了解了 5 种不同的图层类型，分别是一般图层、遮罩层、被遮罩层、文件夹图层、引导层。之前学习的都是关于图层在绘制中的作用，本章将要着重介绍引导层、遮罩层和被遮罩层在动画方面的使用方法。

## 12.1 引导层动画概述

"引导层"，顾名思义，就是"引导"物体运动轨迹的图层。

一般情况下，需要使用线条，在引导层中绘制出运动轨迹，再将其他图层中的物体绑定在该线条上，调节动画以后，物体就会沿着该线条绘制出的运动轨迹进行运动。

一个引导层可以引导多个图层中的物体，而引导层中的物体不会被导出，因此不会显示在发布的 SWF 文件中。

### 12.1.1 引导层动画基本操作

接下来通过一个实例来介绍引导层动画的基本操作。

（1）绘制好一个准备用来制作引导层动画的物体，并转换为元件。需要注意的是，虽然色块等物体都可以直接制作引导层动画，但是一旦加上补间以后，不是元件的物体都会被自动转换为元件，并被系统随机命名，所以一般都是在制作引导层动画之前先转换元件，这样做的好处是可以自己对元件进行命名。

把准备制作引导层动画的元件单独放在一个图层中，在该图层上单击鼠标右键，在弹出的浮动菜单中选择"添加传统运动引导层"，这样在该图层上就会自动新建一个引导层，并和该图层直接关联，如图 12-1 所示。

（2）先将物体图层隐藏，以免影响引导层中线条的绘制。在引导层上绘制线条，需要注意的是，绘制的一定是线条，而不是色块，这条线将是被引导的物体的运动轨迹，如图 12-2 所示。

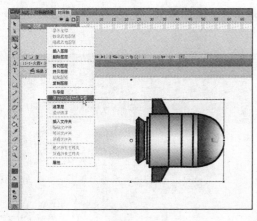

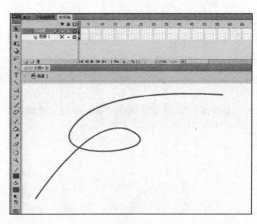

图 12-1　　　　　　　　　　　　　　　　　　　图 12-2

（3）使用选择工具，将被引导层上的火箭移动到引导线的一端，但这移动是需要有一定技巧的。先使用选择工具选中火箭，这时在火箭的正中间有一个小圆圈，这是该物体的中心点。再把选择工具放到这个中心点上，按住鼠标拖动到引导线的一端，这时中心点会自动吸附到引导线上，这样的移动才算是成功的，如图 12-3 所示。

（4）选中火箭，使用任意变形工具，将火箭旋转一下，使火箭的箭体与引导线处于平行状态，如图 12-4 所示。

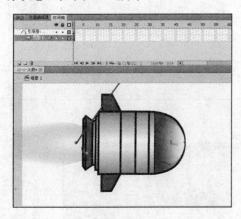

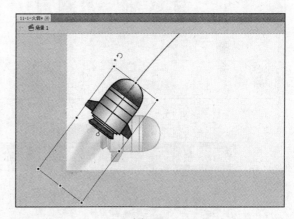

图 12-3　　　　　　　　　　　　　　　　　　　图 12-4

（5）选中引导层，在第 75 帧处按 F5 键插入帧，选中火箭图层，在第 75 帧处按 F6 键插入关键帧，如图 12-5 所示。

（6）在第 75 帧关键帧处选中火箭，使用选择工具将它移动到引导线的另一端，再使用任意变形工具，将火箭旋转，与该处的引导线处于平行状态，如图 12-6 所示。

（7）在火箭图层的两个关键帧中间任意一帧处单击鼠标右键，在弹出的浮动菜单中选择"创建传统补间"，如图 12-7 所示。

（8）按 Enter 键播放动画效果，已经可以看到火箭沿着引导线进行移动了。但是发现火箭在拐弯时，箭身并没有进行旋转，如图 12-8 所示。

（9）选中火箭图层传统补间动画的任意一帧，按 Ctrl+F3 组合键打开属性面板，在"补间"卷轴栏下，勾选"调整到路径"选项，再按 Enter 键播放动画，会看到火箭已经能够正确地按照路径进行自身的旋转了，如图 12-9 所示。

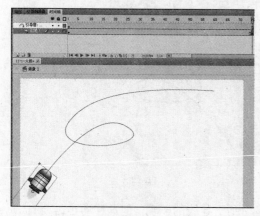

图 12-5

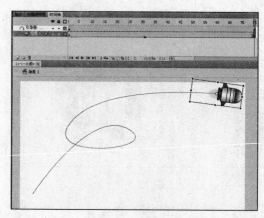

图 12-6

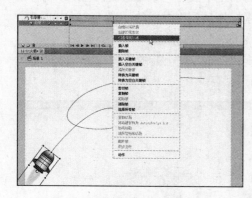

图 12-7

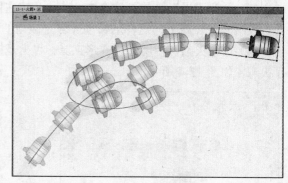

图 12-8

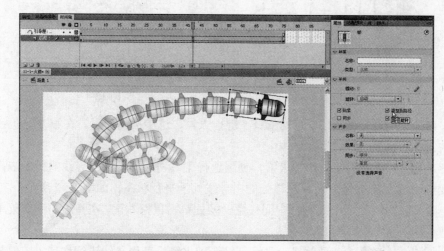

图 12-9

制作完成的最终效果在配套光盘的"源文件"文件夹中的"12-1-火箭.fla"文件，有需要的读者可以查看相关参数。

## 12.1.2 引导层动画常见问题及解决方法

初学者对于引导层动画的操作总会出现一些问题，归根结底还是操作不够明确，现在针对一些常见问题来进行说明。

（1）物体没有沿着引导线运动，而是自身做直线运动，如图 12-10 所示。

这是物体没有绑定到引导线上的问题。正确的方法是：使用选择工具，先选中物体，这时物体中间会出现一个小圆点，把鼠标放在该小圆点上，再使用选择工具移动物体到引导线处，该小圆点会自动吸附到引导线上，只有吸附上去以后，物体才算是和引导线绑定在了一起，才可以沿着引导线运动，如图 12-11 所示。

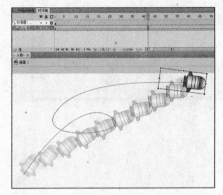

图 12-10

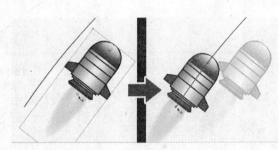

图 12-11

（2）物体确定已经绑定在了引导线上，但是依然没有沿着引导线运动，还是自身做直线运动，如图 12-12 所示。

观察一下引导层最左侧的图标，正常情况下应该是一条虚线的曲线，这表明引导层和被引导层之间是有联系的，但是如果图标不是曲线，而是一个向左倾斜的小锤子，这就表明引导层没有和被引导层建立正确的关系。

解决的方法就是重新调整图层的顺序：先将引导层拽到物体图层的下方，然后再将物体图层拽到引导层的下方，这样操作以后，就会看到引导层最左侧的小图标变成了正确的曲线图标，如图 12-13 所示。

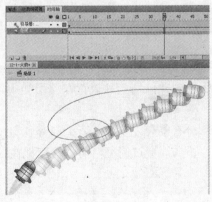

图 12-12

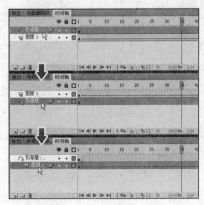

图 12-13

（3）物体确定已经绑定在了引导线上，而且引导层和物体图层也已经建立好了联系，但是物体依然还是自身做直线运动。

这种情况极有可能是引导线出了问题，仔细观察引导线是否有断开的情况，如果有，那这就是问题的所在，如图 12-14 所示。

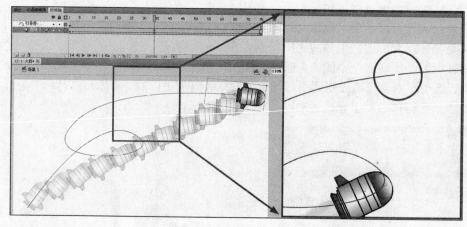

图 12-14

解决的方法也很简单，把引导线断开处连接在一起即可。

## ⅡⅢ➡ 12.2　遮罩层动画概述

在第 6 章介绍了 Flash 中遮罩层的用法，而本节所要讲的"遮罩层动画"，顾名思义，就是遮罩层在动画方面的使用，也就是让遮罩层动起来。

与引导层一样，参与遮罩层动画的图层也有遮罩层和被遮罩层两种，接下来通过一个实例，来具体介绍遮罩层动画的使用方法。

### 12.2.1　遮罩层动画基本操作

本节的案例是制作一个箭射穿箭靶的效果。

打开配套光盘中"源文件"文件夹中的"12-2-箭射穿箭靶-素材.fla"文件，会看到舞台中有一支箭和一个箭靶，两个物体都已经转换为元件，并分别单独放置在图层当中，且图层都重新命名，如图 12-15 所示。

要制作的效果是箭把箭靶射穿，其中箭的后半部分在箭靶左侧，而箭头部分则穿过箭靶，从后面露出来。如果不用遮罩层动画的方法做，那么箭穿过箭靶，而被箭靶挡住的那一部分就无法隐藏，如图 12-16 所示。

接下来使用遮罩层动画的方法来解决这个问题。

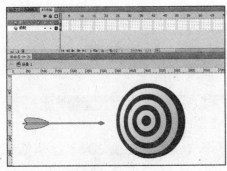

图 12-15　　　　　　　　　　　　　　　　图 12-16

（1）新建一个图层，放在"箭"图层的上面，将该图层重新命名为"遮罩"，使用"矩形工具"在舞台的左侧绘制出一个大的矩形，要把上、下、左侧的舞台部分都绘制进去，如图 12-17 所示。

（2）在"遮罩"图层上单击鼠标右键，在弹出的浮动菜单中单击"遮罩层"，这时会看到刚才在"遮罩"层中绘制的矩形消失了，"遮罩"层和它下面的"箭"图层也同时被锁定了，如图 12-18 所示。

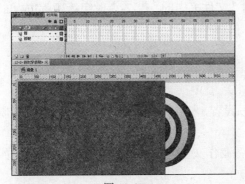

图 12-17　　　　　　　　　　　　　　　　图 12-18

（3）制作箭射穿箭靶的传统补间动画，由于"箭"图层已经被锁定，制作时需要将相应的图层解除锁定。播放动画会发现，箭只会在遮罩层的矩形部分中显示，而超出的部分则都被隐藏掉了，如图 12-19 所示。

（4）继续在"遮罩"图层上补充遮罩，紧贴着箭靶的右侧，将舞台中的剩余部分也绘制在遮罩中，如图 12-20 所示。

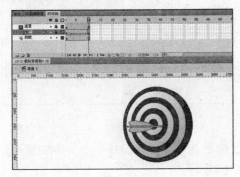

图 12-19　　　　　　　　　　　　　　　　图 12-20

（5）重新播放动画，会看到箭头部分已经显示出来了，而且箭身被箭靶遮挡住的部分也已经被遮罩层挡住了，如图 12-21 所示。

（6）一个遮罩层可以对多个图层进行遮罩，将"箭"图层复制几个，做出多支箭射在箭靶上的动画效果，如图 12-22 所示。

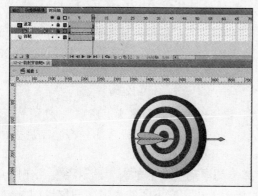

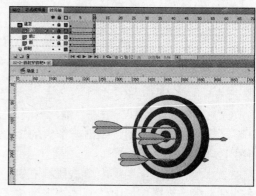

图 12-21                    图 12-22

制作完成的最终效果在配套光盘的"源文件"文件夹中的"12-2-箭射穿箭靶-完成.fla"文件，有需要的读者可以查看相关参数。

## 12.2.2    遮罩层动画实例——文字叠现

上一节的实例实际上是被遮罩层进行的动画设置，本节的实例来介绍遮罩层的动画制作方法。

（1）新建一个文件，并打上一排文字，准备制作文字逐渐闪动出现的动画效果，如图 12-23 所示。

（2）新建图层，重新命名图层为"遮罩"，前两帧作为空白帧，第 3 帧再插入关键帧，并使用矩形工具将第一个字遮住，如图 12-24 所示。

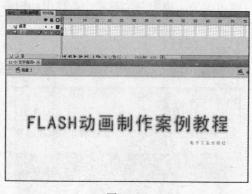

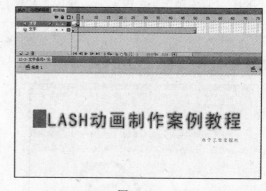

图 12-23                    图 12-24

（3）分别在"遮罩"图层的第 6、9、12、15 帧处插入关键帧，每一个关键帧就用矩形工具绘制一个矩形，遮挡住一个文字，如图 12-25 所示。

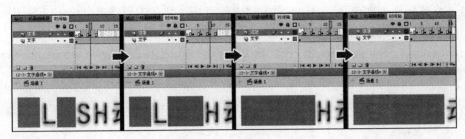

图 12-25

（4）在"遮罩"图层的第 45 帧处插入关键帧，并调整遮罩层中的色块，将上半部分的文字遮挡住，并为第 15 帧到第 45 帧色块的变化添加补间形状动画，如图 12-26 所示。

（5）在第 50 帧处，将舞台中的所有文字都遮挡住，并创建补间形状动画，如图 12-27 所示。

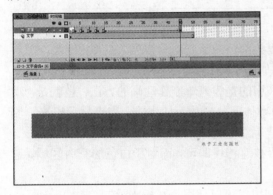
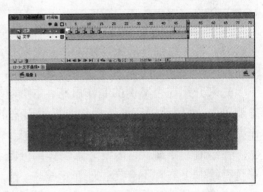

图 12-26            图 12-27

播放动画，就可以看到文字闪烁出现的效果了，如图 12-28 所示。

图 12-28

制作完成的最终效果在配套光盘的"源文件"文件夹中的"12-3-文字叠现.fla"文件，有需要的读者可以查看相关参数。

## 12.2.3 遮罩层动画实例——手绘效果

在动画中经常会出现"一张画在画面中被一笔笔绘制出来"的效果，这种效果传统的制作方式是使用逐帧动画的方式，一帧一帧绘制出来，这种方法在 10.3 节"时间轴逐帧动画实例——花的生长"中曾经介绍过。

本节将要介绍的，是一笔笔将一张图绘制出来的手绘动画效果，同样还是使用遮罩的方式来进行制作。本案例由郑州轻工业学院动画系 06 级艾迪制作完成。

（1）先来打开配套光盘中的"12-4-手绘效果-素材.fla"文件，如图 12-29 所示。

（2）将花转换为"花开"图形元件，进入元件中，将花的黑线部分选中，剪切到新图层中，也就是将黑线和上色部分分别放在两个图层中，如图 12-30 所示。

图 12-29                                                 图 12-30

（3）将上色部分的图层隐藏，先来制作线条部分的绘制动画效果。在"轮廓线"图层上新建一个图层，重命名为"轮廓线遮罩"，如图 12-31 所示。

先来介绍这个案例的制作思路。本练习采用的是为遮罩制作动画的方法，也就是"动态遮罩"。使用遮罩逐渐遮挡住要显示出来的物体部分，从而使物体一点点显示出来，制作完毕后的动态效果，就看起来物体是被一笔笔绘制出来的一样。

在绘制遮罩时，只需要注意物体部分是否被遮挡住即可，而对于白色的空白区域，遮罩是否绘制上去都不会产生任何影响。

本练习使用的是刷子工具进行遮罩的绘制，也可以使用手写板来绘制。

在该案例中，将花分为黑色轮廓线和上色两部分，分别对它们进行遮罩的绘制。先来绘制黑色轮廓线部分的花蕊，再绘制花瓣，再然后是花茎、叶子。以同样的步骤再对上色部分绘制一遍。

（4）在"轮廓线遮罩"图层的第 1 帧处，使用刷子工具绘制色块，颜色无所谓，只要将花蕊的一部分遮挡住就可以了，如图 12-32 所示。

图 12-31                                                 图 12-32

（5）不断添加关键帧，以逐帧的形式来绘制遮罩部分，使"轮廓线遮罩"图层中的色块逐渐遮挡住花蕊的四周部分，如图 12-33 所示。

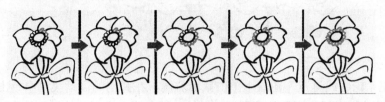

图 12-33

（6）使用同样的方法，为花蕊中心部分添加动态遮罩，如图 12-34 所示。

图 12-34

（7）继续为花瓣添加动态遮罩，如图 12-35 所示。

图 12-35

（8）在"轮廓线遮罩"图层中继续添加花茎的动态遮罩，如图 12-36 所示。

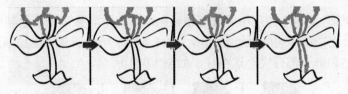

图 12-36

（9）绘制花根部叶子的动态遮罩，如图 12-37 所示。

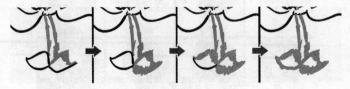

图 12-37

（10）绘制花两边的叶子的动态遮罩，如图 12-38 所示。

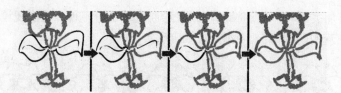

图 12-38

（11）在"轮廓线遮罩"图层上单击鼠标右键，在弹出的浮动菜单中单击"遮罩层"，将该图层变为"轮廓线"图层的遮罩层，播放动画，就会看到花的黑色轮廓线部分被一笔笔绘制出来了，如图 12-39 所示。

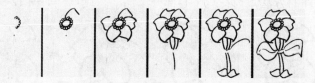

图 12-39

（12）将"轮廓线"和"轮廓线遮罩"图层隐藏，接下来要绘制上色部分的遮罩。

在"颜色"图层上新建一个图层，重命名为"颜色遮罩"。由于轮廓线的动态遮罩绘制了 137 帧，而这段时间内，颜色部分是不应该显示的，因此在时间轴上，将"颜色"和"颜色遮罩"图层的前 137 帧全部删除，使这些帧为空白帧，从第 138 帧处给"颜色"和"颜色遮罩"打上关键帧，也就是说这两个图层在第 138 帧以后才开始显示，然后在"颜色遮罩"上绘制花瓣的动态遮罩，如图 12-40 所示。

图 12-40

（13）在"颜色遮罩"图层中继续逐帧绘制动态遮罩。接下来要绘制的是花茎和叶子部分，可以先以比较潦草的笔触绘制大体，这样手绘笔触的感觉会更加强烈一些，然后再用大色块将花茎和叶子部分完全遮挡住，如图 12-41 所示。

图 12-41

（14）继续在"颜色遮罩"图层中绘制动态遮罩，把颜色部分全部都遮挡住，如图 12-42 所示。

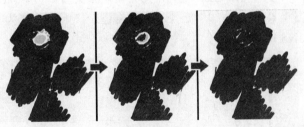

图 12-42

（15）将"颜色遮罩"图层转换为"颜色"图层的遮罩层，这样整个动画效果就完成了，绘制过程总共用了 210 帧，如图 12-43 所示。

图 12-43

（16）回到场景中，将配套光盘"源文件"文件夹中的"12-4-手绘效果-底纹.png"图片导入到舞台中，放置在最下面的图层，并转换为元件，调整好大小。这样，再进行动画的播映，这花就真得像是在纸上被绘制出来的一样，如图 12-44 所示。

图 12-44

制作完成的最终效果在配套光盘的"源文件"文件夹中的"12-4-手绘效果-完成.fla"文件，有需要的读者可以查看相关参数。

## ▓▶ 12.3　遮罩层和引导层综合实例——太阳系运动

打开配套光盘中的"12-5-太阳系-素材.fla"文件，这是一个大小为 720×576 像素，帧频为 25fps，舞台背景色为黑色的 Flash 文件。舞台中分布着太阳和九大行星，放置在同一个图层中，每一个行星都单独转换为"影片剪辑"元件，并添加了"发光"滤镜，其他的行星都还算正常，但是"地球"元件却比较奇怪，接下来将先为"地球"制作旋转的动画效果，如图 12-45 所示。

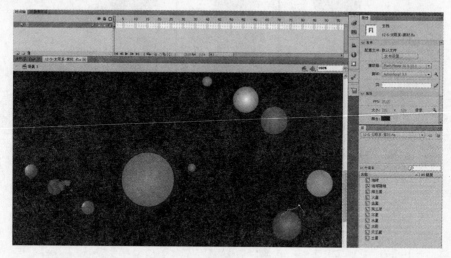

图 12-45

## 12.3.1　制作地球旋转动画

（1）双击"地球"元件，进入其内部，会看到有两个图层，分别是下面的蓝色球体和绿色的陆地，其中陆地已经被转换为"地球陆地"图形元件。在第 25 帧为两个图层插入普通帧，如图 12-46 所示。

（2）为"地球陆地"在第 25 帧插入关键帧，并将它向左拖动，使它的最右侧和球体最右侧基本一致，然后添加传统补间动画，如图 12-47 所示。

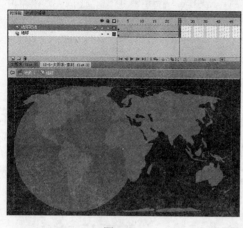

图 12-46

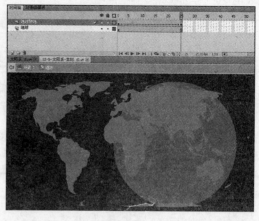

图 12-47

（3）右键单击"地球"图层，在弹出的浮动菜单中单击"复制图层"，将地球图层复制一个并放置在最上方，如图 12-48 所示。

（4）右键单击复制出来的"地球 复制"图层，在弹出的浮动菜单中单击"遮罩层"，将它设置为"地球陆地"图层的遮罩层，这样地球的显示就正常了，播放动画就可以看到地球在转动，如图12-49所示。

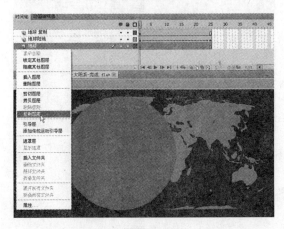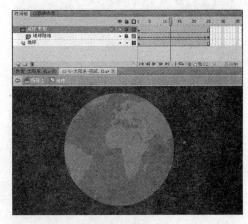

图12-48　　　　　　　　　　　　图12-49

（5）由于地球要在动画中不停地旋转，而现在的转动效果无法循环播放，第1帧和最后一帧连不起来，因此就需要将动画调整为可以循环播放的效果。

双击进入"地球陆地"元件，将左边的美洲大陆复制到右边，如图12-50所示。

（6）回到"地球"元件中，为"地球陆地"图层在第50帧插入关键帧，将它继续往左边移动，使第50帧和第1帧在地球上显示出的陆地效果一样，为了循环效果更好，可以使第50帧往右侧移动一些，这样和第1帧能够连起来，如图12-51所示。

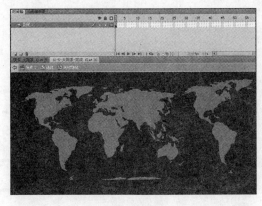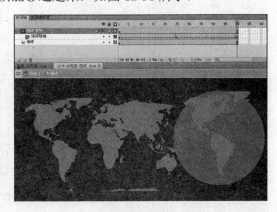

图12-50　　　　　　　　　　　　图12-51

（7）将所有图层都锁定，勾选时间轴下面的"循环"按钮，并设置第1帧到第50帧循环播放，检查地球旋转的动画效果，如图12-52所示。

（8）回到场景中，为"地球"影片剪辑元件添加"斜角"滤镜，调整模糊值为"12"，强度为"80%"，品质为"高"；再添加"发光"滤镜，设置模糊值为4，强度为"60%"，品质为"高"，颜色为"淡蓝色"，使地球立体起来。需要注意的是，现在的地球元件是"影片剪辑"，在场景中播放是看不到动画效果的，需要导出swf文件播放才能看到动画效果，如图12-53所示。

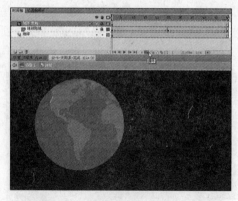

图 12-52

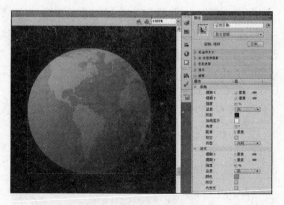

图 12-53

## 12.3.2 制作行星围绕太阳转动的动画

（1）选中场景中的所有元件，右键单击，在弹出的浮动菜单中选择"分散到图层"，这样舞台中的每一个元件都会被单独放置在一个图层中，为接下来制作围绕太阳旋转的动画做准备，如图 12-54 所示。

（2）新建一个图层，放置在所有图层的最上面，绘制九大行星的运行轨迹，如图 12-55 所示。

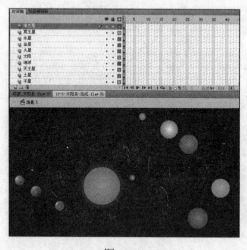

图 12-54

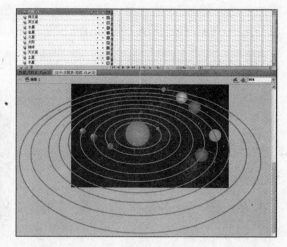

图 12-55

（3）鼠标右键单击运动轨迹图层，在弹出的浮动面板中单击"引导层"，将它转为"引导层"，如图 12-56 所示。

（4）由于太阳不会沿着轨道移动，因此将太阳图层放在最上面，将其余的九大行星图层都拖拽到"引导层"的下面，变为"被引导层"，并调整每一个行星，使它们放置在各自的引导线上，如图 12-57 所示。

（5）由于每一个行星轨道长短不一样，因此它们每次围绕太阳运行一周所需要的时间也不一样。如果直接在时间轴中进行调整，无法保证整个运行过程能够无限循环，因此，需要将每一个行星的运行动画单独设置为一个能够循环播放的元件。

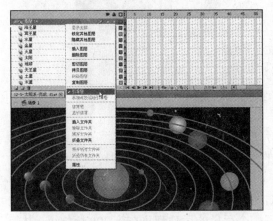
图 12-56

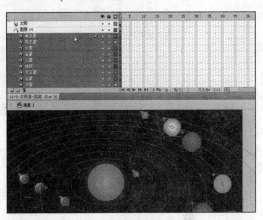
图 12-57

在时间轴上选中"水星"和引导层，鼠标右键单击，在弹出的浮动面板中单击"拷贝图层"，如图 12-58 所示。

（6）新建图形元件，命名为"水星旋转"，进入元件内部，将刚才复制的"水星"和引导层两个图层粘贴进来。

接着要来设置水星沿着引导层的旋转动画，该旋转动画时长为 2s，即 50 帧。因为要使"水星"旋转一周，因此分别在"水星"图层的第 15、31、50 帧处插入关键帧，并在每一个关键帧处，调节"水星"元件沿着引导线进行逆时针运动，然后添加传统补间动画，如图 12-59 所示。

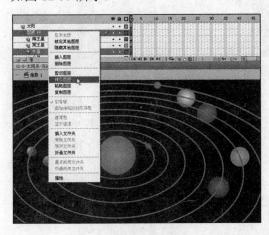

图 12-58

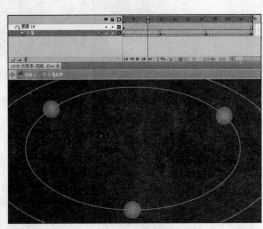
图 12-59

（7）回到场景中，将"水星"图层拖动到引导层外面、"太阳"图层下面，并删除图层中的"水星"元件，将刚刚制作的"水星旋转"图形元件从库面板中拖入，并放在合适的位置。将所有图层都在第 200 帧处插入普通帧，播放动画，就可以看到水星围绕着太阳在旋转了，如图 12-60 所示。

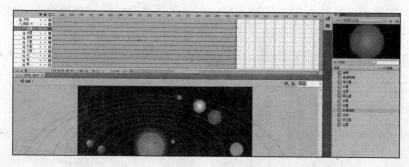

图 12-60

（8）按照刚才的操作，将其他 8 个行星的围绕太阳运动动画都单独转换为图形元件，并放置到场景的合适位置。

需要注意的是，现在总长度为 300 帧，如果希望能够进行无限循环，那么每个行星的运动循环长度都要能够被 300 帧整除，这样每一个行星的运动都将在第 300 帧结束，从第 1 帧重新开始，例如，近处的水星运动一周为 50 帧，地球、金星运动一周要 60 帧，火星为 75 帧，木星和土星是 100 帧，海王星和天王星是 150 帧，最外层的冥王星是 300 帧，如图 12-61 所示。

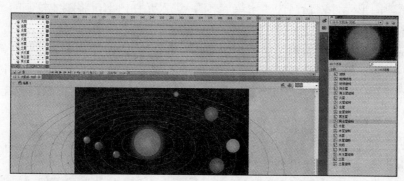

图 12-61

（9）现在可以将引导层转换为普通图层，并选中所有的引导线，将它们设置为笔触是 0.10 的虚线，再播放动画，就能看到九大行星沿着太阳进行旋转了，如图 12-62 所示。

（10）新建一个图形元件，将所有图层剪切进元件内部，再回到场景中，将元件拽入，这样就可以无限拖长动画时间，因为这是一个可以完全循环的动画。

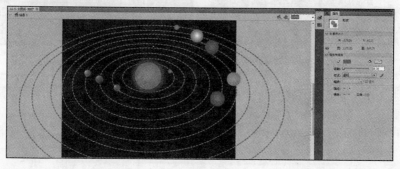

图 12-62

　　也可以为太阳元件动画添加"发光"滤镜，做出太阳光在不断闪烁的动画效果，如图 12-63 所示。

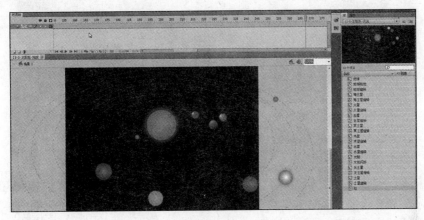

图 12-63

　　制作完成的最终效果在配套光盘的"源文件"文件夹中的"12-5-太阳系-完成.fla"文件，有需要的读者可以查看相关参数。

# 本 章 小 结

　　本章主要针对 Flash 的引导层和遮罩层，以及它们能够实现的动画效果进行了介绍。这两种动画形式都是 Flash 的制作特色，经常在动画制作中使用到。它们的技术并不复杂，但是初学的时候可能会遇到小问题，从而导致制作失败。要注意到的一些制作要点都已经在本章中一一讲到，如果制作失败可以逐条确认。

# 练 习 题

1. 使用引导层，制作树叶被风吹起的动画效果；
2. 使用遮罩层，制作手写文字的动画效果。

# 第13章

# 角色基础动作的调整

人们总有一种内在的迫切愿望，想将他们看到的世界上的所有事物以某种形式呈现出来。例如，日常生活中，常伴人类左右的小动物的种种行为成为了人们绘画、雕塑及其他常见造型方式的表现对象。随着创作技术的逐渐成熟，人们开始尝试捕捉生物的运动——张望、跳跃、打斗。最终，人们开始寻求对表现对象精神世界的精准刻画。出于某种原因，人类内心产生了强烈的表达欲望，即创作出个性化的生命体——具有内在力量、生命活力及区别于其他个体特征的、鲜活可信的个体，这就是对生命幻想的实现。[①]

## 13.1 角色基础动作概述

在动画片中，角色实际上就是指人，虽然很多动画片中是以动物为角色来演出的，但是这些动物角色往往是以拟人化的形式出现的。因此本章所要介绍的角色基础动作实际上就是人的基础动作。

什么是基础动作呢？准确来说就是走、跑、跳这些常见的动作。而在这些动作中，行走动作是重中之重，毕竟这些基础动作的运动规律都有着非常多相似的地方。

人走路的动作是复杂多变的，但基本规律是相似的。人走路的基本规律是：两脚交替向前，带动躯干朝前运动，为了保持身体平衡，双臂就需要前后摆动。双臂同双腿的运动方向正好相反，如右腿向前抬起时，右臂向后运动。人在走路时总是一腿支撑，另一腿才能抬起跨步。因此，当双脚着地时，头顶就略低，当一脚着地另一脚抬起时，头顶就略高。这样在走路过程中，头顶的高低必然形成波浪形运动，如图 13-1 所示。

图 13-1

① 迪斯尼动画造型设计，【美】弗兰克·托马斯、奥利·约翰斯顿，中国青年出版社，2011.1

走路动作中间过程的变化，一般来说是比较平均的运动。但在特殊情况下，可能会有不同的变化，这样运动起来非常富有节奏感。[①]

除此之外，角色的情绪也会对走路动作产生不同的影响，例如情绪低落的时候，走路的姿势会是"垂头丧气"的，而且走得比较慢；得意忘形的时候，走路的姿势会是"趾高气昂"的，而且走得会比较快，这都需要在特定的场合下进行合理的调整。

## 13.2　基础动作调整实例——Q 版角色侧面行走

接下来通过一个实例来介绍基础走路动作调整的基本操作，该实例动画效果由郑州轻工业学院动画系 05 级漫晓飞制作完成。

打开配套光盘中提供的"13-1-Q 版角色侧面走路-素材.fla"文件，里面有一个 Q 版角色和一个场景，并分图层放置在舞台中，如图 13-2 所示。

图 13-2

接下来制作该 Q 版角色走路的动作，首先需要对角色进行元件的转换和调整，方便后面的动作制作，在调整动作的时候要本着"先整体后局部再细节"的原则进行制作。

### 13.2.1　整体调整

（1）进入 Q 版角色小男孩的元件内部，将每一个图层中的物体单独转换为元件，分别是头部、身体、手臂、手臂 2、腿、腿 2 共 6 个部分，如图 13-3 所示。

---

① 传统动画片与 Flash 实战，拾荒，北京希望电子出版社，2004.2

（2）调整头部元件的中心点在脖子处，手臂和手臂 2 元件的中心点在上臂根部，这样便于后面动作的调整，如图 13-4 所示。

图 13-3                              图 13-4

（3）在整个时间轴的第 1 帧处，调整小男孩的姿势，摆出走路的动作，注意同一侧的手臂和腿不要向同一个方向摆动，如图 13-5 所示。

（4）第 5 帧处，调整小男孩的姿势收回来，并整体稍稍往下移动一些。需要注意的是，这些动作都是在原地调整的，也就是说虽然小男孩做出了向前走的动作，但是小男孩是在原地做的动作，就像是原地踏步走一样，如图 13-6 所示。

图 13-5                              图 13-6

（5）在第 1 帧和第 5 帧两个关键帧之间，添加传统补间动画，这样可以看到，小男孩已经完成了原地走一步的动作，如图 13-7 所示。

（6）在第 10 帧处调整小男孩摆出另一侧走路的动作，和第 1 帧应该是完全相反的，并在第 5 帧和第 10 帧处添加传统补间动画，添加完以后检查一下有没有问题。

由于要做的是一个走路循环，也就是第 1 帧和最后一帧的姿势应该是完全相同的，这样整个动作可以进行无限制的循环，所以还要再将角色的动作做回第 1 帧处。

图 13-7

在第 5 帧处选择所有图层的关键帧，按住 ALT 键，将这些关键帧拽到第 15 帧处，这样就将第 5 帧的所有关键帧复制到了第 15 帧处，重复了第 5 帧的姿势。

同理，再按住 ALT 键，将第 1 帧的所有关键帧拖拽到第 20 帧处，并添加传统补间动画，这样就完成了走路的循环动作，如图 13-8 所示。

图 13-8

（7）回到上一层的元件中，将小男孩走路这个动作设置为 5s，即 125 帧。小男孩元件不动，只是做原地踏步。将场景元件调整一个由左向右移动的传统补间动画，播放可以看到，由于场景是在不断运动着，所以小男孩即便原地踏步，在画面中也像做着向前走的动作一样，如图 13-9 所示。

图 13-9

### 13.2.2　四肢动作调整

上一节将整体的行走动作调整完毕，但很多细节部分还没有调整。

在一般的教学中，很多学生往往做完整体动作调整以后就直接用了，完全忽视了细节部分的制作，认为细节部分又费事又难，需要掌握更多的运动规律。殊不知，细节是决定一个动画师水平高低的决定性依据，优秀的动画师能够将每一个细节准确、快速、出色地绘制出来，使角色的动作更加丰富。

接下来要对角色四肢部分的动作进行调整。

（1）进入小男孩手臂的元件内部，将袖子、手臂、手这3个部分分别转换成元件，并分别放置在不同的图层中，如图13-10所示。

（2）在第1帧处，由于手臂是处于最高点的，因此需要使手臂碰触到袖子的最左侧，并将手向上倾斜一些，如图13-11所示。

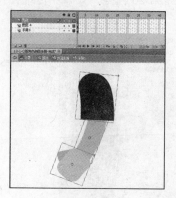

图 13-10

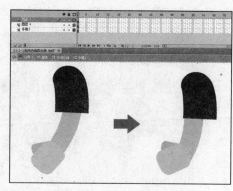

图 13-11

（3）在第5帧处打上关键帧，将手臂调整为自然垂下的姿势，手臂在袖子的正中间。在第10帧处打上关键帧，并将小男孩的手臂往后摆，手臂碰触到袖子的最右侧，手也向后倾斜一些，如图13-12所示。

（4）按住 ALT 键，将第5帧的关键帧拖拽到第15帧处，再将第1帧的关键帧拖拽到第20帧处，使手臂的摆动形成一个循环，如图13-13所示。

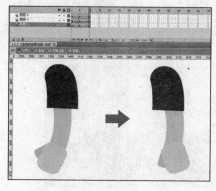

图 13-12

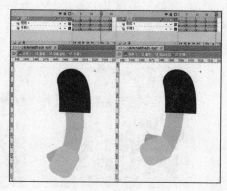

图 13-13

（5）接着来调节腿部。由于是 Q 版，各关节部分不用做得特别细致，因此这里主要需要调整短裤部分的形变。

进入身体元件，将身体和短裤分别转换为元件，分别放置在不同的图层中，短裤部分需要制作为前后两个裤腿，如图 13-14 所示。

（6）在第 1 帧处，由于左腿向后，右腿向前，所以需要将左裤腿向后倾斜。但这里不是将其旋转，而是使用任意变形工具，选中裤腿元件，将鼠标放置在元件上方或者下方，直到鼠标变成左右两个箭头的形状，然后按住鼠标向左右拖拽，实际上就是斜切的操作。将左裤腿向后斜切，将右裤腿向前斜切，如图 13-15 所示。

图 13-14

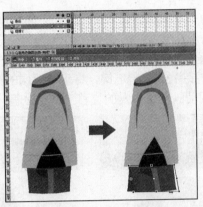

图 13-15

（7）在第 10 帧处，将右裤腿向后斜切，将左裤腿向前斜切，和第 1 帧完全相反。按住 ALT 键，将两个裤腿的第 1 帧的关键帧拖拽到第 20 帧，使裤腿的摆动形成一个循环，并为这几个关键帧添加补间动画，如图 13-16 所示。

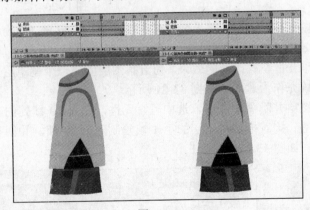

图 13-16

### 13.2.3　头部动作调整

本节对角色头部的动作进行调整。

（1）进入小男孩头部的元件内部，将眉毛、眼睛、嘴巴、耳朵这 4 个部分选中，剪切到新图层中，将另外一侧的眼睛、眉毛也复制出来，并将这些五官整体转换为一个元件，如图 13-17 所示。

（2）将小男孩的头发部分选中，剪切到新图层中，并在左右两侧都添加一部分头发，转换成新元件。将鬓角部分也选中，剪切到新图层中，转换成一个新的元件，如图 13-18 所示。

图 13-17         图 13-18

（3）为头发图层创建一个遮罩层，并在遮罩层中绘制一个色块作为遮罩，色块形状如图 13-19 所示。

（4）解锁头发图层，并选中头发元件，在第 10 帧处创建关键帧，将头发整体往右侧移动一些。接着按住 ALT 键，将头发图层的第 1 帧移动到第 20 帧，并为这 3 个关键帧创建传统补间动画，使头发的位移形成一个循环，如图 13-20 所示。

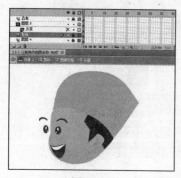

图 13-19         图 13-20

恢复头发图层的锁定状态，使其上面的遮罩层效果显示出来，播放可以看到头发进行了左右摆动的运动效果。

（5）接着来制作五官左右摆动的效果。为五官图层创建一个遮罩层，并在遮罩层中绘制头部的轮廓线并填充作为遮罩，如图 13-21 所示。

（6）解锁五官图层并隐藏遮罩层，选中五官元件，在第 10 帧处创建关键帧，将五官整体往右侧移动一些。接着把五官图层的第 1 帧复制到第 20 帧，并创建传统补间动画，使之形成一个循环，如图 13-22 所示。

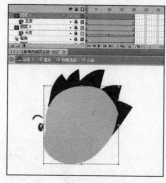

图 13-21

图 13-22

（7）将五官的遮罩层复制，并把复制出来的遮罩层指定给鬓角图层。进入鬓角层，并在第 5、10 帧分别打上关键帧，使鬓角跟耳朵的位移保持一致，如图 13-23 所示。

图 13-23

小男孩走路动作的最终完成效果如图 13-24 所示。

制作完成的最终效果在配套光盘的"源文件"文件夹中的"13-1-Q 版角色侧面走路-完成.fla"文件，有需要的读者可以查看相关参数。

图 13-24

# ➡ 13.3　复合基础动作调整实例——搬箱子

上一节介绍的动作调整的方法，实际上是将一个动作转换为元件，然后进行无限循环的播放。这种方式适合那些比较单一的动作，如果遇到复杂一些的动作，这种方法就不是很管用了。本节将要介绍复合多个不同动作的调整方法。

之前毕业的学生收集了很多各大动画公司的测试题，其中有一道题是这样的：

**测试题目**：一个角色走到一个重箱子面前，搬起它，上一个坡，然后放下；

**制作时间**：一天；

**制作要求**：不仅仅要把动画做流畅，并且要带有表演性，不能太生硬。

本节将对这道题进行分析演示，但要注意该题有时间限制，因此不可能在这个时间内调节得过于精细，只能使用补间动画的方式进行调整。

打开配套光盘中提供的"13-2-搬箱子-素材.fla"文件，里面有一个角色、一个箱子和简单场景，并分图层放置在舞台中，如图 13-25 所示。

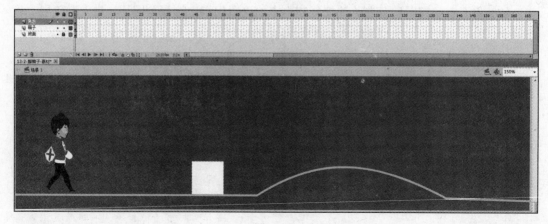

图 13-25

### 13.3.1　向前行走动作调整

（1）先来对角色进行元件的转换，进入角色的群组中，将头部、脖子、身体、两条上臂、两条小臂、两只手、腰部、两条大腿、两条小腿、两只脚分别转换为元件，并重新命名，如图 13-26 所示。

（2）现在需要将每一个元件单独放置在一个图层中，但是如果一个个选中，剪切进新图层中过于麻烦，毕竟元件数量较多。

接下来使用一个命令来完成这一步操作。选中所有的元件，单击鼠标右键，在弹出的浮动菜单中单击"分散到图层"命令，就可以看到每一个元件都被分散到一个新图层中，且图层以元件名命名，如图 13-27 所示。

图 13-26

图 13-27

（3）在调整动作之前，先要调整各个元件中心点的位置。头部和身体，将中心点的位置移动到元件下方；上臂、小臂和手，中心点移动到元件上方，即关节根部；大腿、小腿和脚，中心点移动到元件上方，即关节根部。这样调整以后，方便后面进行元件旋转动作的调整，如图 13-28 所示。

图 13-28

（4）在第 1 帧处，先调节身体的各个部位，摆出走路的起始姿势，在这里调节的是右腿向前先迈第一步，如图 13-29 所示。

（5）现在设定的是一秒钟迈两步，即一个循环，而每秒 24 帧。所以在第 6 帧处，为角色的所有图层都打上关键帧，将角色整体往右移动一步的距离，再调整角色右脚为支撑脚、左脚准备向前迈的姿势，然后为这两个关键帧创建传统补间动画，如图 13-30 所示。

图 13-29

图 13-30

（6）在第 3 帧处，选中右脚，并创建关键帧，使用任意变形工具将脚旋转平，使脚掌稳稳地接触在地面上，如图 13-31 所示。

（7）在第 10 帧处，为角色的所有图层都打上关键帧，调整左脚向前迈、右脚支撑的姿势，并创建传统补间动画，如图 13-32 所示。

图 13-31

图 13-32

（8）在第 12 帧处，选中左脚，并创建关键帧，使用任意变形工具将脚旋转平，使脚掌稳稳地接触在地面上，如图 13-33 所示。

（9）在第 18 帧处，为角色的所有图层都打上关键帧，将角色整体往右移动一步的距离，再调整角色的左脚为支撑脚、右脚准备向前迈的姿势，然后创建传统补间动画，如图 13-34 所示。

图 13-33

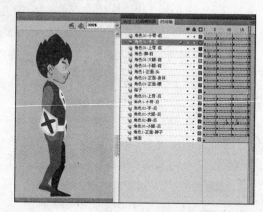

图 13-34

（10）按住 ALT 键，将角色第 1 帧处的关键帧拖拽到第 24 帧处，然后在第 24 帧处选择角色的所有元件，将它们向右移动，和第 18 帧形成一步的距离，这样就使角色形成了一个向前走两步的循环，如图 13-35 所示。

（11）按照这种方法，再让角色向前走 3 步，使角色走到箱子的前面，这样，向前行进的动作就完成了，角色的行进轨迹如图 13-36 所示。

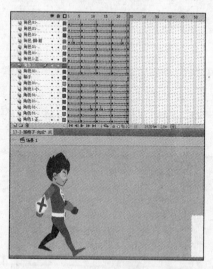

图 13-35

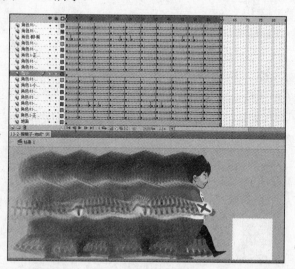

图 13-36

### 13.3.2 搬箱子的动作调整

角色走到箱子面前以后，需要将箱子搬起，这里就牵扯到角色蹲下、抱住箱子、搬起箱子这三个动作。另外，题目还特意说明这是一个"重"箱子，要在角色的动作中体现出这个箱子很"重"，这就需要在动作上下功夫。

（1）在第 63 帧处，调整角色站立在箱子面前，需要注意的是，如果是双脚在同一个位置，姿势会看起来很呆板，因此这里的姿势采用的是双脚一前一后的站立，这也为后面的蹲下动作做准备。另外，调整头部往下低，看箱子，如图 13-37 所示。

（2）在第 66 帧处，调整角色往下弯腰，这里可以先选中上半身的所有物体，统一旋转，然后再调节单个元件的位置，如图 13-38 所示。

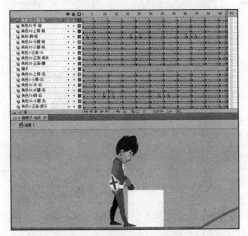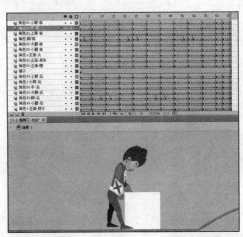

图 13-37　　　　　　　　　　　　　　　　图 13-38

（3）在第 70 帧处，调整角色蹲在箱子前，并用双手抱住箱子的两侧。在这个姿势中，内侧也就是左侧的手臂是被箱子挡住的，在画面中看不到的。在做动画的时候有一个原则：看不到的部分不用去管它，所以内侧的手臂不用做任何调整，只要在画面中不穿帮就行，毕竟是被挡住的，即便调整了观众也看不到，算是无用功，如图 13-39 所示。

（4）添加传统补间动画以后，会看到在蹲下的过程中，右侧的大腿和小腿出现了错位，这就需要进一步调整，由于大腿部分的位置关系没有问题，只调整小腿部分就可以了。在小腿图层中分别将第 68、69 帧打上关键帧，并对小腿部分的位置进行调整，使大小腿之间不再错位，如图 13-40 所示。

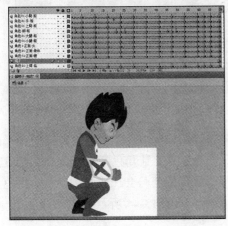

图 13-39　　　　　　　　　　　　　　　　图 13-40

（5）现在需要调整角色抱着箱子站立起来。由于是重箱子，角色会比较吃力得抱起来，而且起来比较缓慢，因此这个动作要在第 81 帧处调整，如图 13-41 所示。

添加传统补间动画以后，发现角色右侧的大腿和小腿再次出现了错位的情况，如图 13-42 所示。

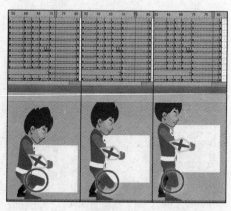

图 13-41　　　　　　　　　　　　　　　　　图 13-42

（6）依然是对小腿进行调整。在小腿图层中分别在错位的帧上打关键帧，并调节小腿的位置和角度。在一些位置上无论怎样调整，错位始终还是会出现，这样就需要对小腿进行形状补间的设置。总之，原则就是无论哪一帧处，都要使大小腿之间的位置关系保持正确，如图 13-43 所示。

图 13-43

（7）分别在第 88、96、106 帧，对角色的姿势进行调整。由于现在角色是抱着箱子的两边，这样的姿势抱箱子会很费力，所以可以设计一个动作，让角色把箱子先往上扔，然后等箱子落下的时候接住箱子的底部，这样托着箱子底部的姿势会比较省力一些，角色也应该变为重心往后倾的身体后仰姿势，然后再往前走，如图 13-44 所示。

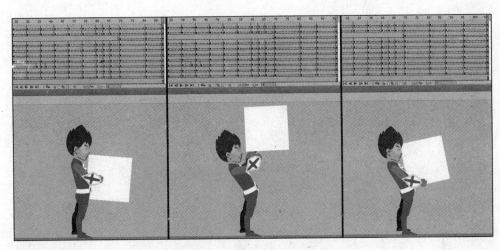

图 13-44

### 13.3.3 角色搬箱子上下坡的动作调整

（1）由于角色搬着很重的箱子，走路的速度也会变慢，因此将一步的时间设定在 20 帧左右。分别在第 125、135、145 帧处，对角色的姿势进行调整，让角色抱着箱子吃力地往前走如图 13-45 所示。

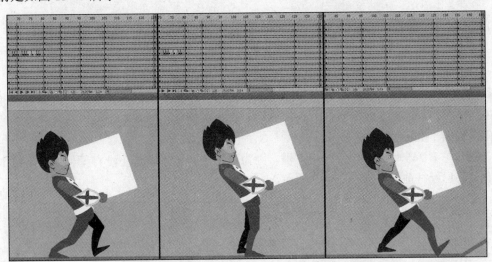

图 13-45

（2）接着角色就要搬着箱子上坡。分别在第 165、175、185 帧处，对角色的姿势进行调整，让角色抱着箱子吃力地往坡上走，需要注意的是，由于坡是斜的，角色重心会随着坡度进行后仰，这样才能保持平衡，而脚也要根据坡的角度进行旋转，以便使脚掌完全贴合在坡上，如图 13-46 所示。

（3）制作角色抱着箱子走到坡顶上，在坡顶的时候整个角色的重心就可以回到中间了，如图 13-47 所示。

图 13-46

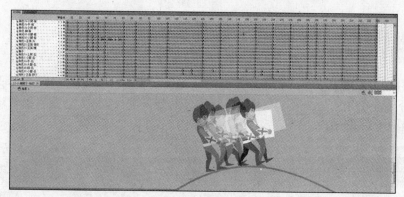

图 13-47

（4）在第 235 帧处，由于角色处于坡的最高点，在这个点以后，将由上坡转为下坡的动作，重心、步幅等都要调整，因此这一帧要将角色的重心调整至中间，准备转入下坡的动作，如图 13-48 所示。

（5）在第 245 帧处，角色转为下坡，因为这是第一步，步幅还没有变化，但是整个角色的重心已经往前倾，如图 13-49 所示。

图 13-48

图 13-49

（6）接着开始调节下坡的动作。由于重心前倾，所以角色的步幅也加快了，每一步改为7帧，调节动作的时候注意角色重心往前，并且脚掌贴合地面，如图13-50所示。

图 13-50

（7）角色抱着重箱子下坡，应该拼命保持重心的平衡，因此走路会有些摇摇晃晃，甚至有些急促地改变重心，这些细节都需要在制作的时候调整出来，如图13-51所示。

图 13-51

（8）下坡以后，参照前面搬箱子的动作，调整出角色将箱子放在地面，整个动作就算是完成了，如图13-52所示。

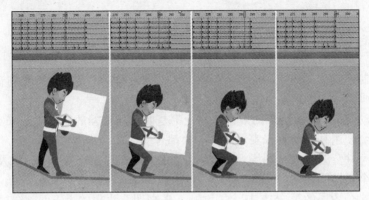

图 13-52

制作完成的最终效果在配套光盘的"源文件"文件夹中的"13-2-搬箱子-完成.fla"文件，有需要的读者可以查看相关参数，如图13-53所示。

图 13-53

## Ⅲ▶ 13.4 转面动作调整实例——角色流畅转头

转面，顾名思义，就是从一个面转到另一个面的动作，例如从正面转到侧面，这个动作牵扯到角色多个部位的透视关系变化，因此对造型能力的要求很高，制作难度较大。

打开配套光盘中提供的"13-3-转头-素材.fla"文件，舞台中有一个卡通角色头部的元件，双击进入以后，会看到这个头部分了很多个图层，每一个图层中有一个单独的元件，如图 13-54 所示。

图 13-54

接下来要制作的动画效果，是这个角色的头部向自身的右侧转动，转到正侧面，再转回来，整个动画效果为 50 帧，即两秒钟。

在一般的动画制作中，这样的效果基本上都是要通过逐帧的制作手法来实现的，但本节介绍的是完全使用补间动画来实现，每一帧都有变化，动作非常流畅。

整个头部一共分为了 5 个图层，分别是头部的上半部分和下半部分，以及它们各自的暗面，还有一个是轮廓线。

（1）在这 5 个图层的第 25 帧打上关键帧，先来调节头部的上下两部分的形变。

在第 25 帧处，先使用"任意变形工具"，将头部的上半部分向右斜切一些。再使用"部分选取工具"，进入到头部下半部分的调节点级别中，调节点的位置，使第 25 帧的头部变为正侧脸的形状，如图 13-55 所示。

（2）分别在第25帧调节头部上半部分的暗面、下半部分的暗面和轮廓线图层的形状，使之都符合侧面脸的形状，如图13-56所示。

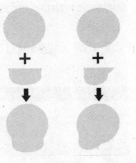

图 13-55

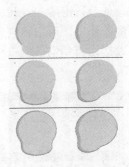

图 13-56

（3）为第1帧和第25帧之间添加补间形状动画，使它们产生形变动画，这样的转面效果就极其流畅，如图13-57所示。

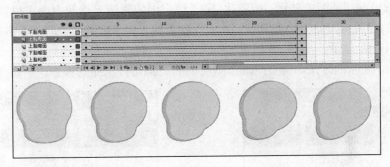

图 13-57

（4）在最上面新建一个图层，绘制出五官旋转的弧线，然后将该图层转换为"引导层"，这样该图层上的东西就不会被上一层的元件显示出来，如图13-58所示。

（5）在第9帧，为两只耳朵和耳膜的图层添加关键帧，让它们沿着引导层中参考线的弧度进行移动，并添加传统补间动画，如图13-59所示。

图 13-58

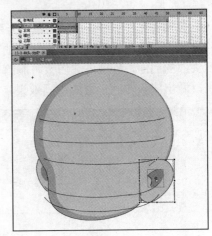

图 13-59

（6）分别在第 15、18、25 帧处，为两只耳朵和耳膜的图层添加关键帧，并根据参考线调整它们的位置，使运动效果达到转头动画的效果。

值得注意的是，在第 18 帧以后，右耳朵已经转到头部的后面，画面中已经看不到了，因此在后面的制作中，可以将它们暂时删除掉。

转过头以后，再从第 35 帧，将头部再转到正面，因此需要将关键帧倒过来复制，如图 13-60 所示。

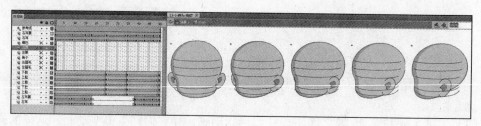

图 13-60

（7）接着来制作眼睛的转面，调整"左眼"图层中的眼睛元件的中心点位置到鼻子处，然后再为它们在第 9 帧处添加关键帧，并根据参考线，调整眼睛的位置，并在横向上缩放一些，如图 13-61 所示。

（8）在第 18 帧的时候，将"左眼"图层中的眼睛元件压缩到极致，如图 13-62 所示。

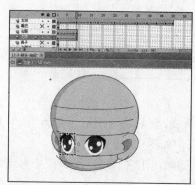
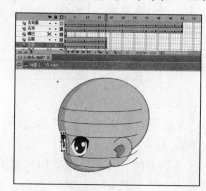

图 13-61                               图 13-62

（9）分别在第 15、18、25 帧处，为两只眼睛的图层添加关键帧，并根据参考线调整它们的位置，使运动效果达到转头动画的效果。在第 18 帧以后，"左眼"图层中的眼睛已经转到头部的后面，可以将它们暂时删除掉。在随后的时间轴上，将之前眼睛的关键帧再反过来，做出将头转回正面的动画效果，如图 13-63 所示。

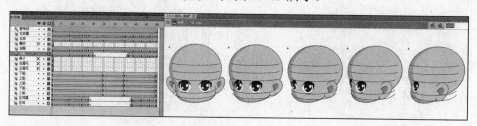

图 13-63

（10）按照制作眼睛的方法，制作眉毛的转面动画，并在后面做出将头转回正面的眉毛动画效果，如图 13-64 所示。

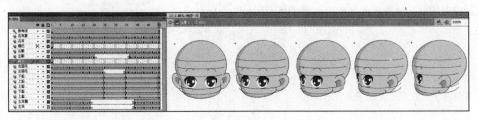

图 13-64

（11）继续制作鼻子和嘴的转面效果，如图 13-65 所示。

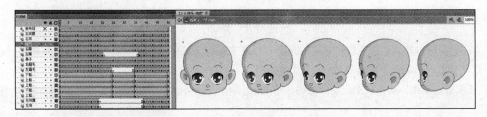

图 13-65

制作完成的最终效果在配套光盘的"源文件"文件夹中的"13-3-转头-完成.fla"文件，有需要的读者可以查看相关参数。

# 本 章 小 结

本章主要是使用补间动画的方法，对角色基础动作——走的动作，进行了详细的讲解。如果能够熟练掌握"走"这个动作的调整，接下来对于其他的基础动作，如跑、跳等，就能够水到渠成地进行调整了。

进入到这一章，技术已经不再是学习的主要内容。如果希望动画效果真实、自然、流畅，必须多学习动画运动规律相关的内容，并且根据剧情和角色设定，将角色的心理活动表现在动作中，然后进行夸张等手法的处理，才能算是一名优秀的动作师。如果能更进一步，有了自己的表现风格，那就即将迈入大师的行列了。

因此，希望初学者能够掌握技术的同时，还要掌握动画运动规律等相关理论知识，并多看一些优秀动画片，对里面的角色动作进行分析并临摹，这样才能够站在一定的高度去学习，并提高自己的水平和能力。

# 练 习 题

本章的练习题同样是动画公司的一道测试实题。

1．造型能力测试：根据参考形象做出该角色的正面、正侧面、背面、正四分之三面、背四分之三面，线稿即可，参考形象是配套光盘的"源文件"文件夹中的"13-3-练习题参考图.jpg"，如图 13-66 所示。

图 13-66

2．动作能力测试：用造型测试中的角色，以及在造型测试中绘制出来的各个转面（视需要选取），做一段足球射门小动画，场景随意。

要求造型准确、动作自然、动画流畅，用 Flash 制作，帧频 25fps（选自认为可发挥的角度来表现）。

# 游戏角色动作的调整

在当前的娱乐业，游戏所占的比重越来越大，随着新一代游戏平台（WII、X-box、iPhone 等）的不断开发，再加上国家的重视和支持，国内的游戏业已经进入了蓬勃发展期，形成了完善、健康的产业链。

## ▐▶ 14.1 电子游戏概述

电子游戏起源于 1947 年，由 Thomas T•Goldsmith Jr 和 Estle Ray Mann 发明，游戏叫做《阴极射线管娱乐装置》，是一款操纵导弹向目标发射的游戏，使用特殊的设备可以控制导弹的发射轨迹与飞行速度。

1971 年，由麻省理工学院的学生 Nolan Bushnell 设计了一款名字叫《电脑空间》（Computer Space）的投币式街机版本游戏，并大量投入商业销售。《电脑空间》的主题是两个玩家各自控制一艘围绕着具有强大引力的星球的太空战舰，向对方发射导弹进行攻击，两艘战舰在战斗的同时还必须注意克服引力，无论是被对方的导弹击中还是没有成功摆脱引力，飞船都会坠毁。由于各种原因，游戏销售情况并不理想，但这种投币式街机模式却得以树立。

截至到目前，游戏的主要的平台可以分为：家用主机、掌上主机、街机、个人电脑 4 种，本章主要针对家用主机和掌上主机进行介绍。

### 14.1.1 电子游戏平台

对于国内的大多数家庭来说，游戏真正走入中国的千家万户，实际上是从一台被称之为"红白机"的游戏机开始的。

这款"红白机"是在 1983 年 7 月，由日本的任天堂（日文：にんてんどう，英文：Nintendo）推出的。这款游戏机的真名是 FC 游戏机，是首次尝试于卡带式的电视游戏平台，需要将这台游戏机连接到电视机上，使用手柄进行游戏的操控，如图 14-1 所示。

这款游戏机非常成功，两个月内的销售量就超过了 50 万部。

其实，与其说这款游戏机成功，还不如说是这款游戏机搭载的游戏成功。由于FC游戏机销量可观，大量的游戏公司开始开发相关的游戏，优秀大作层出不穷——《超级玛丽》、《魂斗罗》、《双截龙》、《快打旋风》、《沙罗曼蛇》、《赤色要塞》、《马戏团》、《小猪打狼》、《吃豆子》、《热血足球》等，辉煌一时，如图14-2所示。

 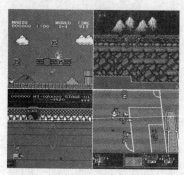

图14-1          图14-2

1989年，任天堂推出第一款掌上游戏机（也称为便携式游戏机）Game Boy，这是当时世界上最好的掌上游戏机，它的配置现在看来虽然惨不忍睹：4色黑白屏幕，8位元的CPU，游戏卡最大容量也不过32MB。但在当时却风靡一时，成为最热销的游戏机，如图14-3所示。

2004年，任天堂又推出新一代的掌上游戏机NDS（Nintendo Dual Screen）系列，和一般的掌上游戏机最大的不同是，NDS有两个屏幕，并且下屏为触摸屏，如图14-4所示。

图14-3          图14-4

至2007年11月底，任天堂NDS全球销售量约6500万台，其中日本2150万台，美国2050万台，欧洲及其他地区2300万台，平时一星期约销售70万台。截止2011年11月5日，世界累计销量接近1.5亿台，达到149 329 854台，是目前人类历史进程中销量最高的游戏机。

除了任天堂以外，其他公司也在不遗余力地开发相关的游戏平台。2004年，日本SONY公司发布多功能掌上游戏平台PSP1000，PSP是PlayStation Portable（プレイステーション・ポータブル）的简称，具有游戏、音乐、视频等多项功能。它采用4.3英寸16:9比例、背光全透式的夏普ASV超广可视角液晶屏幕，屏幕分辨率达到480×272像素，而且色彩鲜艳亮丽，显示效果一流，游戏画面达到了掌机游戏的新高度；还可播放MPEG4视频文件与MP3格式的音乐文件；使用PCM音源，对应3D环绕立体声，音域广音质也好；使用新研发的6cm直径大小的"UMD"光盘作为游戏以及音像媒介，搭载USB接口与Memory Stick记忆棒插槽，支持无线联机功能和热点连接互联网，机能拓展潜力巨大，被SONY定位为"21世纪的WALKMAN"的重量级产品。

随后，SONY 公司在 2007 年推出改良版本 PSP2000，2008 年又推出 PSP3000。2009年又将设备改为滑盖，并重命名为 PSP GO 推向市场，但市场反响冷淡。2012 年推出双摇杆的 PSVITA，希望收复失地，如图 14-5 所示。

除了掌上游戏机平台以外，家庭平台战火重燃，SONY 公司的 PlayStation 3、微软的X-BOX、任天堂的 WII 平台处于三足鼎立的态势，如图 14-6 所示由左往右依次为 WII、X-BOX 360、PlayStation 3。

图 14-5

图 14-6

2007 年，美国苹果公司推出新一代的手机——iPhone，在当时谁也没想到，这将会是新一代游戏平台的开端。2010 年 iPad 的推出，更使触屏掌上游戏平台达到了一个新的高度，如图 14-7 所示。

图 14-7

苹果的软件和游戏都通过 App Store 发售，玩家可以网上付费以后将游戏下载到iPhone 或 iPad 中，这在最大程度上避免了盗版所带来的经济损失，使游戏开发者的利益得到了保障，如图 14-8 所示。

因此，越来越多的游戏开发团队为 iOS 平台开发游戏，而触屏也给游戏的操控带来了革命性的改变，优秀的游戏不断涌现，很多优秀的小游戏收益巨大，也使得传统游戏开发商开始重视 iOS 平台，包括 EA 在内的几乎所有的游戏开发商，都将自己在其他平台上取得成功的游戏大作移植到 iOS 平台中，如图 14-9 所示。

图 14-8

图 14-9

### 14.1.2　电子游戏的类型

目前市场上的电子游戏有很多类型，以适应不同玩家的喜好，下面将对目前主流游戏进行一下分类。

**1．角色扮演游戏，RPG（Role Playing Game）**

由玩家在游戏中扮演一个或多个角色，根据故事情节进行游戏。角色根据不同的游戏情节和统计数据（例如力量、灵敏度、智力、魔法等）具有不同的能力，而这些属性会根据游戏规则在游戏情节中改变，代表作有《仙剑奇侠传》系列，如图 14-10 所示。

**2．冒险游戏，AVG（Adventure Game）**

此类游戏集中于探索未知、解决谜题等情节化和探索性的互动。冒险游戏（AVG）是电子游戏中的一个大类，强调故事线索的发掘，主要考验玩家的观察力和分析能力。AVG有时候很像角色扮演游戏，与 RPG 不同的是，AVG 的特色是故事情节往往是以完成一个任务或解开某些迷题的形式出现的，而且在游戏过程中刻意强调谜题的重要性，代表作有《古墓丽影》系列，如图 14-11 所示。

图 14-10　　　　　　　　　　　　　　　　　图 14-11

**3．动作游戏，ACT（Action Game）**

动作游戏的剧情一般比较简单，主要是通过熟悉操作技巧就可以进行游戏。这类游戏一般比较刺激，情节紧张，声光效果丰富，操作简单，代表作有《三国无双》系列，如图 14-12 所示。

**4．第一人称射击游戏，FPS（First Person Shooting）**

以玩家的主观视角来进行射击游戏。玩家们不再像别的游戏一样操纵屏幕中的虚拟人物来进行游戏，而是身临其境的体验游戏带来的视觉冲击，这就大大增强了游戏的主动性和真实感，代表作有《CS》系列，如图 14-13 所示。

**5．格斗游戏，FTG（Fighting Game）**

由玩家操纵各种角色与电脑或另一玩家所控制的角色进行一对一决斗的游戏，依靠玩家迅速的判断和微操作取胜，代表作有《拳皇》系列，如图 14-14 所示。

图 14-12　　　　　　　　　　　　　　　　图 14-13

### 6．即时战略游戏，RTS（Real-Time Strategy）

游戏会给玩家提供大量的道具、建筑、角色、敌人给玩家控制，玩家需要井然有序地组织生产、防御、进攻等步骤，进行即时性的游戏，代表作有《星际争霸》系列，如图 14-15 所示。

图 14-14　　　　　　　　　　　　　　　　图 14-15

### 7．体育游戏，SPG（Sports Game）

体育类游戏是一种让玩家可以参与专业的体育运动项目的电视游戏或电脑游戏，该游戏类别的内容大都基于真实的体育赛事，例如世界杯、NBA、斯诺克等，代表作有《实况足球》系列，如图 14-16 所示。

### 8．竞速游戏，RCG（Race Game）

在电脑上模拟各类竞速运动的游戏，通常是在比赛场景下进行，例如赛车、赛艇、赛马等，代表作有《极品飞车》系列，如图 14-17 所示。

图 14-16　　　　　　　　　　　　　　　　图 14-17

其他的还有桌面游戏、音乐游戏、益智类游戏、射击类游戏、养成类游戏、消除类游戏等，在此不一一列举了。

### 14.1.3　游戏角色与动作

绝大多数游戏中都是有角色的。角色的造型一般可以分为写实、Q 版、超现实 3 种。游戏的角色动作，是要根据原画进行制作的。

通常的情况是，先由策划使用文字来描述一个角色，再由设定人员绘制出角色原画，然后动作师才能进行动作的调整。

游戏的角色动作一般都有着比较固定的模式，基本上要做的基础动作有：

待机：角色站立在原地的动作；

行走：角色向各个方向行走的动作；

跑：角色向各个方向跑的动作；

跳：角色向各个方向跳的动作，依据角色需要，可分为双足跳和单足跳两种；

攻击：角色向敌人攻击的动作，一般会有多种不同的攻击方式，甚至一些攻击方式连起来形成连击；

防御：角色防御的动作；

受伤：角色受到伤害的反应动作；

死亡：角色死亡躺下的动作；

其他：根据游戏需要，增加的一些特殊动作。

游戏动作之所以和动画动作有区别，是因为游戏动作有诸多的限制，毕竟游戏要运行在游戏平台上，平台硬件的好坏决定了角色动作的细致度、图片格式、大小等。

因此，一般动作师拿到的动作要求上，或多或少都有制作要求，如输入的序列图必须是 PNG 透明背景格式、每个动作要求多少帧完成、图片输出大小为多少等。

除此之外，动作设计师还需要充分考虑到该角色的个性，因为游戏中的角色造型是多种多样的，每个游戏角色都具有各自的角色性格，动作师必须去构思这种个性应该怎样在动作上表现出来。

沃尔特·迪斯尼曾经说过：如果一个角色没有个性，那么不管他做什么有趣的动作，都不会被人们所记住，更不会给观众带来真实感。

## ▶ 14.2　游戏角色的基础动作调整

接下来讲述的制作过程的部分是由一个实际案例所组成的，该案例是一款运行在 iPhone 平台上的角色扮演游戏，角色造型大都偏 Q 版。本节将使用其中的矮人角色来进行动作的调整，该角色设定由郑州轻工业学院动画系 06 级肖遥绘制完成，本章所有动作都由郑州红羽动画公司的动画师张林峰制作完成，如图 14-18 所示。

图 14-18

　　由于是商业案例，因此无法提供角色设定原始的 psd 格式文件，读者可以打开配套光盘中"源文件"文件夹所提供的"14-1-矮人动作-素材.fla"文件，这是将矮人角色设定的 psd 格式文件导入到 Flash 软件以后的效果，相关图层都保存在"库"面板中，都还没有转换元件和拖拽到舞台上，如图 14-19 所示。

　　分别将矮人角色的各个部分转换为图形元件，并分为左脚、右脚、左臂、右臂、头部、身体、头发共 7 个图层放置在舞台中。部分关节有杂点，可以执行 Flash 菜单的"修改"→"位图"→"转换位图为矢量图"命令，将其转换为 Flash 中的色块，并选择多余的杂点色块，删除掉即可，如图 14-20 所示。

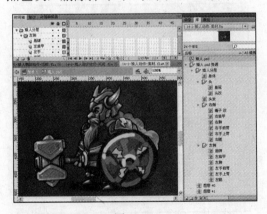

图 14-19

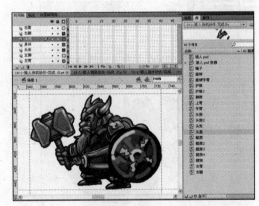

图 14-20

　　需要注意的是，这左脚、右脚、左臂、右臂、头部、身体、头发 7 个图层中，每一个都是单独的元件。而 7 个部分中，左脚、右脚、左臂、右臂和头部 5 个元件，都是由多个元件所组成的。

　　左臂部分是由盾牌、护肩、上臂、下臂 4 个部分组成，如图 14-21 所示。

　　右臂部分是由锤子、护肩、上臂、下臂 4 个部分组成，如图 14-22 所示。

　　另外，左脚、右脚都由大腿和小腿两部分组成，头部由头部和头盔两部分组成。

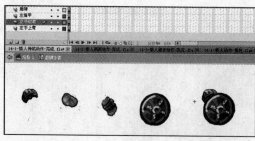

图 14-21                     图 14-22

### 14.2.1 矮人基础动作调整实例——待机状态

待机状态就是角色站在原地的动作,但站在原地并不代表不做动作,角色微弱的呼吸、简单的小动作,都是待机状态的动作。

在本节中,矮人角色的待机动作,是呼吸引起的身体动作。该动作要求 6 帧完成,不能多也不能少,并且要形成一个循环,能够持续不断地重复播放。

(1)在调整动作之前,先要选中每一个图层中的元件,调节它们各自的中心点到关节处,并进行旋转测试,如图 14-23 所示。

(2)由于要做的是一个循环动作,因此第 1 帧要与最后一帧完全一致,而这个动作规定 6 帧完成,因此选中所有图层,在时间轴的第 6 帧打上关键帧,以保证第 1 帧和第 6 帧完全一致,如图 14-24 所示。

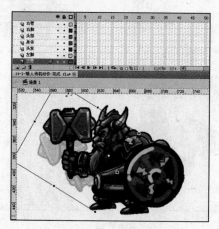

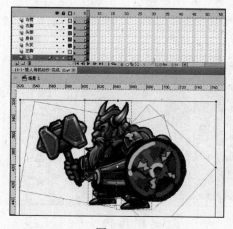

图 14-23                     图 14-24

(3)现在要为角色制作一个呼吸的动作。在人进行呼吸时,吸气时身体微微绷直,吐气时身体放松,因此调节这个动作需要在身体的升降上进行制作和调整。

在第 4 帧为所有的图层打上关键帧,然后选中除了双腿以外的其他 5 个元件,向上移动一些,做出吸气时身体向上提升的动作,并添加传统补间动画,如图 14-25 所示。

(4)如果仅仅只做出身体提升,对于整个动作来讲细节上的表现不够,依然是在第 4 帧,将双臂朝着身体外部旋转一点,这样整个动画播放的时候,会看到身体的几个部位都发生了运动,但有着微妙的变化,如图 14-26 所示。

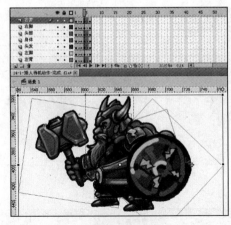 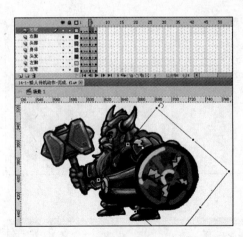

图 14-25　　　　　　　　　　　　　　　　　　图 14-26

制作完成的最终效果在配套光盘的"源文件"文件夹中的"14-1-矮人待机动作-完成.fla"文件，有需要的读者可以查看相关参数。

## 14.2.2　矮人基础动作调整实例——跳跃动作

该跳跃动作的要求是双脚原地向上跳，4 帧完成。

（1）依然是在第 1 帧摆出起势姿势，并调整好各元件的中心点，如图 14-27 所示。

（2）在调整向上的跳跃动作之前，需要先使整个角色的身体往下。这是一个标准的动作起势，让角色像弹簧一样，先往下蹲，再起跳就能跳得更高。

起势是制作动作当中很重要的一点，它的法则是，如果一个物体要向前运动，那么它必须首先向后移动一些；或者是在往右边移动之前，先要有一个往左边移动一点的预备动作。同理，如果角色要往上跳，那就要先蹲下一点。

起势总是会与主要动作产生一个重要的对抗点，能让观众以为角色或物体将朝着某个方向运动，但事实上物体最终会朝着相反的方向运动。因此这个技巧能使最终的运动方向更加有力。

起势的节奏也非常重要，一些好的起势有时是极快的，另外一些时候又极慢。比如一个角色极为缓慢地做了一个起势，然后突然朝反方向加速冲出屏幕。观众有时几乎看不到奔跑，只看到角色身后的烟尘、速度线等物体。[1]

为所有图层在第 2 帧打上关键帧，选中除双腿以外的所有元件，让它们向下移动一点，如图 14-28 所示。

（3）为所有元件在第 3 帧打上关键帧，调整角色向上跳起，两只手臂下垂，两只脚也向下旋转一些，如图 14-29 所示。

（4）虽然要达成一个循环，可并没有必要第 1 帧和最后一帧完全一致，只要能保证能够连接上即可。因此为所有帧在第 4 帧处打上关键帧，调整角色向下落但没有落地的动作，如图 14-30 所示。

---

① 从铅笔到像素—数字动画经典教程，【美】托尼·怀特，人民邮电出版社，2009.2

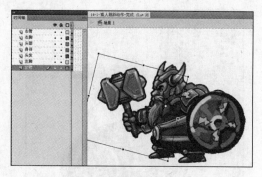

图 14-27

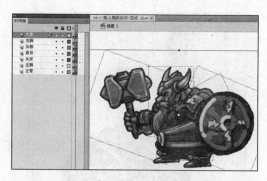

图 14-28

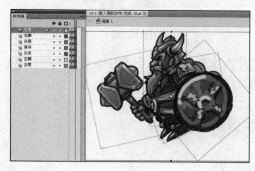

图 14-29

图 14-30

制作完成的最终效果在配套光盘的"源文件"文件夹中的"14-1-矮人跳跃动作-完成.fla"文件,有需要的读者可以查看相关参数。

### 14.2.3 矮人基础动作调整实例——跑步动作

该跑步动作要求是原地跑步,6帧完成一个循环。

(1)在第1帧,摆出角色已经跑开的动作。需要记得这是一个跑步的循环,而不是从起跑开始的动作,整个动作的所有姿势都是在跑步,如图14-31所示。

(2)由于右腿抬起以后,与身体的结合部分穿帮,因此需要为右腿图层添加一个遮罩层,遮挡住穿帮的部分,如图14-32所示。

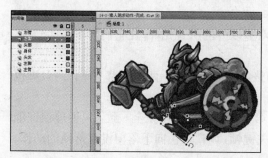

图 14-31

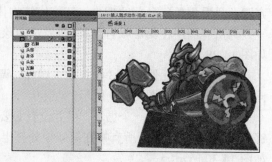

图 14-32

(3)在第3帧,所有图层打上关键帧,将角色的姿势调整为两腿平行状态,并为第1

帧和第 3 帧之间添加传统补间动画，如图 14-33 所示。

（4）在第 4 帧，各图层继续打上关键帧，换左脚在前、右脚在后进行奔跑的动作，如图 14-34 所示。

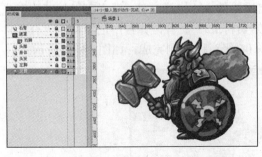 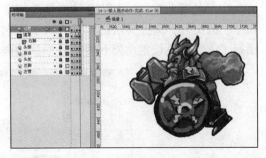

图 14-33                                    图 14-34

（5）在第 6 帧，调整动作和第 1 帧衔接上。

（6）进入右臂元件中，将手臂的动作和跑步保持一致。例如第 4 帧的时候，是左脚收回、右脚迈出去，这个时候右臂应该是随着左脚往后旋转的，因此，在第 1 和第 6 帧先打上关键帧以后，再在第 4 帧的位置，调整锤子向手臂方向旋转一些，如图 14-35 所示。

（7）左手的盾牌也要随着身体的变化而变化，进入左臂的元件内部，在第 4 帧，左手随着右脚向前摆动，这时就需要使手臂向前旋转一些，如图 14-36 所示。

第1帧          第4帧          第6帧          第1帧      第3帧      第4帧      第6帧

图 14-35                                    图 14-36

制作完成的最终效果在配套光盘的"源文件"文件夹中的"14-1-矮人跑步动作-完成.fla"文件，有需要的读者可以查看相关参数。该练习的最终效果如图 14-37 所示。

图 14-37

## 14.3  游戏角色的战斗动作调整

上一节学习了游戏角色的基本动作，相对来讲比较简单，本节将进一步深入地对游戏角色的战斗动作进行讲解。战斗时角色的状态分为两种，即防御和进攻。

### 14.3.1 野蛮族战斗动作调整实例——跳起躲避动作

由于是商业案例，因此无法提供角色设定原始的 psd 格式文件，读者可以打开配套光盘中"源文件"文件夹所提供的"14-2-野蛮族-素材.fla"文件，舞台中已经将角色分元件摆好了，该角色设定由郑州轻工业学院动画系 06 级肖遥绘制完成，如图 14-38 所示。

图 14-38

双击进入元件内部，可以看到每一个关节都单独分元件，并放置在单独的图层中，这也便于后面调节动作的细节，如图 14-39 所示。

先来调整角色跳起躲避敌人攻击的动作，该动作的要求是原地起跳躲避，32 帧完成一个循环。

（1）在第 1 帧到第 5 帧，原地不动，打上关键帧，并加入传统补间动画。

在第 13 帧为所有图层打上关键帧，这一帧调整角色起跳前的起势，调整角色身体往下蹲，但由于各关节没有旋转，因此出现了穿帮现象，如图 14-40 所示。

图 14-39

图 14-40

（2）分别进入 5 个元件中，在第 13 帧打上关键帧，并调节各关节动作，尤其是腿部的曲膝，并使头部抬起来看着敌人的攻击线路，如图 14-41 所示。

（3）在第 15 帧为所有图层打上关键帧，角色整体往上移动，调整为跃起的姿势，如图 14-42 所示。

图 14-41

图 14-42

（4）分别进入元件，在第 15 帧打上关键帧，并调节各关节动作，如图 14-43 所示。

（5）进入头部元件，在第 14 帧处替换为嘴张开的表情，为跳起时角色喊叫做口型效果，如图 14-44 所示。

图 14-43

图 14-44

（6）接着调整角色在最高点蜷缩身体，以最大限度地躲避攻击的姿势。在第 20 帧为所有图层打上关键帧，四肢尽量往上旋转一些，如图 14-45 所示。

（7）分别进入元件，在第 20 帧打上关键帧，并调节各关节动作，如图 14-46 所示。

图 14-45

图 14-46

（8）进入头部元件，在第 20 帧处替换为嘴张大，舌头伸出的表情，如图 14-47 所示。

（9）在第 24 帧为所有图层打上关键帧，调整角色从最高点往下落的姿势，双臂要尽量向上伸展，如图 14-48 所示。

图 14-47

图 14-48

（10）在第 26 帧为所有图层打上关键帧，调整落地的姿势，身体重心要非常靠下，身体向前倾一些，如图 14-49 所示。

（11）按住 ALT 键，将所有图层的第 1 帧拖拽到第 32 帧的位置，即将第 1 帧的姿势复制到第 32 帧，前后保持一致，便于动作的循环，如图 14-50 所示。

图 14-49

图 14-50

制作完成的最终效果在配套光盘的"源文件"文件夹中的"14-2-野蛮族-跳起躲避.fla"文件，有需要的读者可以查看相关参数。该练习的最终效果如图 14-51 所示。

图 14-51

## 14.3.2　野蛮族战斗动作调整实例——魔法攻击动作

本节调整角色攻击敌人的动作，该动作为魔法远程攻击，要求角色发射出光波去攻击敌人，23 帧完成一个循环。

先来说一下动作的构思，角色手中拿的武器有两种，盾牌和匕首，从表面上看，盾牌是防御的器械，匕首是进攻的器械，现在的攻击动作就要以匕首为主进行设计。

如果只是普通的匕首向前刺，幅度太小，动作效果出不来，因此需要设计一个幅度比较大的动作，从目前的角色来看，可以使角色原地旋转 360°，再将匕首往前方刺去，这样力量、动作幅度都可以达到一个较好的效果。

（1）先在第 1 帧摆出一个预备动作，如图 14-52 所示。

（2）第 2 帧，姿势后仰，摆出动作的起势，如图 14-53 所示。

（3）第 3 帧，各部分进行水平翻转，做角色转身的姿势，这一帧中，本来在身体前面的盾牌和左臂，都要放置在身体的后面，这就需要在这一帧中将整个左臂剪切到身体下面的图层中去，如图 14-54 所示。

图 14-52　　　　　　　　图 14-53　　　　　　　　图 14-54

（4）第 4 帧，角色将身体转过来，将匕首稍稍往上举，做出准备向前攻击的动作，如图 14-55 所示。

（5）第 5 帧，匕首猛地向前刺，整个身体前倾，角色的表情要发生变化，嘴巴张大，配合游戏中要加入的喊叫声，如图 14-56 所示。

（6）第 6 帧，匕首稍稍往上，为往后收做准备，如图 14-57 所示。

图 14-55　　　　　　　　图 14-56　　　　　　　　图 14-57

（7）第7帧和第8帧，身体继续往回收，重心后移，如图14-58所示。

（8）第9帧，保持动作和第1帧一致，头部为张开嘴的表情，图14-59所示。

（9）从第9帧往后，是光波释放出去，角色注视光波向前飞去的过程，因此角色动作幅度很小，制作待机状态，呼吸几次就可以了，如图14-60所示。

图 14-58             图 14-59             图 14-60

（10）在第4帧处绘制匕首划过产生的黑色光波，并转换成影片剪辑元件，先添加"模糊"滤镜，设置模糊X值为"18"，模糊Y值为"0"，使光波在横向上产生动态模糊效果；再添加"发光"滤镜，设置发光模糊值为"5"；再在色彩效果中添加"亮度"样式，将亮度设置为"-80"，如图14-61所示。

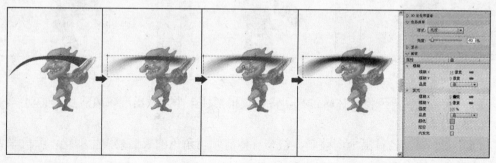

图 14-61

（11）在第5帧处继续绘制匕首划过产生的黑色光波，依照上一步的设置添加滤镜和特效，如图14-62所示。

（12）在第6帧处继续黑色光波，并添加滤镜和特效，如图14-63所示。

图 14-62                              图 14-63

（13）按照这种方法，绘制出角色将攻击光波发射出去的动态效果，如图14-64所示。

图 14-64

（14）光波击中敌人以后，会产生简单的爆炸效果，逐帧绘制出爆炸腾起的烟雾效果，并将每一帧都单独转换为"影片剪辑"元件，添加"模糊"和"发光"滤镜，并将"亮度"设置为"-80"，整体压暗，如图14-65所示。

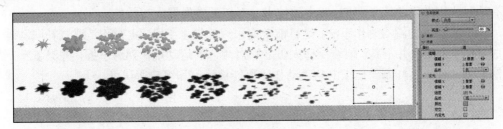

图 14-65

（15）将爆炸的烟雾效果整个转换为"图形"元件，从第12帧开始出现，放置在光波飞行路线的尽头，如图14-66所示。

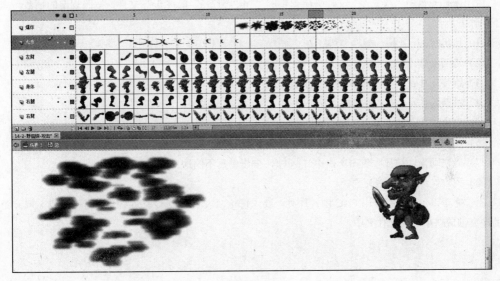

图 14-66

制作完成的最终效果在配套光盘的"源文件"文件夹中的"14-2-野蛮族-攻击.fla"文件，有需要的读者可以查看相关参数。

制作完毕以后，根据游戏程序员的要求，将动作导出规定大小的PNG图片序列。

# 本 章 小 结

本章主要针对 Flash 制作游戏角色动作的方法做了讲述，由于商业原因，源文件中所提供的图都进行了压缩，动作上也进行了一些处理。

对于在国内日益兴起的游戏行业，很多动画制作人员也开始参与其中，游戏中的角色、场景、动作，甚至剧情，和动画有很多相似的地方。游戏在美术这一块的制作手法，也和动画所采用的技术手段有较多类似。

Flash 发展到今天，已经不单纯是一个动画制作软件，游戏、交互、网络、视频等也多有涉足。因此，熟练掌握 Flash 中的技术，对以后的发展大有益处。

本章所讲述的游戏制作手法，是目前普遍采用的技术手段，主要还是通过补间动画来完成，技术上要求并不高，但要制作人员能够对角色的运动规律熟练掌握，并具备一定的想法和创造性，这样制作出来的角色动作才更能被玩家和客户所认可。

# 练 习 题

使用配套光盘中"源文件"文件夹所提供的"14-2-野蛮族-素材.fla"文件，按照规定的帧数，完成以下动作的制作。

（1）待机状态：4帧，战斗姿势；

（2）走路动作：6帧，循环动作；

（3）跑步动作：6帧，循环动作；

（4）跳跃动作：8帧，双脚跳，循环动作；

（5）攻击动作：4帧，举刀砍；

（6）防御动作：4帧，举盾牌；

（7）受伤动作（被敌人攻击所击中）：4帧，被击中后不倒地；

（8）死亡：5帧，倒地死亡。

制作完毕以后，分别导出 PNG 图片序列，要求每一帧大小为 256×256 像素，透明背景，每一套动作的序列帧放在单独的文件夹中。

第 *15* 章

# 高级角色动画的制作

随着国内动画制作水平的不断提高,仅靠 Flash 的补间动画已经无法达到制作要求了。本章将主要介绍使用 Flash 制作商业动画的技术手法。

## ▮▶ 15.1 逐帧角色动作实例——吃惊转头的妈妈

本节以一个商业动画的实例镜头来完整介绍一个镜头的制作。打开配套光盘中"源文件"文件夹所提供的"15-1-吃惊转头-素材.fla"文件,是一个分好元件的半身角色,正面面对着镜头,如图 15-1 所示。

图 15-1

先来看剧本中该镜头的具体内容:妈妈正坐在操纵台前,身后的门突然开了,妈妈吃了一惊,急忙回头去看。

制作要求：帧频 25fps，动作长度 3s，制作完毕以后为角色添加阴影效果。

该镜头在摄影表上的要求是：第 1 帧到第 16 帧，妈妈都为静止状态，这是因为和前一个镜头之间要添加一个转场效果，因此要留出一点静止时间。从第 17 帧到第 32 帧为吃惊的表情制作，第 33 帧到第 70 帧为转头看的动作制作，第 71 帧到第 75 帧为动作停止不动。

接下来要制作的动作都要按照上述要求来完成。

### 15.1.1　吃惊表情动画的制作

首先来制作妈妈吃惊的表情动画。

从表面上看，吃惊的表情无非是眉毛往上挑，眼睛睁大，嘴巴张开，但是制作由平常表情转换为吃惊表情的动画效果，就需要添加更多的动作细节。

例如，根据起势原则，睁大眼睛前要先制作闭上眼的动画效果，这样能够使眼睛睁开的更有力度一些。因此，首先来制作闭眼的动画。

（1）进入到图形元件"妈妈_头"当中，由于第 17 帧才开始制作吃惊的表情，因此闭眼从第 18 帧开始。为"眼睛"图层的第 18 帧打上关键帧，使用任意变形工具，将眼睛在压扁一点，如图 15-2 所示。

（2）现在是在做逐帧动画，Flash 当中制作逐帧一般为一拍二，因此为眼睛图层的第 20 帧打上关键帧，删除之前的眼睛元件，绘制闭上眼睛的效果，并打为群组。

这个时候嘴部也需要配合，为"嘴"图层在第 20 帧打上关键帧，并绘制嘴巴微微张开的效果，如图 15-3 所示。

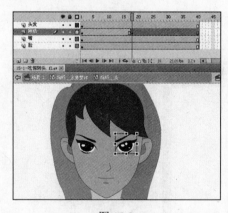
图 15-2

图 15-3

（3）继续为"眼睛"和"嘴"图层在第 22 帧打上关键帧，调整眼睛为睁大的效果，眼珠要稍微缩小一些，将嘴巴也放大一些，做出吃惊的表情，如图 15-4 所示。

（4）仅仅制作闭眼和睁眼的动画效果依然是不够的，还应该为头部加上动画效果以配合。回到"妈妈_全身整体"元件中，在第 18～22 帧处，为头部添加下移和上移的动画效果，即闭眼的时候头部下移一点，眼睛睁大的时候头部上移一点，这样动作更加整体，也更加有冲击力，如图 15-5 所示。

图 15-4

图 15-5

制作完成的吃惊动画效果如图 15-6 所示。

图 15-6

## 15.1.2 转身动画的制作

动画中角色的肢体语言极为重要，这也是动画的魅力所在。动作是否漂亮，取决于流畅程度、运动规律、节奏的把握等多个因素。

接下来要制作妈妈转身的动作，需要注意以下几点：

（1）按照运动规律，人在转头的一瞬间，眼睛受到刺激，会闭上眼睛；

（2）角色是长头发，转身的时候头发会受到惯性的作用而飘动。

由于转身动画使用 Flash 传统补间动画很难完成，因此要使用逐帧的制作手法来做。在制作之前，最好先绘制出角色的动作草图，并且连起来看下动作效果，确认以后再开始绘制正式稿。如果直接开始绘制正式稿，一旦绘制完了发现有问题，那改动幅度将会非常大，基本上等同于重新制作。因此，前期的动作草图是必备过程。动作草图不需要绘制得非常精细，只需要把角色大致的勾勒出来即可。

这个动作依然是使用一拍二的制作手法来绘制。

（1）新建一个图层，在第 33 帧的位置，绘制妈妈的正面草图，如图 15-7 所示。

（2）由于是一拍二，因此在第 35 帧的位置添加空白关键帧，绘制妈妈开始转身的动态，注意不要让妈妈直挺挺地转过去，头稍低一些，这样有一个低头抬头的动态效果，如图 15-8 所示。

（3）在第 37 帧的位置添加空白关键帧，继续绘制妈妈的转面草图，这一帧再稍稍往后转一些，身体也要开始转动，如图 15-9 所示。

（4）在第 39 帧进行绘制，妈妈转到正侧面，注意头发的摆动，如图 15-10 所示。

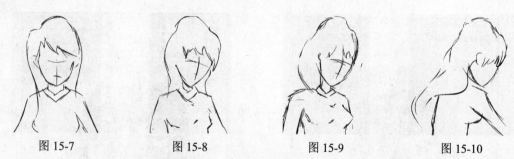

图 15-7　　　　　　图 15-8　　　　　　图 15-9　　　　　　图 15-10

（5）分别在第 41、43、45 帧添加空白关键帧，绘制妈妈转过去的动作草图，注意头发的运动，在转头的时候，头发受到转头的力而飘起来，转过头以后，角色静止下来，头发会落下，如图 15-11 所示。

（6）继续绘制后面的动作草图，由于后面头部的转动动作已经停止了，而头发受到惯性还会有一些摆动，如图 15-12 所示。

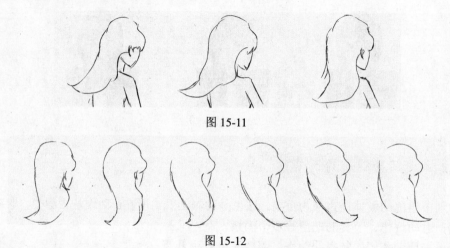

图 15-11

图 15-12

绘制完以后，连起来看一下动态效果，如果没有问题就要进入下一阶段的正式稿绘制。

（7）新建图层，在第 35 帧添加空白关键帧，根据动作草图绘制正式稿，注意妈妈脸上依然是保持着吃惊的表情，如图 15-13 所示。

（8）在第 37 帧继续绘制正式稿，注意妈妈转头的瞬间眼睛要闭上，如图 15-14 所示。

图 15-13

图 15-14

（9）在第 39 帧添加空白关键帧，继续根据动作草图绘制正式稿的妈妈转身，值得注意的是，妈妈转身以后，后背的左半边是要被椅子背挡住的，根据看不到的地方就不要画太细的原则，妈妈转过身以后后背的左半边可以大致画一下，不用画得非常准确，毕竟观众是看不到的，如图 15-15 所示。

（10）在第 41 帧继续绘制，被椅子背挡住的妈妈背部的部分依然忽略处理，注意头发飘动起来的效果，如图 15-16 所示。

图 15-15                                        图 15-16

（11）在后面的动作当中，妈妈的身体已经不动了，只剩下头发在飘动，因此身体和头部都可以直接复制到新的空白帧中，只根据动作草图，单独绘制妈妈飘动的头发即可，如图 15-17 所示。

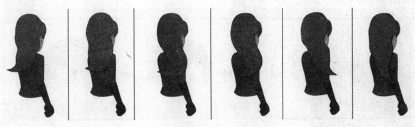

图 15-17

这样，整个动作已经绘制完毕，播映动画检查一下，如果没有问题，即可进入下一阶段的制作。

### 15.1.3 背光面及阴影的添加

在添加光影效果前，需要先明确光线是从哪个角度射向角色的。

一般情况下，光线总是从左上角或右上角射入，这样角色可以自左往右分为受光面和背光面。该实例的光源设定为从左上角射入，如图 15-18 所示。

（1）进入到头部色块中，由于光源在左上角，背光面就在右侧。按着脸部的结构勾勒出背光面的区域，并填充为比肤色稍深的颜色，如图 15-19 所示。

（2）接着来添加头发的背光面和阴影。添加阴影的方法有两种，一是有指定色，例如头发的背光面的色值规定好，填充就直接使用，这种方法的好处就是比较直接；二是使用纯黑色，然后降低透明度，覆盖在元件上，这样就不用考虑其他颜色的背光面，都用 20% 透明度的黑色覆盖即可。

光源

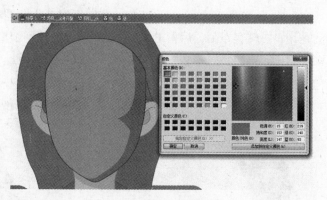

图 15-18　　　　　　　　　　　　　　　　　　　图 15-19

这里使用第二种方法为头发添加背光面和阴影。

直接复制头发的群组，并进入群组中勾勒出背光面的区域，填充为 20%透明度的黑色，然后删除其他区域，这样就只留下了背光面区域的群组，将它放置在头发群组之上。

再复制头发的群组，进入群组中，填充整个头发部分为 20%透明度的黑色，并删除所有的轮廓线。返回群组，将该群组放置在头发群组的下面，并向下移动一些，做出头发投射在脸部的阴影效果，如图 15-20 所示。

图 15-20

（3）为妈妈头部后面的披肩发添加背光面，如图 15-21 所示。

（4）为脖子、胸部、手臂添加背光面以及阴影效果，所有部分添加以后的效果如图 15-22 所示。

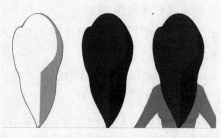

图 15-21　　　　　　　　　　　　　　　　　　图 15-22

（5）继续为后面的逐帧动画部分添加背光面和阴影。转过身以后注意椅子投射在妈妈后背上的阴影效果，如图 15-23 所示。

（6）等妈妈完全转过身的时候，在画面中出现的只有脸部的右侧，完全是背光区域，脸部就没有受光面了，如图 15-24 所示。

图 15-23　　　　　　　　　　　　　　　　　　图 15-24

以上是在动画公司中，动作组需要完成的全部任务，也就是要递交给合成组的最终文件。

制作完成的最终效果在配套光盘的"源文件"文件夹中的"15-1-吃惊转头-完成.fla"文件，有需要的读者可以查看相关参数。添加完场景以后的最终合成动态效果，请参照配套光盘的"源文件"文件夹中的"15-1-最终效果.wmv"文件。本节实例由郑州红羽动画的动画师白银制作完成。

# ⠿➡ 15.2　角色动作设计实例——激动的男孩

很多动画角色动作的初学者认为，动作没有什么可设计的，就是按照运动规律把它绘制出来而已。这种认知是错误的，动作师在很多时候，是需要根据角色的性格、剧情的发展来设计动作，而不是单纯的按照运动规律绘制。

本节将用一个实例来说明，动作实际上是需要动作师去精心设计的。

先来介绍一下剧情：男孩在挑选自己满意的人选，挑选了一整天却一无所获。当他已经准备放弃的时候，一个准备来捣乱的人无意中做的一个动作，却令男孩兴奋不已，他认为这就是他要找的人，欣喜之余激动得指着这个人大叫：你！就是你了！

现在要设计的这个动作，就是男孩极其兴奋，激动得指着那个人大叫的动作。

请读者先不要急于往下看，先想一下，如果是自己来设计这套动作，会想出怎样的动作？然后结合下面给出的动作解决方案，看想法是否一致，哪个表现出来的效果更好。

首先来分析一下这个男孩的心理，在挑选了一整天准备放弃的时候，忽然遇到一个极其合适的，那种心情应该是狂喜，如果再稍微夸大一些的话，甚至可以归为失态，而失态情况下所作出的动作是非常夸张的。这个失态的动作毫无疑问是整套动作的重点。

进一步分析，按照动画的起势原则，非常夸张的动作之前，最好有一个非常"不夸张"的准备动作，以便和后面的动作形成强烈的反差，从而吸引观众。这个动作应该怎么去设计呢？男孩挑选了一天，情绪的总爆发，反方向推论，最后是失态，那么中间情绪应该是激动，再往前的情绪应该是兴奋，而兴奋的主要表现应该为全身发抖。

这样，整套动作就有了一个大概的轮廓，即先是兴奋地全身发抖，然后激动地跳起来，最后是失态地用手指着那个人大嚷大叫。

接下来就需要将这套动作绘制出来，首先来看下要绘制的角色，如图 15-25 所示。

图 15-25

## 15.2.1　动作草图的绘制

设计动作的第一个步骤就是绘制草图，将整套动作的草图都绘制完毕以后，连起来看一下动态效果，没有问题再进行正稿绘制。

先来设计第一个兴奋地全身发抖的动作。注意不要孤立的只想兴奋地全身发抖如何表现，而应该结合后面的动作去构思，如何将两个动作连起来。

有经验的动作设计师会这样设计动作：先让观众疑惑，不知道接下来这个人要干嘛，再用后面的动作揭晓答案，让观众有恍然大悟的感觉。

综上所述，这个兴奋地浑身发抖的动作将这样去设计：男孩低着头，看不到脸上的表情，双手按着椅子，全身不断地发抖，让观众完全不知道这个男孩现在是高兴还是生气，产生疑惑，然后再用后面的动作去揭晓答案。

（1）新建一个 Flash 文件，设置大小为 1280×720 像素，帧频为 25fps，在舞台中设置黑框，罩住舞台以外的区域。新建一个引导层，因为引导层在最终输出的时候不会显示，做草图层非常合适。在第 1 帧绘制角色双手撑着身体，头低着的姿势，如图 15-26 所示。

（2）绘制的动作采用的是 1 拍 2 的手法，因此在第 3 帧插入关键帧，将角色的身体和头部稍稍移动和旋转下，和前面绘制的姿势连接在一起播放，有种不断抖动的动态。将这两帧不断向后复制，使男孩不断发抖的动作持续到第 36 帧，如图 15-27 所示。

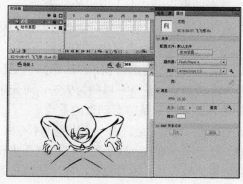

图 15-26

图 15-27

（3）接下来设计整套动作中激动得跳起来的动画效果。根据动画的起势原则，在角色跳起来之前，最好有一个向下的动作，这样前后对比更加强烈，节奏感也会更好。

在第37帧，使男孩再往下趴得更低一些，如图15-28所示。

（4）在第39帧，男孩趴到最低，注意两只手臂的肘部和头部形成的是一个弧线，像一只拉满的弓一样，男孩的身体随时可能向上弹起，如图15-29所示。

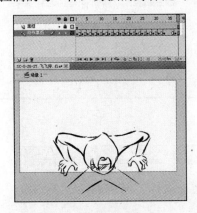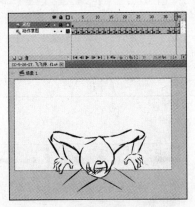

图 15-28　　　　　　　　　　　　　　　　图 15-29

（5）在第41、42、43帧绘制男孩激动得跳起来的动作，男孩的头部由大俯视直接转为大仰视，这个时候男孩的脸部依然被头发所遮挡，观众依然看不到男孩的表情，依然在猜测男孩此时的过激反应是激动还是生气，这样就依然留住悬念，使观众想接着往下看，如图15-30所示。

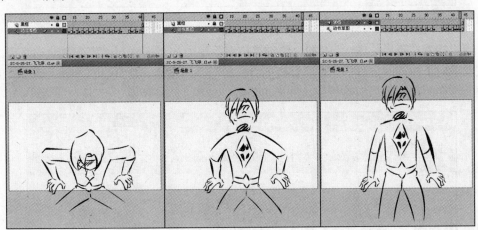

图 15-30

（6）为了配合男孩激动的心情，需要有肢体语言相配合。这里设计了一个双手用力挥动的动作，需要先将男孩的双手向上抬起，然后再用力的挥动。

在第45、47帧，将男孩的双手抬起，如图15-31、图15-32所示。

（7）接着在第50、51、52帧，绘制男孩的头猛地往下，激动得冲着面前的人大叫，头猛地向下的时候，男孩的头发会受到风力而向上飘起，男孩张大嘴的时候，能够清晰地看到口中的舌头，如图15-33所示。

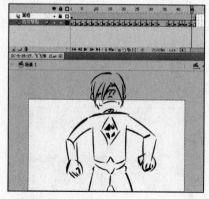

图 15-31

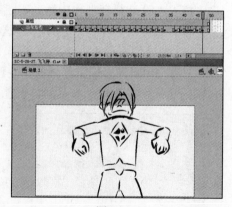

图 15-32

图 15-33

（8）接着在第 54、55、56 帧，绘制男孩双手用力向下挥舞，以配合激动的心情。注意在双手向下挥舞的过程中，不要直接把男孩的双手画出来，而要绘制类似运动模糊的速度线，这样的动作效果动感更强，效果也更好，如图 15-34 所示。

图 15-34

（9）接着在后面绘制男孩口型大喊大叫的动态，男孩这时候会说一句台词："太好了，做得太好了。"这句台词一共 8 个字，正常的说话速度一般每秒为 3～5 个字，而男孩此时比较激动，因此语速较快，要为这句话留出大概 1 秒半的时长，因此要将时间轴延长至第 84 帧的位置，如图 15-35 所示。

图 15-35

（10）接着来绘制男孩激动地指着面前的人大声说："你，就是你了"这套动作。这里要设计一个动作，男孩的惯用手右手猛地抬起，用力向下挥动，指向面前的人。

在第 85、87、89、91 帧绘制男孩手抬起的动作，注意男孩右手抬起的时候，身体的重心要向身体左侧移动，身体向左倾一些，如图 15-36 所示。

图 15-36

（11）在第 93、95、97、99 帧绘制男孩手向下挥动，指向他面前的人的动作。手指向下的时候要加入速度线，使动作看起来动感更强，如图 15-37 所示。

图 15-37

（12）这个镜头的要求是 6s，即 150 帧的长度，在时间轴的第 150 帧插入普通帧，完成整套动作。播放动画检查动画效果，发现哪里有问题需要赶紧解决，等整套动作草图确定以后，就可以进行下一步的正式稿绘制了，如图 15-38 所示。

图 15-38

### 15.2.2　动作正式稿的绘制

在 Flash 中绘制正式稿，有时候并不一定要像传统逐帧动画一样，一帧一帧都要完整的绘制出来，例如整套动作的第一部分，男孩浑身发抖的动作，只需要绘制出来一帧，第二帧的时候稍稍调整下各部位的位置，然后做成循环就可以了。

出于这种调整的需要，要使有可能发生形变的物体单独分图层、分图形元件。

（1）分图层，由上往下依次是头部、腰带、身体、手、胳膊、大腿、手套这几个部分，然后分别在各个图层中绘制出正式稿，如图 15-39 所示。

（2）为各个图层在第 3 帧插入关键帧，对少年的各个部位进行较小的位移，使前后两帧播放起来，少年的全身在微微的抖动，然后将这两帧大量往后复制，做出少年的身体不断抖动的动画效果，如图 15-40 所示。

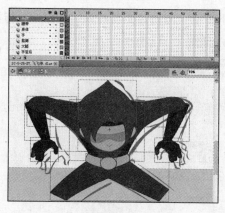

图 15-39

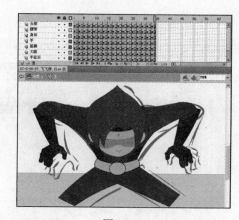

图 15-40

（3）由于男孩在第 35～40 帧有一个头部向下的动作，做这个动作的时候男孩的头发应该会飘起，可以先进入头部元件中制作头发飘起的动画，再回到场景中做头部元件整体向下移动的动画。

进入头部的元件中，分别在第 35、37、39、41 帧绘制头发的动态，如图 15-41 所示。

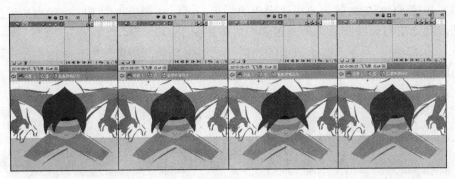

图 15-41

（4）回到场景中，调整男孩的头部往下移动，并调整两只手臂的姿势进行配合，如图 15-42 所示。

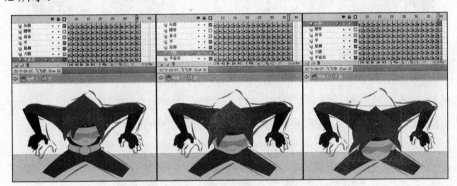

图 15-42

（5）新建一个图形元件，在其中绘制男孩大仰视的头部动作，并在第 42 帧的位置放入场景中，制作男孩抬起头的动作，如图 15-43 所示。

（6）由于男孩身体后仰，到第 45 帧的时候头部就应该到身体的后面，因此新建一个图层放置在身体图层的下面，将头部图层的第 45～49 帧剪切到新图层中，这样可以使头部和身体的前后关系发生改变，如图 15-44 所示。

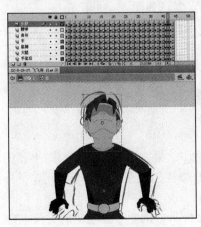

图 15-43

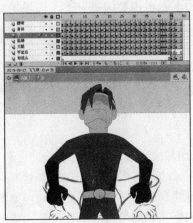

图 15-44

（7）在第 51 帧的时候，是男孩抬头的最后一帧，注意男孩的眼睛依然被头发的阴影所遮挡，观众依然无法判断男孩此时的心情，如图 15-45 所示。

（8）第 52 帧，男孩露出了自己的表情，这时男孩头部的大仰视已经结束，可以返回到原先的头部元件中进行绘制和调整了，注意男孩的面部表情应该是极其夸张的，眼睛瞪得极大，嘴巴也张得非常大，如图 15-46 所示。

图 15-45

图 15-46

在做这个动作的时候，身体、手臂、腿、腰带，甚至头部都不需要进行大的变动，直接复制前面的关键帧即可，这也是 Flash 做这种逐帧动画的优势，如图 15-47 所示。

图 15-47

（9）由于这个时候男孩要说话，因此需要多做几种不同的口型，并按照一定的顺序进行播放，这样就可以做出说话的动作效果。另外，边说话手还要做出轻微的抖动动画，眼珠中的高光点也要闪烁一下，以增加动作细节的丰富度，如图 15-48 所示。

图 15-48

（10）接着绘制男孩用手指向面前的这个人的动作效果，这几帧只需要对男孩的右手进行逐帧绘制，其他的部位基本不需要变化，身体略微往男孩左侧倾斜下即可，另外手举起的时候添加了男孩眨眼的动画，如图 15-49 所示。

制作完成的最终效果在配套光盘的"源文件"文件夹中的"15-2-吃惊的男孩-完成.fla"文件，有需要的读者可以查看相关参数。添加完场景以后的最终合成动态效果，请参照配套光盘的"源文件"文件夹中的"15-2-最终效果.wmv"文件。本节实例由郑州红羽动画的动画师张林峰制作完成。

图 15-49

## 15.3　角色动作细节实例——被风吹的男孩

　　一说起角色动作，很多人的第一反应就是走、跑、跳、打斗等激烈的肢体动作，这都是能够让一个镜头动感十足、极具冲击力的动作。但是，另一类很平静，却又需要大量细节的动作同样重要。

　　本节将通过一个实例，来具体制作一个看起来很平静，却是需要大量细节的角色动作。

　　依然是先来看一下剧情：酷热的天气，没有一丝风。男孩走到一处避暑山洞前，洞中清凉的风吹向男孩，男孩的头发、衣服都被风拂起，男孩开心地说："哇，好凉快啊！"

　　打开配套光盘中"源文件"文件夹所提供的"15-3-被风吹-素材.fla"文件，舞台中是一个已经转换为元件的男孩角色，面对着镜头，双击进入元件内部，男孩的各部位都转换为元件，并单独放置在各自的图层中，如图 15-50 所示。

图 15-50

### 15.3.1 基本动作的制作

由于本节的动作细节较多，而大动作基本没有，因此就没有必要绘制动作草图了。调整动作的原则是先大后小，即先调整幅度比较大的动作，再慢慢加小动作和细节。

首先，先来构思男孩被风吹到的动作，在这里设计一个男孩抬起头，伸开双臂，以便使自己身体更好得被风吹着的动作。

（1）先来制作抬头的动作。进入头部图层元件中，由于前面要留出5帧不动，以便和前一个镜头制作转场效果，因此在第6帧处，为各个图层打上关键帧，准备制作抬头的动作，如图15-51所示。

（2）抬头动作计划为20帧完成，因此再为各个图层在第25帧处打上关键帧，除了头部和耳朵稍稍往下移动以外，其他的五官和头发都向上移动，做出抬头的效果，并添加传统补间动画，如图15-52所示。

图 15-51

图 15-52

（3）抬头以后，其他部位看起来还好，但是头带在抬头以后，透视会发生较大变化，仅仅位移是不够的，还需要对头带的变形效果做出动画。

进入头带元件，在第6帧为所有图层添加关键帧，如图15-53所示。

（4）再在第25帧为所有图层添加关键帧，调整头带横向上的两条线向上的弧度更大一些，再配合调整下其他的结构，然后添加补间形状动画。由于整套动作时间长度接近4秒，因此再为各个图层在第100帧左右插入普通帧，如图15-54所示。

图 15-53

图 15-54

（5）接着来制作其他部位的动画效果，抬头以后，脖子和领子部分也会发生变化，因此进入"脖子"元件，同样在第 6 帧和第 25 帧为各个图层添加关键帧，并创建补间形状动画，将领子和脖子的透视变化作出动画效果，如图 15-55 所示。

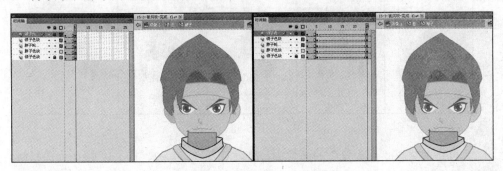

图 15-55

（6）按照上述方法对身体元件进行调整，如图 15-56 所示。

（7）继续对胳膊等元件进行调整，制作出男孩"抬起头，伸开双臂"的整套动作，如图 15-57 所示。

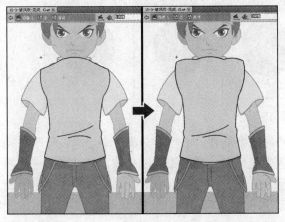

图 15-56

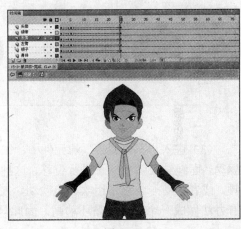

图 15-57

接着再分别进入眼睛、嘴巴元件，为眼睛添加眨眼的动画，为嘴巴添加说话的动画效果。

### 15.3.2 被风吹动的动画效果

在制作被风吹动的动画效果之前，先来判断一下，有哪些物体会被风吹动，从目前的角色及衣着来看，只有头发、领带、上身 T 恤、袖子、裤绳会被风吹动，接下来的动画效果就针对这些物体进行制作。

（1）进入男孩"前头发"元件中，分别在第 1、4、7、10、12 帧插入关键帧，调整头发的形状，再使用形状补间动画的方式，制作出头发随风飘动的动画效果，并且使第 1 帧和第 12 帧能够连接起来，形成一个动画循环。制作完毕以后，为了便于后面添加阴影效果，将图形中的轮廓线剪切出来，放置在上面的图层中，如图 15-58 所示。

图 15-58

（2）再进入男孩"后头发"的元件中，依然在第 1、4、7、10、12 帧插入关键帧，在每一帧调节图形的形状，使用形状补间动画的方式，制作出后面头发随风飘动的动画效果，并形成一个动画循环，如图 15-59 所示。

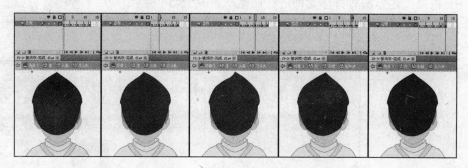

图 15-59

（3）进入男孩"领带"的元件中，领带的四条绳和一个结各分为一个图层，绳子随风飘动，而绳结要随着绳子进行位移，这种领带随风飘动的效果在制作前，可以参考一些视频，或者拿着一条领带用吹风机吹动，来观察它飘动的效果。在这个动画效果中，由于没有办法做成一个完整的循环动画，因此只能大量复制关键帧，如图 15-60 所示。

图 15-60

（4）继续进行调整，接下来调整"身体"元件。由于男孩身上穿的是 T 恤，因此主要是 T 恤的下半部分飘动得比较厉害，上半部分尽量不做调整，因为一旦上半部分也加了形变，势必会影响到袖子部分的制作，再加上这件 T 恤比较贴身，抖动幅度也不用太大，制作效果如图 15-61 所示。

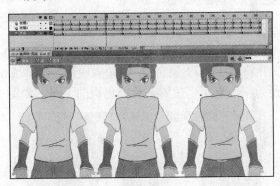

图 15-61

（5）调整袖子被风吹起的动画效果，注意袖子分为两个部分，前面的和后面的，后面的袖子在手臂图层的后面，两个部分都要进行调整，而且还要将两部分袖子连接在一起，如图 15-62 所示。

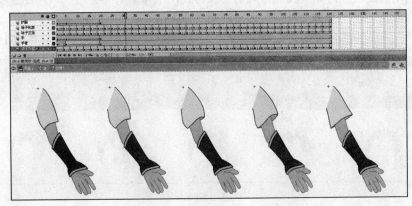

图 15-62

（6）最后来制作裤绳的动画效果，由于裤绳也分为腿前的部分和腿后的部分，因此也要分开进行调整，可以将它们的飘动动画做成一个循环，两部分的动画效果分别如图 15-63、图 15-64 所示。

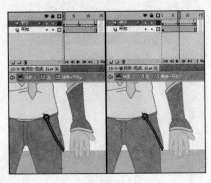

图 15-63

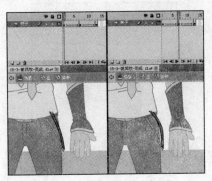

图 15-64

### 15.3.3 背光面及阴影的添加

接下来要为这个动作添加背光面和阴影部分。

（1）先来添加脸部的背光面。进入男孩"脸部"元件中，用线条工具在脸部的色块中绘制出背光面的区域，并将该区域和脸部的所有轮廓线都复制，填充背光面的颜色，将背光面色块和轮廓线转换为一个群组，放置在脸部色块的上面，如图 15-65 所示。

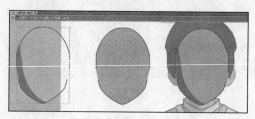

图 15-65

（2）接着添加头发部分的背光面，由于头发分为前、后两个部分，因此要分别添加。另外，头发的动态比较大，如果按照常规的添加方式，工作量势必会很大，因此这里使用遮罩来进行配合制作。在"额头头发"图层上新建一个图层，开始绘制背光面，只需要注意头发里面的部分，外面的部分不用去管它，使用形状补间的方式制作动画效果，如图 15-66 所示。

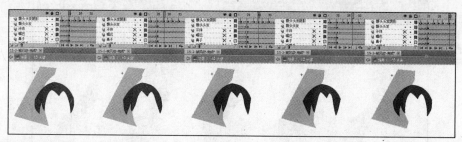

图 15-66

（3）将"额头头发"图层复制，并放在背光面图层的上面，鼠标右键单击，在弹出的浮动菜单中单击"遮罩层"，将复制出来的"额头头发"图层作为背光面图层的遮罩，这样背光面图层中超出的部分就都被隐藏起来了，头发背光面的效果也就正确了，如图 15-67 所示。

（4）使用同样的制作方式，将后面头发的背光面也制作出来，如图 15-68 所示。

图 15-67

图 15-68

（5）进入"身体"元件中，按照上面的制作方法，来添加身体部分的背光面，需要注意的是腹部还有背光面，也要加上动画效果，如图 15-69 所示。

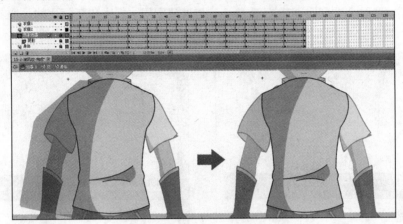

图 15-69

（6）继续为手臂、脖子、腿部添加背光面和阴影效果，最后完成的整体效果如图 15-70 所示。

图 15-70

制作完成的最终效果在配套光盘的"源文件"文件夹中的"15-3-被风吹-完成.fla"文件，有需要的读者可以查看相关参数。添加完场景以后的最终合成动态效果，请参照配套光盘的"源文件"文件夹中的"15-3-最终效果.wmv"文件。本节实例由郑州红羽动画的动画师张林峰制作完成。

## 15.4 Flash 中的骨骼工具

在 2000 年前后，Flash 作为动画软件风光一时的时候，有一款叫做 Moho 的小软件也有着广泛的用户群。Moho 是 Lost Marble 公司推出的制作 2D 卡通动画的工具，它拥有一个最大的亮点：骨骼系统。这套系统极大地简化了角色动画的制作。如今，Moho 在升级到 5.6 版本之后改名为 Anime Studio，并开始商业化之旅。

Flash 的骨骼工具就是借鉴了 Moho 这款软件的骨骼系统而出现的，接下来就来看下骨骼工具的使用方法。

骨骼工具能够和色块结合使用，使色块发生形变。可以先在场景中绘制一个色块，如图 15-71 所示。然后在工具栏中选择骨骼工具，在色块内，从左至右拖拽两次，可以拖拽出两段骨骼，这时会看到时间轴上新建了一个骨骼图层，色块和新创建的骨骼都被放置在该图层中，原来的普通图层已经成了一个空图层，如图 15-72 所示。

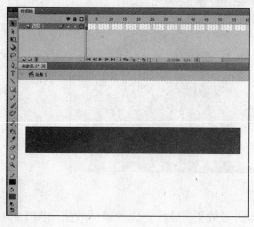

图 15-71

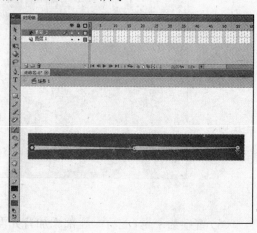

图 15-72

鼠标右键单击骨骼图层的第 50 帧，在弹出的浮动面板中单击"插入姿势"，这是骨骼图层的特别叫法，相当于普通图层的"插入关键帧"，单击以后，从第 1 帧到第 50 帧会被墨绿色的区域所填满，如图 15-73 所示。

在第 50 帧处，使用选择工具，选中最右侧的骨骼进行移动，改变骨骼的姿势，然后拖动时间轴，会看到骨骼形成了动画效果，如图 15-74 所示。

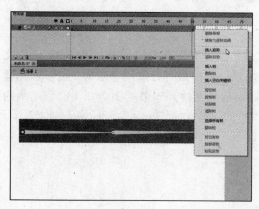

图 15-73

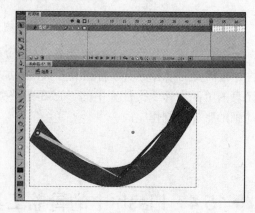

图 15-74

骨骼越多，给物体造成的形变就会越丰富，如图 15-75 所示就是 4 段骨骼和 8 段骨骼给物体带来的不同形变效果。

删除骨骼的时候，鼠标右键单击骨骼层的关键帧，在弹出的浮动菜单中选择"删除骨骼"，就可以删除骨骼，而留下色块，如图 15-76 所示。

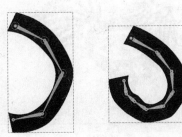

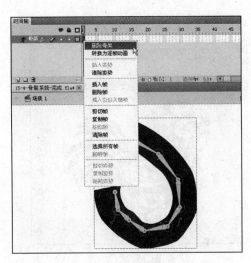

图 15-75　　　　　　　　　　　　　　　　　图 15-76

骨骼工具除了可以应用在色块当中以外，还可以控制影片剪辑元件。

打开配套光盘的"源文件"文件夹中的"15-4-骨骼系统-素材.fla"文件，这是一只剪纸效果的鸡，几个主要部位已经被转换为影片剪辑元件，该角色由郑州轻工业学院动画系07级朱蕴娟绘制，如图 15-77 所示。

图 15-77

为这只剪纸鸡创建骨骼，使用"骨骼工具"，先从鸡身向鸡脖子拖拽鼠标，绘制出来第一段骨骼，再由鸡脖子的骨骼点向鸡头拖拽鼠标，创建出第二段骨骼，再由鸡身向鸡尾巴拖拽，创建出第三段骨骼，如图 15-78 所示。

鼠标右键单击骨骼图层的第 5 帧，在弹出的浮动菜单中单击"插入姿势"，并在该帧调整鸡头的骨骼向下移动一些，如图 15-79 所示。

图 15-78

图 15-79

　　继续"插入姿势",制作出鸡低头啄米的动态效果,还可以按住 ALT 键,将前面的关键姿势在时间轴上往后拖拽,从而复制出一些关键姿势,便于动作的重复,如图 15-80 所示。

　　在第 50 帧,让鸡啄完米后抬起头,制作完整个动画,如图 15-81 所示。

图 15-80

图 15-81

　　制作完成的最终效果在配套光盘的"源文件"文件夹中的"15-4-骨骼系统-完成.fla"文件,有需要的读者可以查看相关参数。

# 本 章 小 结

　　本章在针对 Flash 高级角色动画的制作来进行讲述,涉及的不仅有 Flash 的传统补间动画、补间形状动画,还有在 Flash 中制作逐帧动画,并利用遮罩添加角色背光面和阴影的技术。

实际上使用 Flash 来制作动画，会慢慢发现，技术并不是最主要的，即便能把 Flash 的技术手法玩得炉火纯青，如果想制作特别出彩的动画效果，依然是要靠一帧一帧进行绘制。

因此，本节不但介绍了 Flash 制作高级角色动画的技术，还加入了如何设计动作、如何为角色动作加入更多细节的内容。归根结底，做动画，靠的是创意、想法、节奏，以及对动画运动规律的掌握，而不是拼谁的技术更过硬。如果希望能够在动画上有所建树，还是要认真打好基础，不要一味地沉迷于软件技术的学习中。

# 练 习 题

1. 为本章"激动的男孩"实例添加背光面和阴影效果。

2. 用本节所提供的角色，设计一段的动作效果，剧本要求为：正在这万分危急的时刻，男孩突然从天而降，落在人们的面前，面对着穷凶极恶的对手，他轻蔑地笑笑，随即冲向对手。

# 第 16 章

# 场景动画的调整

场景动画相对简单一些，技术上涉及的最多的操作就是位移。但是场景有自己独特的运动规律，远近不同的场景运动速度也是不一样的，这也是传统意义上所说的"近快远慢"。本章将着重介绍场景动画的规律和调整方法。

## ▶ 16.1 场景动画概述

### 16.1.1 场景中景别的概念

场景设计中一个重要的评判标准就是"空间感"，在动画制作中，也可以体现在"景别是否拉开"上。

景别是场景中一个特殊的概念，是指由于摄影机与被摄体的距离不同，而造成被摄体在电影画面中所呈现出的范围大小的区别。这一点表现在场景中，具体来讲就是场景中的近景、中景、远景。对于一张场景而言，就是看这 3 个景别是否拉开了。

如图 16-1 所示的场景只有画面中间的山和树，也就是只有中景，顶多再算上远处的天空，这样的场景往往深度不够，空间感不足。

图 16-1

添加了近景的山和树，会使整张场景的景别丰富起来，场景有了错落有致的感觉，增加了场景的纵深感，如图 16-2 所示。

图 16-2

继续添加了远景的远山以后，整个场景中呈现出近、中、远三个景别，将空间感很好的拉开，进一步增加了场景的纵深感，如图 16-3 所示。

图 16-3

## 16.1.2　景别运动速度的不同

将场景分为近、中、远三个景别以后，如果要对场景进行移动，那么这三个景别运动的速度是不一样的。

以最为普遍的平移场景为例，初学者往往将整张场景从一侧平移到另一侧了事，如图 16-4 所示。这种场景的平移方式，就像是一幅画在眼前移动一样，画面感觉非常假。

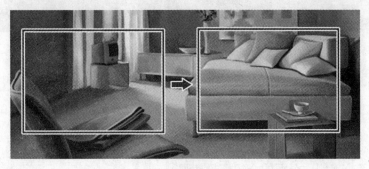

图 16-4

可以打开配套光盘中"源文件"文件夹中的"16-1-场景平移-1.avi"视频文件，观看这种平移场景的视频效果，如图 16-5 所示。

图 16-5

如果注意观察，会发现不同景别的场景，运动的速度也有所不同。

在火车、汽车上，尤其是行驶在一望无尽的大自然中，会发现近处的树很快速地闪过，而远处的山则移动得非常慢，这就是场景运动中的"近快远慢"规律。

图 16-6

体现在这张场景中，就需要把近景的椅子和中景的茶几单独分层，然后在平移场景的过程中单独进行移动，如图 16-6 所示。

可以打开配套光盘中"源文件"文件夹中的"16-1-场景平移-2.avi"视频文件，观看这种分景别平移场景的视频效果，如图 16-7 所示。

图 16-7

如果希望空间感更强，可以加入一些景深效果。具体来讲是将远景模糊得强烈一些，中景稍微模糊一些，前景不变，这样可以使整个场景的视觉感更强，效果更好。

可以打开配套光盘中"源文件"文件夹中的"16-1-场景平移-3.avi"视频文件，观看这种加景深效果的平移场景视频效果，如图 16-8 所示。

图 16-8

# ⮕ 16.2 场景动画制作实例

接着使用两个案例，全面的介绍场景动画。

## 16.2.1 室外场景运动动画实例——奔驰的原野

室外场景的运动动画，依然是依据"近快远慢"的运动规律。跟室内动画所不同的是，室内的景别比较少，空间也要小很多。而室外基本上都是大场景，空间、纵深、景别都要比室内动画丰富得多。

（1）打开配套光盘中"源文件"文件夹所提供的"16-1-奔驰的原野-素材.fla"文件，舞台中已经按照景别的前后顺序分好了图层，并将相关的景物放置好了，仔细观察会发现，基本上每一个景别都有多个层次关系，例如近景就包括树和草丛两个层次，中景也分为水和农田两个层次，它们的运动速度也是不一样的，如图16-9所示。

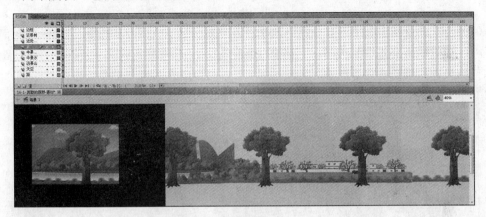

图 16-9

（2）调整场景运动前，先对整个场景进行一些分析。最远处的景别，也就是天空和白云，由于离得太远，因此它们的运动几乎是微不足道的，可以忽略的。而远景的远山，运动的速度也是很慢的，最快的应该是近处的树。

将所有图层在第150帧处插入普通帧，接下来先从远景的山开始调整。为图层"远景山"在第150帧处插入关键帧，使用移动工具，将山由右向左移动一些，并添加传统补间动画，如图16-10所示。

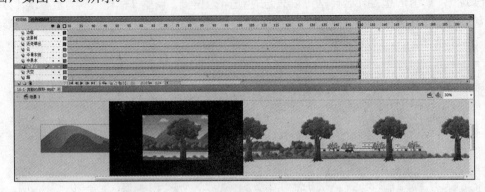

图 16-10

（3）接着调节中景的运动。为"中景农田"和"中景水"两个图层在第150帧处插入关键帧，并使用移动工具将它们分别由右向左移动，要注意的是，它们是中景，要比远景山的运动要快，幅度要大，因此它们的移动距离要比远景山大得多，如图 16-11 所示。

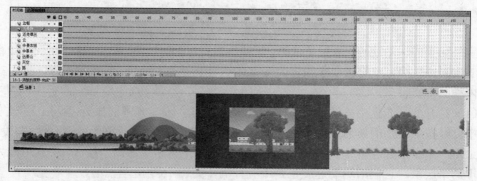

图 16-11

（4）为"近景树"和"近景草丛"两个图层在第 150 帧处插入关键帧，同样使它们向左移动，移动距离要比中景大得多。需要注意的是，由于树距离更近，因此树的移动距离要比草丛更大，如图 16-12 所示。

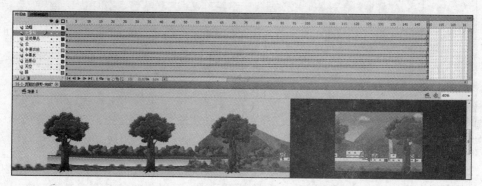

图 16-12

（5）由于树距离镜头太近，因此它的移动需要添加一些镜头效果。在"近景树"图层的第 1 帧选中树元件，添加"模糊"滤镜，需要注意的是，树是横向移动的，它的模糊效果也应该只是横向模糊。单击模糊滤镜"模糊 X"选项后面的小锁链按钮，解除"模糊 X"和"模糊 Y"数值的锁定，这样就可以只进行横向的模糊。调整"模糊 X"的数值为"26"，这样树会增加"运动模糊"的效果，在"近景树"图层的最后一帧也添加"模糊"滤镜，如图 16-13 所示。

图 16-13

按 Enter 键或者按 Ctrl+Enter 组合键，来观看调整完以后的动画效果，可以看到近景的树飞驰而过，而远景的山则是缓缓移动。

制作完成的最终效果在配套光盘的"源文件"文件夹中的"16-1-奔驰的原野--完成.fla"文件，有需要的读者可以查看相关参数。

## 16.2.2　室内场景运动动画实例——场景平移和镜头变焦效果

室内场景的运动动画，虽然运动幅度相对来讲比室外要小很多，但是也因为室内纵深小，因此可以添加的特效也比较多，比如景深等。

景深，实际上就是焦距推远或者拉近所产生的模糊效果。本节将通过一个室内场景来模拟景深，并制作因为焦距的变化而产生的变焦动画效果。该场景由郑州轻工业学院动画系 04 级届佳佳绘制完成。

（1）新建一个 Flash 文件，设置大小为 720×576 像素，帧频为 25fps。执行菜单的"文件"→"导入"→"导入到库"命令，将配套光盘中"源文件"文件夹所提供的"16-2-场景平移-素材 1-房间.png"、"16-2-场景平移-素材 2-椅子.png"和"16-2-场景平移-素材 3-茶几.png"3 个文件导入到库中，并分别转换为"影片剪辑"元件，如图 16-14 所示。

（2）在舞台中新建一个图层，绘制黑色遮罩，遮挡住舞台以外的区域，便于查看画面，并将该图层以线框模式显示。

创建 3 个图层，由下往上依次将"房间"、"茶几"和"椅子"元件拽入新图层中，并调整好位置，想让它们整体靠右一些，为后面制作向左移动的动画做准备，如图 16-15 所示。

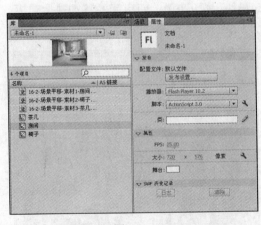

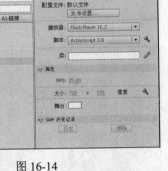

图 16-14　　　　　　　　　　　　　　　　图 16-15

（3）先来为场景添加景深效果。在镜头开端部分，需要表现远景。因此房间不能模糊，而近景的椅子则需要变模糊。

为"椅子"图层中的"椅子"影片剪辑元件添加"模糊"滤镜，并调节模糊值为"16"，品质为"高"。中景也需要模糊，但是模糊值会低一些。为"茶几"图层中的"茶几"影片剪辑元件添加"模糊"滤镜,参数为"6",品质为"高"。这样就形成了越往近处越模糊的景深效果,如图 16-16 所示。

(4)除了添加模糊效果以外,由于近处距离光源窗户较远,因此在亮度上也需要添加变化。调节"椅子"元件的"亮度"样式为"-12",使其变暗;调整"茶几"元件的亮度为"-4",如图 16-17 所示。

图 16-16

图 16-17

(5)接着来调整场景平移的运动动画效果。在第 150 帧处,为所有图层插入普通帧,再为"房间"、"茶几"和"椅子"图层插入关键帧,并将这 3 个元件由右向左移动一些,并添加传统补间动画,播放动画效果可以看到,由于每一个物体的运动速度完全一致,给人的感觉就像是一幅画在眼前移动一样,如图 16-18 所示。

(6)在第 150 帧处,由右向左再移动椅子的位置,使椅子移动的距离要超过房间所移动的距离,接着再来调整茶几的移动,使茶几的移动距离大于房间而小于椅子,这样 3 个物体的移动速度就有了变化,近处的椅子移动最快,茶几其次,而房间的移动速度最慢,这时再播放动画,就可以看到移动的空间感了,如图 16-19 所示。

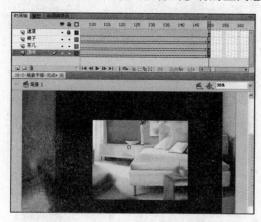
图 16-18

图 16-19

(7)在第 150 帧处,调整椅子的模糊值为"0",亮度值为"0",使其有一个由模糊变清晰、由暗变亮的动画效果,如图 16-20 所示。

（8）在第 150 帧处，调整"房间"图层中的"房间"影片剪辑元件的"模糊"值为"16"，品质为"高"，亮度值为"-6"，使房间由清晰变模糊，如图 16-21 所示。

图 16-20　　　　　　　　　　　　　　　　图 16-21

播放动画，可以看到在镜头平移的过程中，近景的椅子由模糊变清晰，远处的窗户墙壁由清晰变模糊，从而完成变焦动画效果的制作。

制作完成的最终效果在配套光盘的"源文件"文件夹中的"16-2-场景平移-完成.fla"文件，有需要的读者可以查看相关参数。

# 16.3　场景动画制作实例——室内场景推拉动画

本节的实例是调节一个复杂一些的场景，该场景是 Photoshop 的 PSD 格式，需要将其导入到 Flash 中，分层进行调节。

### 16.3.1　导入 PSD 格式文件

Flash 和 Photoshop 软件因为都是 Adobe 公司出品的，它们各自的文件格式基本上都是相通的，实现了相互无缝链接。

配套光盘中"源文件"文件夹中提供了一张"16-3-室内场景推拉-素材.psd"文件，该场景由郑州轻工业学院动画系 09 级邓滴汇绘制完成。这是一个 Photoshop 源文件，在 Photoshop 中打开可以看到，其中按不同的景别，将物体分为多个图层，如图 16-22 所示。

新建一个 Flash 文件，设置大小为 720×576 像素，帧频为 25fps。执行菜单的"文件" → "导入" → "导入到库"命令，选择配套光盘中"源文件"文件夹所提供的"16-3-室内场景推拉-素材.psd"文件，单击"确定"按钮后，会弹出"导入到库"面板，选中左侧的所有图层，修改右侧的导入选项，其中"将这些图像图层导入为"设置为"具有可编辑图层样式的位图图像"，这样一些图层样式的参数将被保留；勾选"为这些图层创建影片剪辑"，这样每一个图层都会直接被转换为影片剪辑元件；将"发布设置"下面的"压缩"

选项设置为"无损",这样图像会以最佳质量导入到 Flash 当中。

图 16-22

单击"确定"按钮,会看到在"库"面板中,每一个图层都被转换为影片剪辑元件,而整张图被转换为了"16-3-室内场景推拉-素材.psd"图形元件,双击进入该图形元件内部,会看到时间轴中,每一个元件都单独放置了一层,如图 16-23 所示。

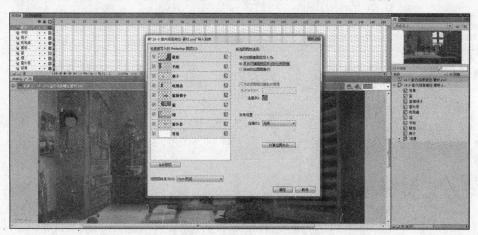

图 16-23

有时一些 PSD 图导入会出现很多的锯齿和毛边,这种情况需要将 PSD 每个图层单独导出透明通道的 PNG 图,然后再将这些 PNG 图导入 Flash 中整合起来,操作步骤是这样的:

在 Photoshop 中打开"16-3-室内场景推拉-素材.psd"文件,执行 Photoshop 菜单的"文件"→"脚本"→"将图层导出到文件"命令,如图 16-24 所示。

在弹出的"将图层导出到文件"设置面板中,设置保存的路径、名字,设置文件类型为"PNG-24",勾选"透明区域",单击"运行"按钮,这样就会将每一个图层都导出为一张单独的 PNG 格式图片,再把它们导入到 Flash 中,如图 16-25 所示。

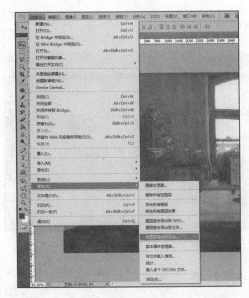
图 16-24

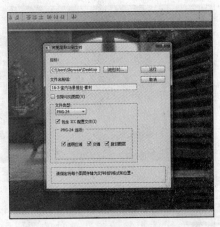
图 16-25

### 16.3.2 场景推镜头动画

该动画效果总长度为 100 帧，即 4s，要从室内的全景推到中间的椅子处，但不是平推，是要模拟一只猫的视角，跳向椅子，并且在运动过程中要有变焦效果。

（1）新建一个 Flash 文件，设置大小为 720×420 像素，帧频为 25fps。

先来做前期的准备工作：将库面板中"16-3-室内场景推拉-素材.psd"元件拽到舞台中，在其上新建一个图层，绘制出挡住舞台以外部分的黑色遮罩，便于在制作中进行观察，如图 16-26 所示。

图 16-26

（2）为场景图层在第 100 帧插入关键帧，将场景放大，直至椅子特写，然后创建传统补间动画，如图 16-27 所示。

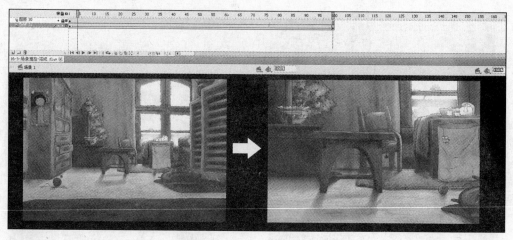

图 16-27

（3）进入"16-3-室内场景推拉-素材.psd"元件内部，会看到每一个物体都转为了"影片剪辑"元件，并放置在单独的图层中。

为每一个图层的第 100 帧插入关键帧，在第 100 帧处，调节每一个物体的位置，其中近景的鞋柜和书柜要往两边移动多一些，模拟出镜头推近，物体朝两边移动的效果，然后为各个层创建传统补间动画，如图 16-28 所示。

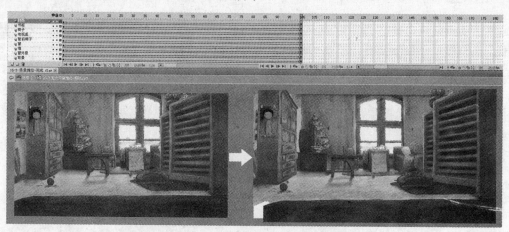

图 16-28

（4）回到场景中，播放动画，就可以看到在镜头前推的过程中，每一个物体运动的速度都变得不同了。接下来每隔 10 帧，为场景插入关键帧，其中前一个关键帧中将场景向上移动一些，后一个关键帧将场景向下移动一些，交替设置，然后播放动画，就会看到场景向前推近的过程中，进行了上下颠簸的动画效果，像一只猫的主观视角在朝着椅子跳跃移动，如图 16-29 所示。

（5）镜头在推近过程中，每个景别都在发生变化，因此接下来要制作变焦的动画效果。

进入"16-3-室内场景推拉-素材.psd"元件内部，为近景的"鞋柜"和"书柜"添加模糊滤镜，在第 100 帧设置模糊值为"4"，品质为"高"，这样"鞋柜"和"书柜"就会出现逐渐变模糊的动画效果，如图 16-30 所示。

图 16-29               图 16-30

（6）在第 1 帧处，为远景的"电视桌"、"窗前椅子"和"窗"添加模糊滤镜，并调整模糊值为"2"，品质为"高"，在第 100 帧处再将模糊值设置为"0"，这样随着镜头的推近，远景的物体被推至镜头前，也逐渐由模糊变得清晰，如图 16-31 所示。

图 16-31

由于场景中图片尺寸较大，并且添加了滤镜效果，播放起来会非常的卡，即便导出 swf 格式依然很卡，因此需要导出 avi 格式的视频文件才能看到正常的播放效果，最终的动画效果是配套光盘的"源文件"文件夹中的"16-3-场景推拉-完成.avi"文件。

制作完成的最终效果在配套光盘的"源文件"文件夹中的"16-3-场景推拉-完成.fla"文件，有需要的读者可以查看相关参数。

## ▐▶ 16.4　3D 工具制作场景动画实例——真实三维空间

3D 工具是在 Flash 升级到 CS 4 时添加进来的，它们能够帮助制作者制作真实的 3D 空间及动画效果。

这里需要介绍一下 3D 究竟是什么，和 2D 有什么不同，它们的区别在哪里？

说得浅显一点，2D 只能进行上下、左右两个维度的运动，即 X、Y 轴方向上的运动。而 3D 在这个基础上，还可以进行前后维度的运动，即 Z 轴。

在之前，Flash 只能算是平面软件，因为只能通过选择工具，对物体进行上下、左右的移动，对于物体的前后运动，只能使用任意变形工具对物体进行放大、缩小，以模拟出前后运动的效果。而现在，3D 工具的加入，使制作者可以制作真实的前后运动了。

接下来通过一个实例来对 3D 工具进行学习。

### 16.4.1 使用 3D 工具前的准备工作

打开配套光盘"源文件"文件夹中提供的"16-4-真实三维空间-素材.fla"文件，场景中都是一些色块，如图 16-32 所示。

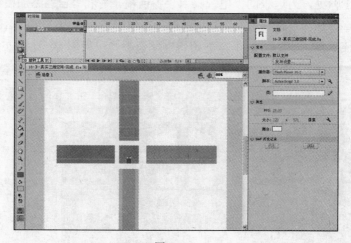

图 16-32

使用 3D 工具，必须保证新建文件的发布设置为：播放器 Flash Player 10&10.1、脚本 ActionScript 3.0 以上，另外，物体必须是影片剪辑，创建的动画也必须是新的补间动画。

接下来就要按照这个要求，对场景中的物体进行设置。

选择最上面的色块，将它转换为影片剪辑元件，重命名为"天花板"，这时单击 3D 工具，就会看到元件中间出现了控制器，这代表着 3D 工具已经可以使用了，如图 16-33 所示。

分别将这些色块都转换为影片剪辑元件，并重命名，如图 16-34 所示。

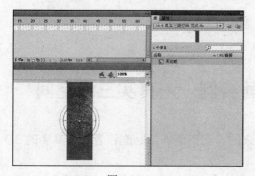

图 16-33

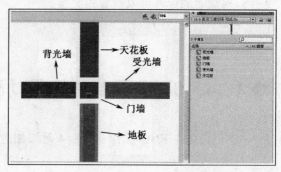

图 16-34

选中这些影片剪辑元件，会看到属性面板中已经有"3D 定位和查看"选项。将这些元件与中间的"门墙"元件对齐，如图 16-35 所示。

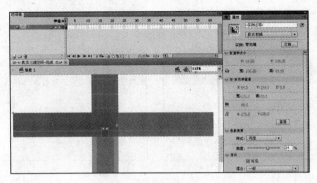

图 16-35

## 16.4.2　创建真实的三维空间

（1）在创建真实的三维空间之前，先要调整各个元件的旋转中心点的位置。

在工具栏中单击"3D 旋转工具"，选中右侧的"受光墙"，这时元件中间会出现控制器，将鼠标放置控制器最中间的圆点上，可以拖动控制器，将它移动并放置在元件靠近"门墙"的一侧，如图 16-36 所示。

（2）将"天花板"、"背光墙"和"地板"元件的控制器也移动到靠近"门墙"的一侧，如图 16-37 所示。

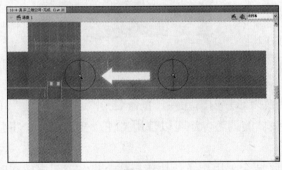

图 16-36

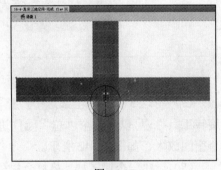

图 16-37

（3）使用"3D 旋转工具"，选中受光墙元件，将鼠标放在控制器横向的绿色线上，光标下面将出现一个 Y 符号，如图 16-38 所示。

（4）按住 Shift 键，按住鼠标向下拖动控制器，会看到受光墙元件进行了沿着 Y 轴的 3D 空间旋转，如图 16-39 所示。

（5）继续使用"3D 旋转工具"，选中"地板"元件，将鼠标放在控制器纵向的红色线上，光标下面将出现一个 X 符号，按住 Shift 键，使用鼠标进行拖动，使地板与两面墙结合在一起，如图 16-40 所示。

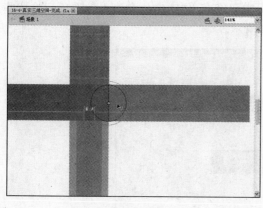
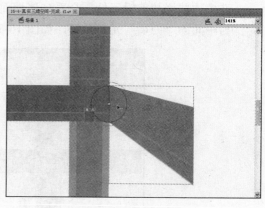

图 16-38                           图 16-39

（6）按照这个方法，调整 5 个元件组成一个真实的三维空间，如果觉得角度不太好，可以将这 5 个元件全部选中，使用"3D 旋转工具"进行整体的调整，如图 16-41所示。

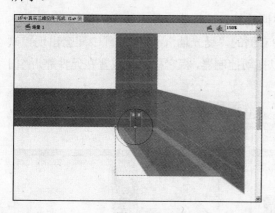
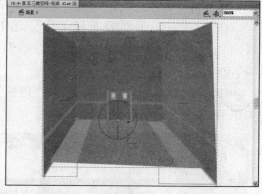

图 16-40                           图 16-41

（7）将这 5 个元件全部选中，整体转换为影片剪辑元件，重命名为"总"。使用"3D旋转工具"，可以对这个"总"元件进行整体的调整，还可以使用"任意变形工具"将整个空间放大，如图 16-42 所示。

（8）新建一个遮罩层，将舞台以外的区域全部用黑色色块遮挡住，并将该图层放在时间轴的最上面。

除了使用"3D 旋转工具"以外，属性面板中的"3D 定位和查看"卷轴栏也有一些参数可以对物体进行调整。最上面的 X、Y、Z 后面的参数，是物体在各个轴上的位置坐标；下面照相机图标后的参数是"透视角度"，数值越大，透视感就越强；最下面的 X、Y 的参数，是消失点的 X、Y 轴上的位置坐标，如图 16-43 所示。

（9）为两个图层在第 50 帧处插入普通帧，并在物体层上单击鼠标右键，在弹出的浮动面板中点击"创建补间动画"，如图 16-44 所示。

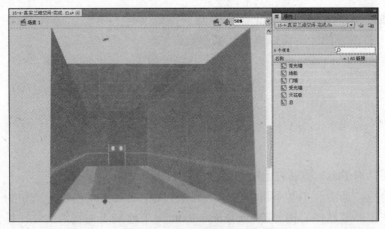

图 16-42

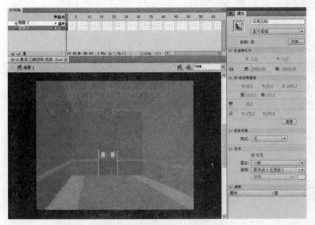

图 16-43

图 16-44

（10）在第 50 帧处调节三维空间，将镜头往前推，并进行一些旋转，就可以产生动画效果，如图 16-45 所示。

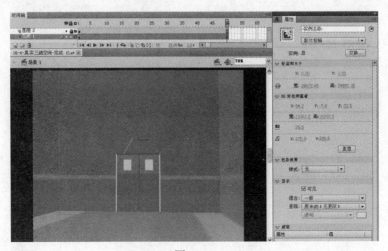

图 16-45

制作完成的最终效果在配套光盘的"源文件"文件夹中的"16-4-真实三维空间-完成.fla"文件，有需要的读者可以查看相关参数。

# 本 章 小 结

本章主要针对 Flash 场景的运动动画进行了较为详尽的讲解。

场景和角色，是动画中必不可少的两大元素，很多 Flash 动画制作人员为了追求更好的效果，往往在外部软件，例如 Photoshop、Painter 中绘制更为精细的位图场景，然后再导入 Flash 中进行使用。

Flash 对于位图的支持并不是特别理想，往往要将位图转为元件才有一些调整命令和滤镜可以使用，尤其是运动起来以后，场景容易出现"跳"、"不清晰"等问题，解决办法只能是通过转换为矢量图或者提高位图导入精度来解决。

抛去这些技术层面的问题，场景的运动动画也绝不仅仅只是移动、放缩、旋转这么简单，前、中、后三个景别的运动速度、相互之间的位置关系，都是场景运动的前提条件之一，也是场景的运动规律，只有把这些都掌握了，才能做出优秀的场景运动动画。

# 练 习 题

自己设计并制作一个主题为"世外桃源"的场景，要求整个场景的景别拉开，场景中动静结合，动的元素可以考虑水流、瀑布、树叶飘动、鸟飞等，并制作整个场景的平移动画。

# 第 17 章

# Flash 动画的合成

在前面的章节中，学习了角色、场景、动作等动画片必备的部分，但是如何才能使用 Flash 制作一部完整的动画片呢？这就是本章要介绍的重点。

合成，就是把制作好的角色、场景、动作合成在一起，组成一个一个完整的镜头，再将这些镜头串联在一起，并加上音乐和音效，组成一部完整的动画片。

## ▶ 17.1  Flash 合成概述

对于 Flash 来讲，如果只是单纯地将在 Flash 当中绘制的角色、场景合成在一起的话，相对来讲是一件很简单的事情。通俗一点讲，就是创建两个图层，场景放在下面的图层中，角色放在上面的图层中就可以了。

但实际上，Flash 这个软件经过了多年的发展，功能已经提升了很多，它不仅能够对矢量图形进行编辑，还可以将视频、图片、声音等外部文件导入，并进行编辑和合成。

因此，在介绍 Flash 的合成功能前，有必要简要介绍一些常见的视频、图片、声音文件。

### 1. 视频格式

在国际上通用的视频格式中，最常使用的格式为 MOV 或 AVI 格式。这两种格式的视频文件都可以直接导入到 Flash 当中。

上述两个格式的视频都可以保存为无压缩的效果，最大限度地保证视频的质量。同时也可以保存为各种质量的视频，直观地对视频进行体积的控制，因此受到很多制作人员的欢迎。

其他一些常用的视频格式还有 WMV、MPG 等，这些格式都是经过压缩的，因此对视频质量要求较高就不适合使用。

还有一些比较特殊的视频格式，是无法直接导入 Flash 软件中的，如需导入可使用视频转换格式软件，如"格式工厂"等，将它们转换为可直接导入的 AVI 等格式。

### 2. 图片格式

图片格式的种类很多，在视频编辑中通常会遇到的格式为 JPG、TIF、PNG、PSD 等。

JPG 格式的最大优点是压缩比率高，往往同等质量下，JPG 格式的图片体积最小，适合在网络上发布和传播。而它的缺点也正是如此，图片压缩后就会多多少少有一些失真，而视频编辑对图片精度要求较高，所以在后期合成中，JPG 很少被使用。

TIF 格式可以设置为无压缩，因此它的图片质量较好，同时它还可以保存图片的通道（即透明背景），这一特性将使后期合成更加快捷和有效，因此在视频编辑中，TIF 格式使用频率较高。

PNG 格式的图片特点和 TIF 几乎相同，并且体积较小，在 Flash 中使用频率极高。

PSD 是 Photoshop 格式，可以保存图层、通道等信息，在与 Adobe 公司的软件进行互相编辑的时候，可以导入这些信息，提高工作效率。

### 3．声音格式

声音格式较为简单，通常使用的音频格式只有 WAV 和 MP3 两种。

WAV 是声音的通用格式，也是无压缩的格式，通常在视频编辑中使用的频率也最高。

MP3 格式被压缩过，音质有些损失，但一般情况下也可以使用。有些 MP3 格式无法导入 Flash 中，这是由于它自身的编码存在问题，可以使用一些音频格式软件，将它转换为 WAV 格式即可。

## Ⅲ➡ 17.2 Flash 合成前的设置

由于一部 Flash 动画片经常是由几个人同时来制作不同的部分，最后再将这些部分放置在一个 Flash 文件中。因此在合成前，先要明确所有的通用参数，使所有参与的制作人员能够在同样规格的 Flash 文件中进行合成，以避免总合成时会出现的问题。

这些通用参数包括：舞台大小、帧频、遮罩、底纹等。

### 17.2.1　舞台大小和帧频　⌐

舞台大小，实际上就是 Flash 动画最终输出时的尺寸大小；帧频，就是 Flash 动画每秒多少帧。

这两个参数必须在制作前就统一下来，设置它们参数的时候，可以在舞台空白地方单击一下，在属性面板中进行设置，还可以单击"大小"参数后面的扳手按钮，会弹出更加详细的"文档设置"面板，如图 17-1 所示。

那么，一般情况下，舞台大小和帧频设置多少才算是合适呢？

由于现在 Flash 做出的动画，已经不再满足于在网络中播出了，事实上是网络 Flash 动画的影响力已经日渐式微，所以越来越多的 Flash 动画面向的是电视播出平台。因此，Flash 动画也在向电视的要求看齐。

世界上主要使用的电视广播制式有 PAL、NTSC、SECAM 3 种，中国大部分地区使用

PAL 制式，日本、韩国及东南亚地区与美国等欧美国家使用 NTSC 制式，俄罗斯则使用 SECAM 制式。

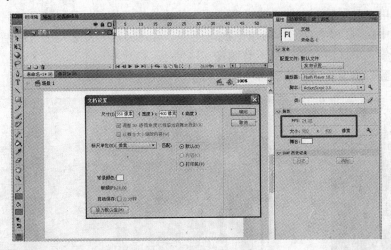

图 17-1

正交平衡调幅逐行倒相制——Phase-Alternative Line，简称 PAL 制。这种制式帧速率为 25fps（帧/秒），标准分辨率为 720×576 像素。

正交平衡调幅制——National Television Systems Committee，简称 NTSC 制。这种制式的帧速率为 29.97fps，标准分辨率为 720×480 像素。

行轮换调频制——Sequential Coleur Avec Memoire，简称 SECAM 制。这种制式帧速率为 25fps，标准分辨率为 720×576 像素。

由于在国内制作的 Flash 动画，绝大多数都是在国内播出，因此都是按照 PAL 制的规格进行设置，即舞台大小为 720×576 像素，帧频为 25fps。如果是为国外制作 Flash 动画，最好先搞清楚要发行地区的电视制式，然后再对 Flash 进行设置。

设置好舞台和帧频以后，就可以开始进行合成了。每个人合成完以后，就需要将所有的镜头放在一个 Flash 文件中。具体的操作为：先将一个 Flash 文件中所有帧都选中，单击鼠标右键，在弹出的浮动菜单中选择"复制帧"，再进入总合成的 Flash 文件中，在时间轴的空白处单击鼠标右键，在弹出的浮动菜单中选择"粘贴帧"，如图 17-2 所示。

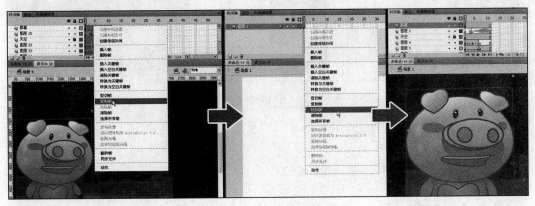

图 17-2

如果两个文件的舞台大小不同，会形成错位，例如将舞台小的文件拷入舞台大的文件中，会有大片的空白区域没有被填充，遇到这种情况，也有两种解决办法。

（1）先单击时间轴下方的"编辑多个帧"按钮，使其处于打开状态，然后时间轴上方会出两个"中括号"，将它们往两边拖拽，使整个时间轴都处在这两个"中括号"内，按Ctrl+A组合键，全选所有帧中的所有图像，再使用"任意变形工具"进行缩放，使画面和舞台大小一致，然后关闭"编辑多个帧"按钮，如图17-3所示。

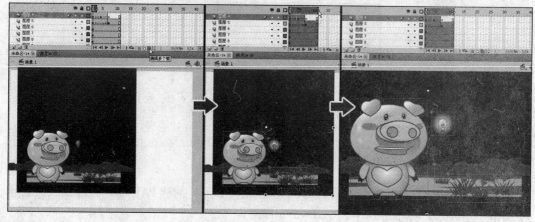

图 17-3

（2）在时间轴上选中所有帧，鼠标右键单击"剪切帧"命令；新建一个图形元件，在元件内部的时间轴第1帧处，鼠标右键单击"粘贴帧"命令；回到舞台中，只留下一个图层，其他图层全部删除。在那个图层中，将新建的元件拖拽进来，使用"任意变形工具"缩放，使之与舞台大小一致，如图17-4所示。

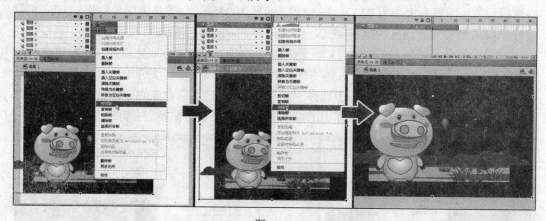

图 17-4

如果需要合成的文件帧频不一样，就只能重新再调整了。

## 17.2.2 黑框和底纹

从19世纪末期一直到20世纪50年代，几乎所有电影的画面比例都是标准的1.33:1

（准确地说是 1.37:1，但作为标准来说统称为 1.33:1）。也就是说，电影画面的宽度是高度的 1.33 倍。这种比例有时也表达为 4:3，就是说宽度为 4 个单位，高度为 3 个单位，目前电视节目都是这样的比例。

近些年来，一些新的词汇开始出现，其中就包括宽屏、16:9 等。

宽屏的特点就是屏幕的宽度明显超过高度。目前标准的屏幕比例一般有 4:3 和 16:9 两种，不过 16:9 也有几个"变种"，比如 15:9 和 17:10，由于其比例和 16:9 比较接近，因此这 3 种屏幕比例都可以称为宽屏。此外，如果还有比较特殊的比例，如 25:9，当然也算宽屏。

但对于以电视为主要播放媒体的动画来说，宽屏的含义是在保证动画片画面宽度为 720 像素的前提下，对高度进行改变。也就是说，画面宽度必须保证为 720 像素，而画面高度可以是低于 576 像素的任意数值，否则在电视播出时会遇到很多问题。

宽屏的比例更接近黄金分割比，有较宽的观看视角，但归根结底，宽屏更适合人眼睛的视觉特性，在观看影片时给人的感受也更舒服。

因此，越来越多的动画制作人开始尝试这种宽屏动画的制作，经常采用的方法是在画面上下各加一个黑框，这样不但使画面是宽屏，而且更像是一部电影了，如图 17-5 所示就是添加黑框前后的对比。

图 17-5

在合成动画之前，需要先将上、下黑框的数值统一，以免出现镜头黑框大小不一的情况。

制作黑框的方法也很简单，使用矩形工具直接拉出来黑色色块，然后确定大小，分别放在上、下一端，然后把黑框图层放在最上面。

在动画刚刚在中国普及开来的时候，很多动画制作人都希望做出画面超级细腻、逼真度直逼照片的动画。但随着眼界的提高，越来越多的动画人开始走向返璞归真的道路，追求有特点、创意以及原始的手绘动画效果。

之前的章节中，提到过用手绘板来模拟真实的笔触效果，但这在一些动画制作人眼中还是远远不够的，因此很多底纹效果也被引用到 Flash 动画的制作中，尤其是一些纸纹效果，配合手绘板绘制出来的笔触，能够使手绘感更加强烈。

具体的制作方法为：将一张纸纹图片导入到 Flash 中，转换为"影片剪辑"元件，并放在画面的最上方。选中该元件，进入属性面板中，将"显示"卷轴栏中的"混合"选项设置为"正片叠底"类型，然后可以在"色彩效果"卷轴栏中的"样式"设置为"Alpha"，调整不同的透明度数值，就可以调节纸纹效果的强弱，如图 17-6 所示。

图 17-6

## ⟫ 17.3 Flash 合成单个镜头实例——看月亮

在 Flash 中合成镜头，说简单也简单，看起来仅仅是将场景和角色动作放在一起。但实际操作起来，会有大量的细节需要去制作。本节将通过实例，来对合成这一环节进行详细的讲解。

（1）打开配套光盘中"源文件"文件夹所提供的"17-1-合成镜头-素材.fla"文件，舞台中仅有一个黑色的色块，将舞台以外的区域都覆盖着。这种遮罩是传统手法，目的是遮挡住舞台外的区域，便于制作人员专心做能够在舞台中显示的部分。

打开"库"，会看到里面有两个文件夹，分别是"场景"和"角色"，其中"角色"文件夹内有已经做好的角色动作元件，如图 17-7 所示。

（2）按照制作流程，首先把场景放置好，然后角色再根据场景的位置来进行动作。

按照由远及近的原则，先在下面的图层中放置远景，然后分别新建图层放置不同的景别，如图 17-8 所示。

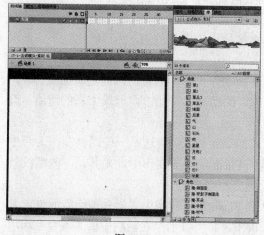

图 17-7

图 17-8

（3）场景虽然已经布置好了，但是动画的最大魅力，就是让看似静止的画面动起来，因此现在需要为场景增加一些动态的效果。因为这个场景是野外，应该有一些徐徐的微风，而微风能吹动的，就是草、花这些小植物，所以进入元件"草1"中，再绘制一帧，并将草和花轻轻往两边移动一些，如图17-9所示。

（4）按照同样的方法，把元件"草2"中的小花，也往旁边移动并旋转一些，如图17-10所示。

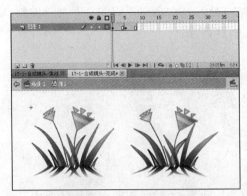

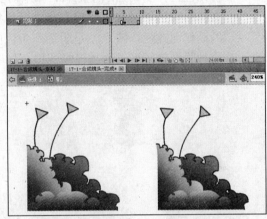

图17-9　　　　　　　　　　　　　　　　　　　　图17-10

（5）接下来就要把角色放入到场景中。从"库"中将元件"猪-叹气"拽入到舞台中，缩放并移动该元件，放在场景的左侧，如图17-11所示。

（6）动画属于电影的范畴，而电影是很讲究光影的，因此，动画片中如果光影效果强，气氛感就会呼之欲出。光影，从某种程度上讲，就是光源和阴影，光源体现在物体的受光面、背光面中，而阴影就是物体投射的阴影。

现在需要判断光源从什么角度打过来。场景中月亮的位置决定了光源的角度，因此，此处角色的影子应该是朝着画面的。

将元件"猪-叹气"垂直翻转，并进入属性面板中，在"色彩效果"卷轴栏中，调节"样式"为"色调"，压暗元件的色调，使元件成为阴影，并将它放置在角色下面的图层中，如图17-12所示。

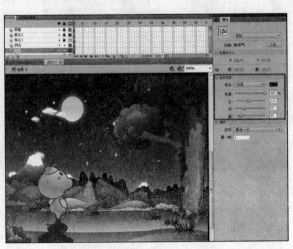

图17-11　　　　　　　　　　　　　　　　　　　　图17-12

在 Flash 中，由于软件的限制，一般有两种简易地制作阴影的方法。

- 最简易的阴影，就是在角色下面绘制一个圆形，填充为黑色，然后降低透明度。虽然效果一般，但是最大的优点就是快捷。如果把这个方法延展一下，也可以将阴影转换为影片剪辑元件，并添加模糊效果；

- 将角色元件复制并水平翻转，如果需要的话还可以斜切一些，然后在属性中压暗。这样的阴影相对来讲比较真实，而且如果是动作元件，那么阴影也可以随着角色的动作而改变。缺点就是阴影和角色的结合处，经常会出现问题，不容易控制。这种阴影效果可以添加模糊滤镜，如图 17-13 所示。

图 17-13

（7）进入元件"猪-叹气"可以看到，动作的总长度为 51 帧，而现在剧情的要求是角色动作播放完以后，停止不动，一直延伸至第 69 帧。如果强行在舞台中将角色层拉伸到第 69 帧，角色会在第 51 帧动作完毕以后，在第 52 帧重复该动作。

因此需要选中元件"猪-叹气"，在属性面板中，设置"循环"卷轴栏中的"选项"为"播放一次"，这样该动作在播放完以后，角色就会停止不动，如图 17-14 所示。

（8）由于在此处角色有一个叹气的动作，需要从角色的口中吐出一团白雾。新建一个图层，将"库"中的元件"气"拽入图层的第 48 帧，并在第 48～69 帧之间，完成元件"气"由小到大从角色嘴里吐出的效果，并添加"模糊"滤镜，如图 17-15 所示。

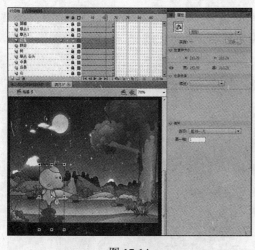

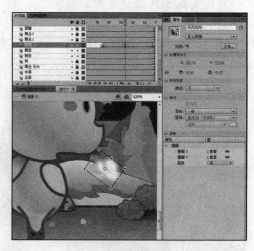

图 17-14　　　　　　　　　　　　　　　　图 17-15

（9）接下来角色需要进行新的动作，将元件"猪-带影子侧面走 2"拽入舞台中，并在时间轴上放置在上一个动作的后面，调整大小和位置，这个时候最好打开"绘图纸外观"选项，参照上一个动作结束的位置进行调整，然后将该元件复制并垂直翻转，做出阴影效果，如图 17-16 所示。

（10）将所有图层在时间轴的第 120 帧处插入帧，将元件"猪-带影子侧面走 2"和阴影在第 120 帧处插入关键帧，并将它们向画面右侧移动一些，播放以后可以看到，角色从画面的左边向右边走，如图 17-17 所示。

图 17-16

图 17-17

（11）在第 112 帧处，需要让角色停止动作。在第 112 帧为角色图层插入关键帧，在舞台中选中角色，在属性面板中设置循环选项为"单帧"，并设置第 1 帧为 43，这样就可以让角色动作停留在元件内的第 43 帧处，如图 17-18 所示。

（12）将所有图层在第 121 帧处插入帧，然后在第 119 帧处，为角色图层插入关键帧，在舞台中选中角色，在属性面板中设置循环选项为"循环"，第 1 帧设置为 43，这就使角色从元件内的第 43 帧开始运动，如图 17-19 所示。

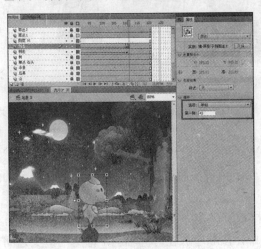

图 17-18

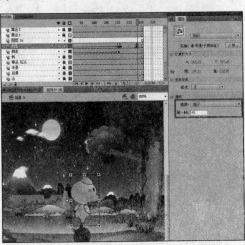

图 17-19

至此，该镜头合成完毕。制作完成的最终效果在配套光盘的“源文件”文件夹中的“17-1-合成镜头-完成.fla”文件，有需要的读者可以查看相关参数。

## 17.4 Flash 镜头转场实例——倒水

转场，是影视中的一个名词，简单来说，就是镜头与镜头之间的过渡和转换。

如果镜头之间没有转场，一个镜头结束马上播出另一个镜头，这种过渡方式叫做“硬切”，就是很生硬的切换镜头。

最常用的转场方式是淡入淡出，就是前一个镜头渐渐淡去，而后一个镜头则淡淡显示出来。这种属于很柔和的转场过渡方式。

其他的转场方式还有白闪，就是前一个镜头渐渐变亮，直至整个画面都是白色，然后下一个镜头由极亮渐渐变正常。与此类型相同的还有黑闪。

接下来就介绍在 Flash 中进行镜头转场的方法。

### 17.4.1 淡入淡出转场效果的制作

分别打开配套光盘“源文件”文件夹中的“17-2-转场-素材 1.fla”、“17-2-转场-素材 2.fla”、“17-2-转场-素材 3.fla” 3 个文件，这是 3 个独立的镜头，现在需要将它们用转场的方式合成在一起，如图 17-20 所示。

图 17-20

（1）新建一个 Flash 文件，设置舞台大小为 550×400 像素，帧频为 24fps。新建图形元件，命名为“镜头 1”，如图 17-21 所示。

（2）将“17-2-转场-素材 1.fla”中的所有帧复制，粘贴到新建 Flash 文件的“镜头 1”元件中，并将“镜头 1”元件拖拽到舞台中，由于该镜头总长度为 46 帧，因此在舞台的第 46 帧处插入普通帧，如图 17-22 所示。

（3）按照相同的方法，将“17-2-转场-素材 2.fla”和“17-2-转场-素材 3.fla”的所有帧复制进来，并转换为图形元件，再拽入舞台中，按顺序放在时间轴上，每两个镜头之间有 10 帧重叠，便于后面转场的制作，如图 17-23 所示。

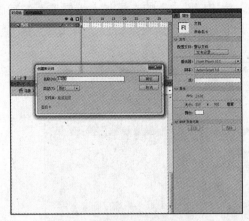

图 17-21

图 17-22

图 17-23

（4）将"镜头1"与"镜头2"交接的起始和结束位置都打上关键帧，并调整"镜头1"最后一帧的 Alpha 值为"0"，使"镜头1"在最后10帧慢慢变得完全透明，如图17-24所示。

（5）按照上述方法，将"镜头2"起始帧设置为 Alpha 值为"0"，到"镜头2"的第10帧设置 Alpha 值为"100"，制作"镜头2"由完全透明到不透明的动画效果，这样"镜头1"慢慢透明，而"镜头2"慢慢显现，使两个镜头之间添加了淡入淡出的转场效果，如图17-25所示。

图 17-24

图 17-25

（6）继续使用这种透明度渐变的动画效果，为"镜头2"的末尾加上慢慢透明的动画效果，为"镜头3"的起始位置添加由透明变不透明的动画效果，做出"镜头2"到"镜头3"的淡入淡出转场效果，如图17-26所示。

图17-26

制作完成的最终效果在配套光盘的"源文件"文件夹中的"17-2-转场-淡入淡出转场.fla"文件，有需要的读者可以查看相关参数。

## 17.4.2 白闪和黑闪转场效果的制作

本节将介绍白闪和黑闪转场效果的制作。

（1）新建一个Flash文件，设置舞台大小为550×400像素，帧频为24fps，分别将配套光盘"源文件"文件夹中的"17-2-转场-素材1.fla"、"17-2-转场-素材2.fla"、"17-2-转场-素材3.fla"3个文件中的所有帧，分别以元件的方式拷入新建的Flash文件中，并在时间轴的图层1中依次排列，如图17-27所示。

图17-27

（2）在上面的图层中，绘制一个白色的矩形色块，能够完全遮挡住舞台，并转换为图形元件，在"镜头1"的最后5帧出现，并在"镜头2"的起始5帧截止，如图17-28所示。

（3）调整白色色块元件的透明度，使它由完全透明变为完全不透明，再变为完全透明，并添加传统补间，播放动画效果，就会看到"镜头 1"在结束时，白色色块开始慢慢显现，然后白色色块慢慢透明，露出"镜头 2"的画面，如图 17-29 所示。

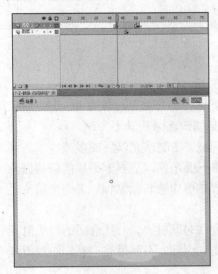

图 17-28    图 17-29

按照上述做法，为"镜头 2"和"镜头 3"之间添加白闪转场效果。制作完成的最终效果在配套光盘的"源文件"文件夹中的"17-2-转场-白闪转场.fla"文件，有需要的读者可以查看相关参数。

黑闪效果和白闪效果的制作方法一样，唯一不同的是将白色的色块改为黑色色块即可，如图 17-30 所示。

图 17-30

制作完成的最终效果在配套光盘的"源文件"文件夹中的"17-2-转场-黑闪转场.fla"文件，有需要的读者可以查看相关参数。

## ⅠⅠ➡ 17.5　多镜头整合

### 17.5.1　场景面板的作用和使用方法

在 Flash 中，最终要将一个动画片中的所有镜头，都合成在一个 Flash 文件当中，如果镜头数比较多，合成的工作量也会增加。

很多初学者习惯按照将镜头依次放置在时间轴上，这样的好处是比较直观，但是缺点也比较多，除了时间轴会被拉得很长以外，更重要的是修改起来极其不方便。

无论是做商业动画还是独立动画，都不可能一气呵成，在制作完以后或多或少都需要进行一些修改。由于 Flash 软件的局限性，剪辑功能并不很完善，基本上都只能依靠删除帧或插入帧的办法，缩短或延长单个镜头的时间，并依靠剪切帧和粘贴帧，来完成镜头之间位置的调整。

这样操作的弊端非常大，由于所有镜头都依次排列在时间轴上，一旦前面的镜头时间长度发生变化，其后的所有镜头都需要依次前移或后退，因此，不到最终确认，绝对不能使用这种将所有镜头都排列在时间轴上的做法。

那么，在多个镜头整合的时候，应该使用什么样的方法呢？

按 Shift+F2 组合键，会弹出一个"场景"面板。但这里的"场景"不是"场景设定"的场景，而是指"场"，甚至也可以是"镜头"。

准确来讲，每一个场景都有一个独立的时间轴，在 Flash 动画导出以后，动画将按照场景的先后顺序进行播出，先播出第一个场景中的画面，然后再播出第二个场景中的画面，依次顺延，各个场景将按照"场景"面板中所列的顺序进行播放。也就是说，当播放头到达一个场景的最后一帧时，播放头将前进到下一个场景。

使用者可以将每一个镜头单独放置在一个场景中，并调整好场景顺序，这样在导出动画以后，镜头就会连续播放。

使用"场景"面板的优点显而易见。

（1）可以随意改变单个镜头的时间长短。因为每个场景是独立的，无论长短，都要播放完以后再播出下一个场景，因此修改镜头长短不会影响其他的场景。

（2）可以随意调整镜头的顺序。在"场景"面板中可以对每一个场景的顺序进行调整，因为每一个场景都是独立的，所以播出顺序的调整不会影响到其他场景。

"场景"面板左下角有 3 个按钮，分别是"添加场景"、"重制场景"和"删除场景"，如图 17-31 所示。

"添加场景"按钮：可以添加一个新的空场景。

"重制场景"按钮：选中某一场景，单击该按钮，可将该场景完整地复制出来一个，在做镜头重复的时候很有用。

"删除场景"按钮：选中某一场景，单击该按钮，可将该场景删除。

可以使用上一节中所使用的三段镜头素材，将它们分别放置在单一的场景中，具体方法是：将某一镜头所有帧复制，粘贴到新场景中；再复制下一个镜头的所有帧，新建一个场景，将这些帧粘贴进去，如图 17-32 所示。

图 17-31                          图 17-32

在 Flash 动画没有导出之前，只能预览某一场景中的动画效果，如果希望看到多个场景连贯在一起的动画效果，就只能按 Ctrl+Enter 组合键，将动画导出，这样才能正常观看连贯的场景效果。

读者可以打开配套光盘的"源文件"文件夹中的"17-3-场景面板-奔月.fla"文件，这是一个制作完整的 Flash 动画，整合部分完全是使用场景面板来制作的，有需要的读者可以查看相关参数。

另外，也可以单击舞台右上角的场景面板图标，这样会弹出所有的场景，单击就可以进入相应的场景中进行修改，实现场景的切换，如图 17-33 所示。

图 17-33

### 17.5.2 批量元件重命名

在进行多个镜头整合的时候，经常会出现两个镜头中有元件重名的现象，如果将同样名字的元件复制到文件，Flash 会弹出窗口询问是否替换，而替换以后经常会出现错误，因此要尽量避免元件重名。

如果确实出现大批量元件重名的现象，可以使用一些外部命令来进行批量重命名。

打开需要批量重命名元件的 Flash，将配套光盘的"源文件"文件夹中的"批量改名.jsfl"文件拽入到舞台中，会看到库中的所有文件都被重新命名，如图 17-34 所示。

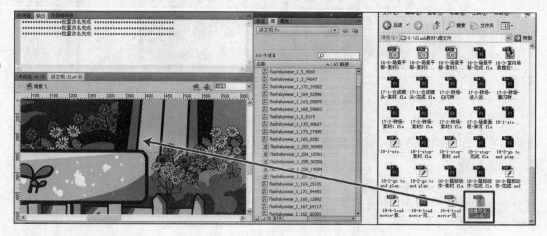

图 17-34

如果希望按照自己的要求重命名，也可以使用系统自带的"记事本"程序打开"批量改名.jsfl"文件，将其中"lib[i][j].name = 'flashskywear'"中的"flashskywear"修改为希望的前缀名，再保存即可使用。

## ▐▶ 17.6  背景音乐和音效的添加

一部动画作品，除了给观众带来视觉的享受外，还应该给观众带来听觉的享受。视觉主要依靠画面，而听觉就要依赖动画的声音效果。

一般的动画片中，声音一般分为三种：背景音乐、音效、对白。

背景音乐（BackGround Music，BGM），也称配乐，通常是指在电视剧、电影、动画、电子游戏、网站中用于调节气氛的一种音乐，插入对话之中，能够增强情感的表达，达到一种让观众身历其境的感受；

音效就是指由声音所制造的效果，是指为增进场面的真实感、气氛或戏剧气息，而加于声带上的杂音或声音，例如爆炸所产生的声音、汽车的喇叭声、飞机的轰鸣声、人群的嘈杂声等都属于音效。

　　对白是指在动画中所有由角色说出来的台词，也称之为"台词"。

　　由于 Flash 动画是完全在电脑上制作的，因此这 3 种声音文件都必须转换为数字声音文件，才能导入 Flash 中进行编辑和制作。

　　Flash 支持 MP3、WAV、AIFF 这 3 种常见的声音格式。制作者可以使用"导入"命令，将这些声音文件都导入 Flash 的库中，然后再在合适的位置将这些声音文件拽到时间轴上，以便和画面配合播出。

　　一般收集声音文件有 3 种途径，一是自己录制，二是购买一些音效库，三是去网上搜集免费的声音文件下载。

## 17.6.1　将声音置入场景中

　　（1）在完成动画制作的 Flash 文件中，执行"文件"→"导入"→"导入到库"命令，在电脑中找到相关的声音文件，单击"确定"按钮，这时就会看到 Flash 的"库"面板中会有前面是小喇叭的文件，这就是导入以后的声音文件，如图 17-35 所示。

　　如果一时找不到合适的声音文件，也可以使用 Flash 自带的。执行"窗口"→"公用库"→"声音"命令，就会打开 Flash 自带的声音库，在里面有很多中声音文件可供制作者选择和使用，如图 17-36 所示。

图 17-35  图 17-36

　　（2）接下来需要将库面板中的声音文件拖拽到时间轴上。先新建一个图层，命名为"音效"，在希望插入声音的位置——例如是第 5 帧——打上一个空白关键帧，选中该空白关键帧，再在"库"面板中，将声音文件拽到舞台中的任意位置，然后松开鼠标，这时会看到时间轴上"音效"图层中的空白关键帧后，出现了紫色的声音波形图示，按 Enter 键播放，就可以听到声音效果了，如图 17-37 所示。

　　（3）在时间轴"音效"图层中，点中声音波形文件的任意一帧，会在属性面板中看到该声音文件的一些属性，调整"同步"项为"数据流"，这是为较长的音乐而设置的，它能够使音画达到最大限度的同步，如图 17-38 所示。

　　（4）如果希望在同一个时间段播放多种声音的话，可以再新建图层，并在上面添加声音文件,以这样的方法操作,可以在同一个时间段内添加多种声音文件,使声音丰富起来,如图17-39所示。

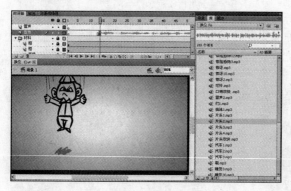
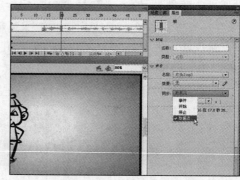

图17-37 图17-38

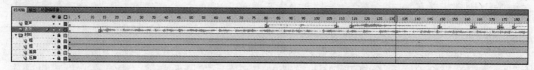

图17-39

## 17.6.2 更换声音文件

在进行声音的编辑时,通常同样的场景要尝试多种不同的声音效果,以便听一下到底哪种更加适合。在这样的尝试中,更换声音文件是必要的操作。

更换声音文件的方法主要有两种:

第一种是选中原有声音文件在时间轴上的关键帧,单击鼠标右键,在弹出的浮动面板中选择"清除关键帧",这样就可以将关键帧和其上的声音文件都在时间轴上删除掉,再将新的声音文件重新放上就可以了,如图17-40所示。

第二种是在时间轴上选中原有的声音文件,在属性面板中,单击"名称"右侧的下拉菜单,将会弹出在库中的所有声音文件,单击想要替换的声音文件即可完成声音的更换,如图17-41所示。

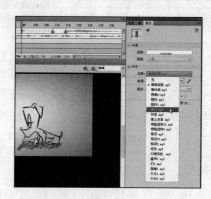

图17-40 图17-41

### 17.6.3　声音文件的剪辑和编辑

在添加声音文件时经常会遇到这样的情况，画面只有10s，而与之匹配的背景音乐却足足有20s，这个时候就需要对声音进行剪辑。

在时间轴上选中需要剪辑的声音文件，单击属性面板中"效果"选项后面的铅笔图标，会弹出"编辑封套"面板，上、下有两个波形声音显示图，分别代表着左声道和右声道，中间的数字代表着时间长度（s），右下角的4个按钮分别代表着：放大显示波形图、缩小显示波形图、以秒为单位来显示、以帧为单位来显示，如图17-42所示。

如果需要对声音进行剪辑，可以按住两个波形图中间区域两侧的小方块，往中间拖拽，没有在两个小方块中间的部分将以灰色区域显示，代表不会被播放，这样就可以对音乐进行简单的剪辑处理，如图17-43所示。

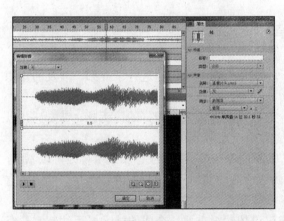

图 17-42

图 17-43

有时会遇到这种情况，声音文件添加在场景1中，声音的长度为20s，场景1的长度为10s。等到场景1播映完，跳转到场景2时，该声音文件会继续播映，而这时在场景2中看不到该声音文件。

这是由Flash软件的特性所决定的，声音文件一旦开始播出，除非播完，否则不能停下来，就需要对声音进行剪辑。例如场景中只需要10s的场景，就需要把其余的部分都剪掉。

但是直接剪掉会造成声音突然出现或突然消失，显得非常突兀。这时可以使用Flash中的一些音效处理功能，为声音添加淡入淡出的效果。

在时间轴上选中声音文件，并进入"编辑封套"面板，在面板左上方"效果"的下拉菜单中，选择"淡入"效果，会看到声音波形图的黑线发生了变化，由最下方向最上方延伸。这条黑线是控制声音大小的，往上调，声音会变强，反之声音会变弱，现在增加了由弱变强的效果，如图17-44所示。

声音强弱的变化还可以进行自定义的设置：用鼠标在黑线上单击，会出现一个控制点，调整控制点可以形成由强边弱的淡出效果，如图17-45所示。

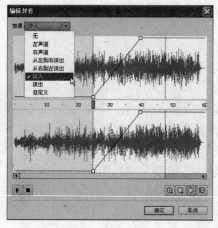

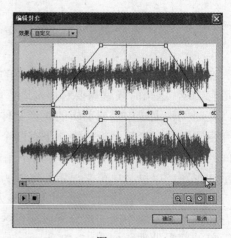

图 17-44          图 17-45

# 本 章 小 结

本章主要针对 Flash 动画合成的方法、步骤以及常见的问题进行了介绍，涉及的知识面比较广，也比较多。

合成是 Flash 动画制作中的关键环节，它要求制作人员有较好的镜头感、节奏感，以及极大的耐心和细心，去完成种种烦琐的工作。

平心而论，Flash 的合成能力一般，它既不能像 After Effects 有那么多特效可以添加，也不能像 Premiere 那样对视频和音频进行随心所欲的剪辑，但 Flash 的优势也很明显，它能导出体积极小、便于在网上流传的 SWF 格式文件。

因此，Flash 的合成对于动画制作人员来讲依然很重要，合成的技术、手法都需要经过大量的实战才能熟练。

（5）继续使用"3D 旋转工具"，选中"地板"元件，将鼠标放在控制器纵向的红色线上，光标下面将出现一个 X 符号，按住 Shift 键，使用鼠标进行拖动，使地板与两面墙结合在一起，如图 16-40 所示。

# 练 习 题

1. 将之前制作的几个动画效果合成在一起。
2. 为之前制作的动画添加声音。

# 第 18 章

# ActionScript 及最终输出

ActionScript（简称 AS）相当于 Flash 中的编程语言，是针对 Flash Player 运行时环境的编程语言，它拥有处理人机交互、数据交互、影片播放控制等功能。

以本书主要讲述的 Adobe Flash CS 5.5 为例，ActionScript 主要分为 ActionScript 2.0 和 ActionScript 3.0 两种，其中 ActionScript 2.0 是伴随着 Flash 一路走来的，而 ActionScript 3.0 是随着 Adobe Flash CS 3 的推出而同步推出的。

虽然从名字上看，ActionScript 3.0 是 ActionScript 2.0 的升级版，但实际上，ActionScript 3.0 基本上可以看做是一款全新的编程语言，更加贴近互联网以及交互程序。

## ▌▶ 18.1 常用的 ActionScript

对于很多的 Flash 动画制作者们而言，编程是一件极度让人头疼的事情，面对着大量的数据、术语、字符、代码，往往无从下手。如果制作的动画仅仅是在电视等媒体中播出，那学不学 ActionScript 都没什么问题，但如果制作的动画需要在网路中发布，那么 ActionScript 就是必须要学习的。

其实，如果仅仅是学习一些控制影片播放、声音开关等简单的交互功能，所用到的 ActionScript 不会太多，而且相对要简单的多，ActionScript 2.0 就足够使用了。

本章所介绍的 ActionScript 以 2.0 为主。

### 18.1.1 Stop 的应用

Stop 语言是用来控制影片停止播放的 ActionScript。

（1）打开配套光盘中"源文件"文件夹所提供的"18-1-stop-素材.fla"文件，这是一个不断旋转的三维模型，按下 Ctrl+Enter 组合键，导出动画并播放，会看到三维模型一直不断地旋转下去。这是 Flash 动画的特性，如果不加任何 ActionScript 的话，影片播放到最后一帧，会继续回到第 1 帧重复播放下去，如图 18-1 所示。

（2）执行菜单的"窗口"→"动作"命令，也可以直接按 F8 键，打开 Flash 的"动作"窗口，实际上也是 ActionScript 的编辑器，在"动作"面板上面的下拉菜单中，选择"ActionScript 1.0&2.0"，即使用 ActionScript 2.0 来进行输入，如图 18-2 所示。

图 18-1

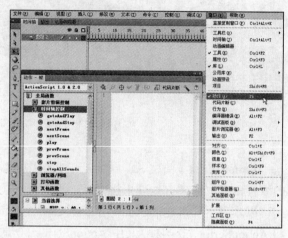

图 18-2

（3）在时间轴上选中最后一帧，再进入"动作"面板中，单击面板左上角的"+"号按钮，执行"全局函数"→"时间轴"→"stop"命令，如图 18-3 所示。

（4）可以看到，"动作"面板的命令输入行中出现了"stop();"字样，而时间轴的最后一帧上方，出现了"a"样式的小符号，这代表在这一帧加入了 ActionScript，再来按 Ctrl+Enter 组合键，导出动画并播放，会看到动画播放到最后一帧就停止了，如图 18-4 所示。

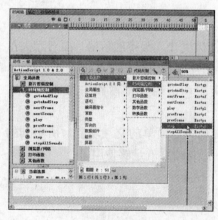

图 18-3

图 18-4

需要在哪一帧停止播放动画，就在那一帧加入 stop，然后导出动画并播放，就可以看到 ActionScript 的效果了。

制作完成的最终效果在配套光盘的"源文件"文件夹中的"18-1-stop-完成.fla"文件，有需要的读者可以查看相关参数。

## 18.1.2　Go to and Play 的应用

Go to and Play 语言是用来控制影片跳转及播放的 ActionScript。

（1）打开配套光盘中"源文件"文件夹所提供的"18-2-go to and play-素材.fla"文件，文件中共有两个场景，分别是两个三维模型在旋转，每个场景 51 帧，舞台的左上角有每帧的编号，如图 18-5 所示。

（2）在"动作窗口"中，单击右上角的面板菜单，在弹出的浮动面板中单击"脚本助手"，或者按下 Ctrl+Shift+E 组合键，会看到"动作"窗口输入栏的上方多出了一片区域，该区域是"脚本助手"提供脚本提示的地方，如图 18-6 所示。

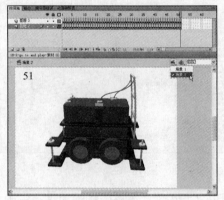

图 18-5

图 18-6

（3）在"场景 1"的第 24 帧添加 ActionScript，在"动作"面板中，执行"全局函数"→"时间轴"→"goto"命令，如图 18-7 所示。

（4）"动作"面板的命令输入行中出现了"gotoAndPlay;"字样，在输入行上方，"脚本助手"会弹出相应的参数，单击"转到并播放"前面的小圆圈，使其激活。设置场景为"场景 2"，类型为"帧编号"，帧为"1"，这些脚本代表着：跳转到场景 2 的第 1 帧并播放。这样，在播放到场景 1 的第 24 帧的时候，动画不会继续播场景 1 的第 25 帧，而是会直接跳转到场景 2 的第 1 帧继续播放，如图 18-8 所示。

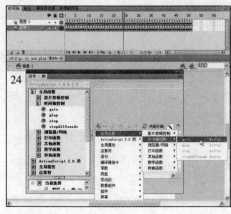

图 18-7

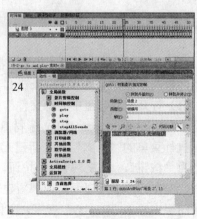

图 18-8

（5）选中场景2的最后一帧，在"动作"面板中添加"goto"命令，设置场景为"场景1"，类型为"帧编号"，帧为"25"，使动画在播放到场景2的最后一帧以后，直接跳转到场景1的第25帧进行播放，如图18-9所示。

（6）再回到场景1中，先选中第1帧，在属性面板的"名称"一栏中输入"start"，会看到第1帧的上方出现了一个小红旗符号，代表着这一帧被命名为"start"。

再选中场景1的最后一帧，在"动作"面板中添加"goto"命令，设置场景为"场景1"，类型为"帧标签"，帧为"start"，这样动画播放到场景1的最后一帧以后，直接跳转到场景1中帧名称为"start"的那一帧进行播放，如图18-10所示。

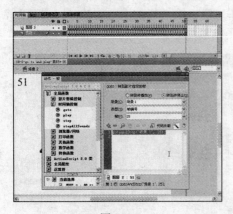

图 18-9

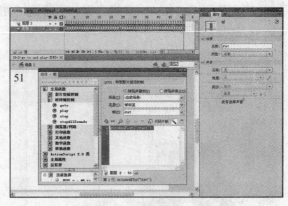

图 18-10

导出并播放动画会看到，动画先播放场景1的第1～24帧，然后跳转到场景2，播出场景2的第1～51帧，然后会跳转到场景1的第25帧，并播放场景1的第25～51帧，最后会跳转到场景1的第1帧重新播放。

需要提示的是：帧编号和帧标签两个概念，要学会如何正确的使用。

一般情况下，使用帧编号的频率比较多，但如果频繁跳转的话，Flash有时会出错，这时可以使用帧标签来进行跳转。

制作完成的最终效果在配套光盘的"源文件"文件夹中的"18-2-go to and play-完成.fla"文件，有需要的读者可以查看相关参数。

## 18.1.3 按钮及鼠标动作的 ActionScript 应用

鼠标动作的 ActionScript 基本上都是配合按钮元件来使用的，本节将结合按钮元件的使用，以及鼠标动作的 ActionScript 与其结合的使用方法来进行讲述。

（1）打开配套光盘中"源文件"文件夹所提供的"18-3-鼠标动作-素材.fla"文件，这是一个与"18-2-go to and play-素材.fla"一样的文件。

执行菜单的"插入"→"新建元件""命令，在弹出的对话框中设置名称为 Replay，类型为"按钮"，单击"确定"按钮，进入 replay 按钮元件内部，如图 18-11 所示。

（2）在 replay 按钮元件内部新建一个图层，在第1帧"弹起"中，使用文本工具在上面的图层中输入"Replay"文字，下面的图层中绘制一个圆角矩形，填充为橄榄绿色，如图 18-12 所示。

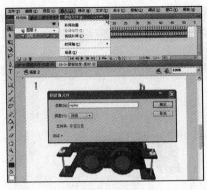

| 图 18-11 | 图 18-12 |

（3）在 replay 按钮的第 2 帧"指针经过"中，为 Replay 图层插入普通帧，为色块图层打上关键帧，并修改色块颜色为暗红色，如图 18-13 所示。

（4）在 replay 按钮的第 3 帧"按下"中，为两个图层都打上关键帧，将"Replay"文字放大一些，并将下面的色块修改为深蓝色。

按住 Alt 键，将两个图层的第 1 帧拖到第 4 帧"经过"上，使第 1 帧"弹起"与第 4 帧"经过"完全一样，如图 18-14 所示。

| 图 18-13 | 图 18-14 |

按钮元件是 3 种元件中最特别的一个，它只有 4 帧，分别代表了 4 种不同的状态。分别是：弹起、指针经过、按下和点击。

第 1 帧是"弹起"状态，代表指针没有经过按钮时该按钮的状态；

第 2 帧是"指针经过"状态，代表指针滑过按钮时该按钮的外观；

第 3 帧是"按下"状态，代表单击按钮时该按钮的外观；

第 4 帧是"点击"状态，定义响应鼠标单击的物理区域，只要在 Flash Player 中播放 SWF，此区域便不可见。

（5）在库面板中，右键单击按钮元件 Replay，在弹出的浮动面板中单击"直接复制"，会直接将该元件复制出来一个，将这个元件重命名为"Next"，进入"Next"按钮元件内部，将所有的"Replay"字样修改为"Next"，如图 18-15 所示。

（6）回到舞台中，新建一个图层，在第 51 帧，也就是最后一帧处插入关键帧，将"Replay"和"Next"按钮元件拖入，分别放置在舞台的左下角和右下角，只有等到播放到最后一帧时，这两个按钮才出现，如图 18-16 所示。

图 18-15

图 18-16

（7）按下 F9 键打开"动作"面板，在时间轴上单击最后一帧，加入 stop 命令，如果打开脚本助手无法找到 stop 的话，先将脚本助手关闭，再加 stop 命令，这样播放到最后一帧的时候将会停止，如图 18-17 所示。

（8）这时为按钮添加 ActionScript，需要注意的是，这次是在按钮元件上添加，而不是在时间轴上添加，需要先单击按钮元件，然后再添加 ActionScript。

先单击位于左下角的"Replay"按钮元件，打开脚本助手，添加"全局函数"→"时间轴"→"goto"命令，这时会看到输入行中出现两行字符，先来单击下面的 gotoAndPlay 一行文字，在脚本助手中设置跳转到当前场景的第 1 帧，这样导出影片以后，单击"Replay"按钮，就会重新再播放一次，如图 18-18 所示。

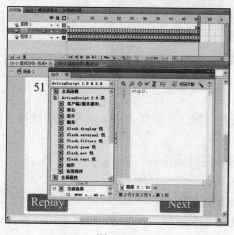

图 18-17

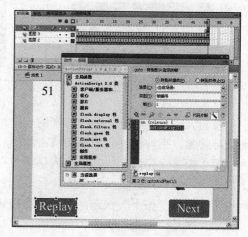

图 18-18

（9）单击命令输入行中的第一行"on (release) {"，在脚本助手中会看到有很多种能够被勾选的选项。

按：当鼠标指针滑到按钮上时按下鼠标按键。

释放：当鼠标指针滑到按钮上时释放鼠标按键。

外部释放：当鼠标指针滑到按钮上时按下鼠标按键，然后在释放鼠标按键前滑出此按钮区域。

**滑离**：鼠标指针滑出按钮区域。

**滑过**：鼠标指针滑到按钮上。

**拖离**：当鼠标指针滑到按钮上时按下鼠标按键，然后滑出此按钮区域。

**拖过**：当鼠标指针滑到按钮上时按下鼠标按键，然后滑出该按钮区域，接着滑回到该按钮上。

**按键**：按下指定的键盘键。

在这里选择的是"释放"，即按下鼠标再释放以后，按钮上的 ActionScript 才会起作用，如图 18-19 所示。

（10）再来设置"Next"按钮，先在舞台中单击选中"Next"按钮，再在"动作"面板中添加"全局函数"→"时间轴"→"goto"命令，设置为跳转到场景 2 的第 1 帧，即单击该按钮后，跳转到下一场景的第 1 帧开始播放，如图 18-20 所示。

图 18-19

图 18-20

（11）将两个按钮复制，在"场景 2"中也新建图层，并在最后一帧打上关键帧，为最后一帧加入 stop，然后将两个按钮粘贴进来，"Replay"按钮函数不变，"Next"按钮修改为跳转到场景 1 的第 1 帧，如图 18-21 所示。

现在已经完成了全部设置，可以按下 Ctrl+Enter 组合键导出动画进行播映了，制作完成的最终效果在配套光盘的"源文件"文件夹中的"18-3-鼠标动作-完成.fla"文件，有需要的读者可以查看相关参数，如图 18-22 所示。

图 18-21

图 18-22

### 18.1.4 其他常用 ActionScript 的应用

Load Movie：用来加载外部影片的 ActionScript。

先来随意创建一个 Flash 文件，并创建一个按钮元件，如图 18-23 所示。

打开"动作"面板，选中按钮元件，添加"全局函数"→"浏览器&网络"→"loadMovie"命令，打开脚本助手，在 URL(U)项后，输入要加载的文件名，是全称，要添加后缀名，其他参数都不用修改，如图 18-24 所示。

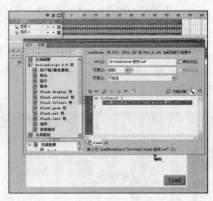

图 18-23                                图 18-24

导出动画以后，单击"load"按钮，就可以将原先设置好的文件加载进来。

需要注意的是，原文件要和被加载文件放置在同一个文件夹内，否则加载容易出错。

制作完成的最终效果在配套光盘的"源文件"文件夹中的"18-4-load movie-完成.fla"文件，有需要的读者可以查看相关参数。

StopAllSounds：用来停止动画中所有声音的 ActionScript。

可以为整部动画的最后一帧添加"全局函数"→"时间轴控制"→"StopAllSounds"命令，这样整部动画播放到最后一帧的时候，所有的声音就会戛然而止，如图 18-25 所示。

getURL：用来跳转到其他网址的 ActionScript。

如果希望单击按钮就能够自动跳转到指定的网址，需要先为按钮加入"全局函数"→"影片剪辑控制"→"on"命令，设置为"release"（释放），然后再添加"全局函数"→"浏览器/网络"→"getURL"命令，并在命令输入行"getURL"命令后面的括号中，添加要跳转的网址，这样导出动画以后，单击按钮就可以跳转到该网址，如图 18-26 所示。

图 18-25                                图 18-26

Fullscreen：在播放一些 Flash 动画的时候，会希望能够全屏放映，这时可以在第 1 帧添加相关的函数来实现。

选中第 1 帧，添加"全局函数"→ "影片剪辑控制" → "Fscommand"命令，打开脚本助手，在"命令"栏中输入"Fullscreen"，并在"参数"栏中输入"true"，这样在导出动画以后，直接播放就可以实现全屏幕播映的效果，如图 18-27 所示。

Fscommand：这是一个起引导作用的 ActionScript，需要为它添加一些命令来使用。

单击退出：可以通过单击影片中的按钮，来退出 Flash Player 程序。

选中按钮，先为按钮加入"全局函数"→"影片剪辑控制"→"on"命令，设置为"release"（释放），然后再添加"全局函数" → "影片剪辑控制" → "Fscommand"命令，打开脚本助手，在"命令"栏中输入"quit"，这样在导出动画以后，单击该按钮就可以直接退出 Flash Player 程序，如图 18-28 所示。

图 18-27                                                    图 18-28

# 18.2  影片的最终输出

对于自己辛辛苦苦制作的影片，制作者肯定希望能够让观众看到最好的效果，这就需要正确的输出才能达到效果。

## 18.2.1  字体的打散

输入 SWF 格式的动画效果以后，有时会发现，自己在影片中明明使用的是黑体，在别人的电脑上播放，字体却变成了宋体。

在打开 FLA 源文件的时候，打开前突然会弹出"字体映射"窗口，提示"缺少字体"，将使用其他字体替换，如图 18-29 所示。

这都是因为电脑上缺少文件中的字体的缘故。

解决的办法也很简单，在输出之前，将文件中的所有文字分别选中，再执行菜单的"修改" → "分离"命令，将文字打散为色块，如图 18-30 所示。

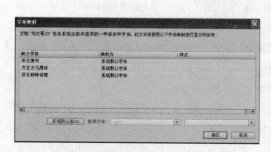

图 18-29

图 18-30

需要注意的是：文字一旦被打散成色块，就不能再使用"文本工具"进行编辑了，因此打散前需要确认文字不会被变更。

如果文字是一句话，执行一次"打散"命令，只会让整句文字拆分为独立的文字，需要再执行一次"打散"命令，文字才能被打散成色块。

## 18.2.2 发布设置面板

影片完成以后，执行菜单的"文件"→"发布设置"命令，打开"发布设置"面板，如图 18-31 所示。

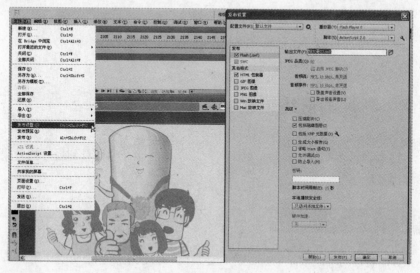

图 18-31

在这些设置中，先选择右侧"发布"一栏中要输出的文件格式，再单击"输出文件"项最后面的文件夹小符号，选择输出的位置，并输入文件名。

"JPEG 品质"项中，可以输入 0～100 的数值，数值越大，输出的画面质量就会越好，输出的文件体积也会越大；反之画面质量则会降低，文件体积会变小。

"音频流"和"音频事件"后面的参数都可以单击，会弹出"声音设置"面板，可以选择各种输出的音频格式、比特率和品质，同样，声音效果与输出文件的体积成正比。

再往下的"高级"卷轴栏中，也有一些比较常用的设置参数。

有时输出播映文件会发现，原本在源文件中已经被隐藏的物体，在输出以后又显示了出来，这时可以在"发布设置"面板中，取消勾选"包含隐藏图层"一项，这样隐藏的图层就不会被输出了。

目前网络中流传着很多破解 SWF 动画格式的软件，破解后很多的元件、声音等都会被输出，破解者可以无偿使用。如果不希望自己辛辛苦苦制作的东西无偿提供给别人的话，可以勾选"防止导入"一项，并在下面的"密码"一栏中输入密码，这样别人即便想破解或者直接将 SWF 文件导入 Flash 中，则必须知道密码才可以继续操作。

当所有的参数都设置完成以后，单击"发布设置"面板下面的"发布"按钮，就可以输出影片了。

### 18.2.3 打包 exe 放映文件

虽然现在 Flash 已经非常流行，但依然有些人的电脑上没有安装 Flash Player 等能够正常播放 SWF 格式的程序，这就需要进行一些特殊的设置，使没有播放器的电脑也能够正常播放 Flash 影片。

首先要在安装了 Flash Player 播放器的计算机上操作，用 Flash Player 播放器打开 SWF 文件，并进行播放，执行 Flash Player 播放器菜单的"文件"→"创建播放器"命令，在弹出的"另存为"菜单中，确定要输出文件的位置，并输入文件名，再单击"保存"按钮，如图 18-32 所示。

这时在指定的保存位置中，会出现后缀名为"exe"的 Flash 放映文件，该文件可以直接双击执行，无论电脑上有没有相关的播放程序，都能够正常播放 Flash 动画文件，如图 18-33 所示。

图 18-32

图 18-33

## 18.3 ActionScript 的使用实例——交互网站

由于 ActionScript 的使用，使 Flash 在交互设计方面的能力大幅提升，因此，Flash 也被越来越多的应用到制作多媒体课件、网站等方面。由于使用 Flash 制作的网站，无论是交互性还是动感方面都要胜过普通网站一筹，也更吸引观众的眼球，因此制作一个纯粹的 Flash 整站，也成为了一些公司的首选。

Flash 网站也有自身的缺陷，例如后台系统没有传统网站那么完善、方便，更新网站上的内容会比较麻烦。因此，Flash 只适合制作一些内容更新并不频繁的网站，如果网站上每天都要更新大量的信息，Flash 网站就不适合了。

本节要学习完全使用 Flash 来制作一个网站，在一般的设计过程中，先要有一套网站的整体规划，然后在 Photoshop 或其他软件中，设计出网站的基本样式，然后再进入 Flash 中进行制作，本节练习的网站设计图如图 18-34 所示。

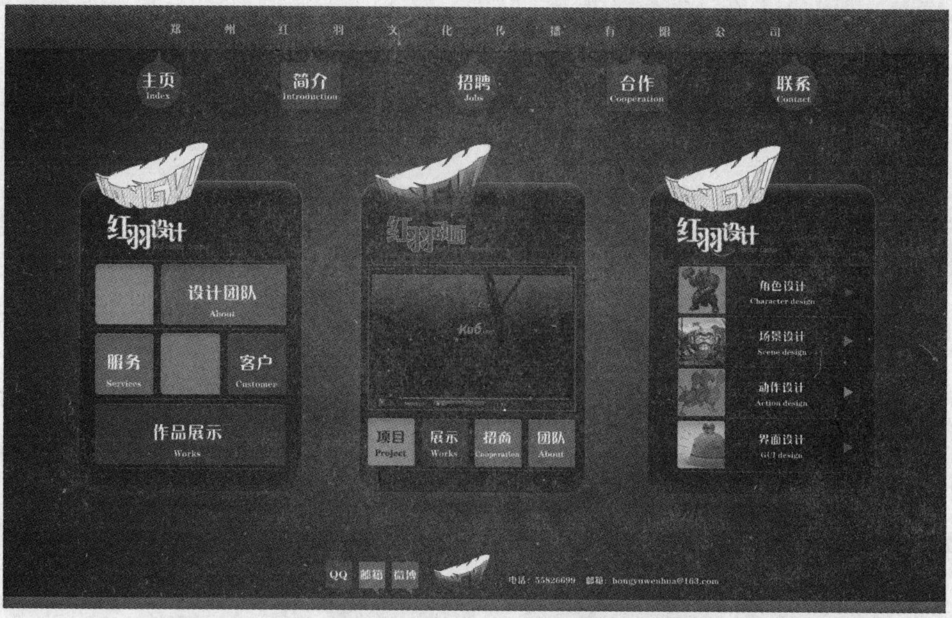


图 18-34

### 18.3.1 整体布局

制作网站时，因为要通过互联网让用户观看，因此必须考虑如何减少最终发布文件的体积，也就是 Flash 输出的 SWF 格式文件的大小，这样可以使网站更快地下载到用户的电脑中。

网站的背景图是配套光盘中的“18-5-背景素材.jpg”，现在它的大小为 349KB，因此需要在 Photoshop 中对这张图片进行优化，压缩图片的大小。但是图片被压缩后，往往质量也会下降，因此要在图片的质量和体积之间找到一个可以接受的平衡点。

（1）使用 Photoshop 打开这张图片，按 Alt+Shift+Ctrl+S 组合键，打开"存储为 Web 和设备所用格式"命令的窗口，在右侧的菜单中，设置保存的格式为"JPEG"，调整品质为"48"，这样，在窗口左下角中可以看到，文件的体积被降低到 15.1KB，而且图片的质量也没有特别明显的降低，单击右上角的"存储"按钮，将优化好的图片另存为"18-5-背景素材-压缩后.jpg"，如图 18-35 所示。

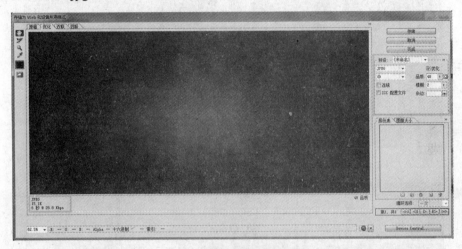

图 18-35

（2）在 Flash 中新建一个文件，设置大小为 1016×760 像素，帧频为 24fps，由于 Flash 网站可以自动拉伸，因此大小没有特别的要求。再将刚才优化过的"18-5-背景素材-压缩后.jpg"图片导入到 Flash 中，并拖拽到舞台上，如图 18-36 所示。

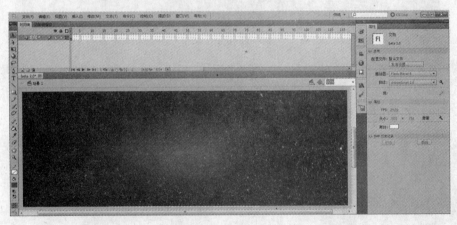

图 18-36

（3）在页面的顶部绘制一个矩形，将宽度和背景图保持一致，并填充渐变色，以增强它的体积感，如图 18-37 所示。

（4）将色块转为"影片剪辑"元件，并加入公司名字的文字，然后添加"投影"滤镜，调整角度为"90°"，品质为"高"，使色块有阴影向背景图投射，增加整个画面的立体感和层次感，如图 18-38 所示。

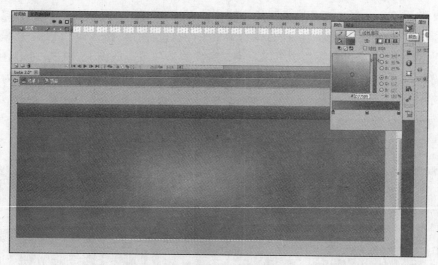

图 18-37

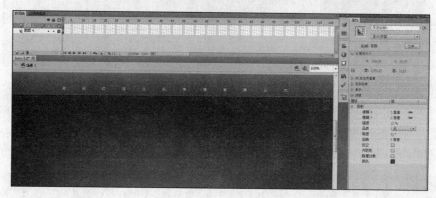

图 18-38

（5）再绘制一个色块，放置在前一个色块的下面，填充渐变色，如图 18-39 所示。

（6）为该色块添加轮廓线，并将轮廓线的颜色设置为"线性渐变"，这样也能增加色块的立体感，如图 18-40 所示。

图 18-39

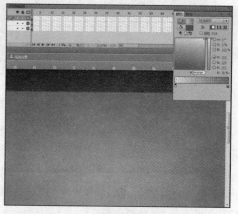

图 18-40

（7）为页面的顶部和底部添加文字，由于顶部的部分要设定链接，因此需要将它们都单独转换为"按钮"元件，如图18-41所示。

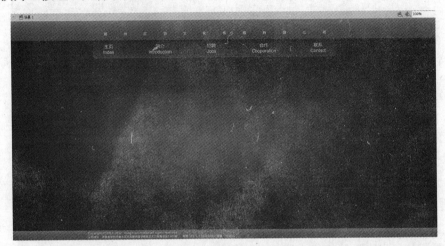

图 18-41

（8）接着来创建画面中间的3个主体。新建一个"影片剪辑"元件，进入元件后，使用"基本矩形工具"，绘制出圆角的矩形，并填充为深紫色，如图18-42所示。

（9）为该色块添加轮廓线，并将轮廓线的颜色设置为由浅到深的"线性渐变"，提升它的立体感，如图18-43所示。

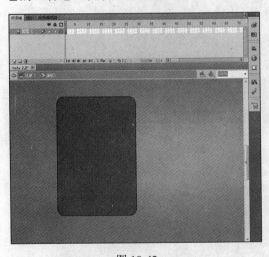

图 18-42

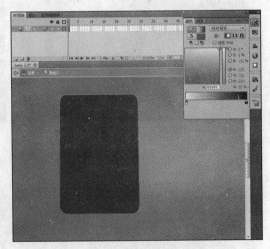

图 18-43

（10）然后要为该色块添加一种特殊的投影效果。用"椭圆工具"绘制一个很扁的椭圆形，填充为黑色，并转换为"影片剪辑"元件，然后为它添加"模糊"滤镜，调整模糊值为"12"，品质为"高"。将该投影移至主体色块的下面，距离稍微远一些，这样看起来主体色块似乎是在空中飘浮着，如图18-44所示。

（11）绘制一条直线，放在主体色块的上半部，并设置它的轮廓颜色为白色，设置渐变为完全透明到完全不透明再到完全透明，如图18-45所示。

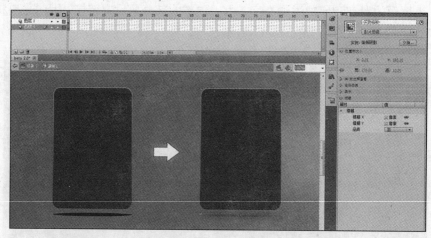

图 18-44

（12）返回到舞台中，为刚才绘制好的"影片剪辑"元件添加"斜角"滤镜，增加立体感，再添加"发光"滤镜，设置颜色为深红色，如图 18-46 所示。

图 18-45

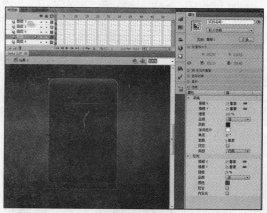

图 18-46

（13）将主体色块再复制出两个，分别放置在舞台当中，如图 18-47 所示。

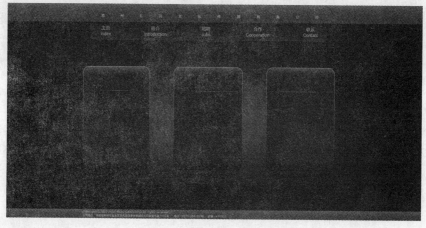

图 18-47

### 18.3.2　按钮的制作

（1）将配套光盘中的"18-5-logo.fla"和"18-5-logo.png"都导入到舞台，并将它们分别放置在3个主体色块的左上角，如图18-48所示。

图 18-48

（2）由于"18-5-logo.png"图片较大，可以先在 Flash 中对其进行优化。在"库"面板中右键单击"18-5-logo.png"图片，在弹出的浮动面板中单击"属性"，会弹出"位图属性"面板，选择"自定义"，可以设置后面的参数，数值越低，图片质量就越低，但同时图片的体积也会变小，设置好以后单击右上方的"测试"按钮，就可以看到图片修改后的效果，如图18-49所示。

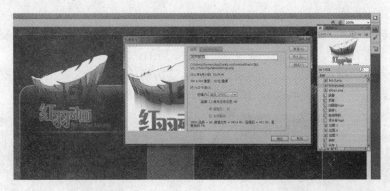

图 18-49

（3）下面要制作按钮，先绘制出按钮的基本形状。使用"基本矩形工具"，绘制出圆角的矩形，然后按 A 键，切换到"部分选取工具"查看点的分布。接下来要将右下角的圆角变为直角，绘制出三个角为圆角，一个角为直角的矩形。

在工具栏中长按"钢笔工具"，在弹出的隐藏工具箱中，选择"转换锚点工具"，分别单击圆角矩形右下方的两个锚点，使它们转换为没有任何弧度变化的锚点。然后再按 A 键，切换为"部分选取工具"，将两个锚点移动到同一水平线上，如图 18-50 所示。

图 18-50

（4）为按钮的基础形添加轮廓线，依然是白色的渐变效果，然后将该形状转换为"影片剪辑"元件，命名为"基础形-黄"，如图 18-51 所示。

（5）回到上一层级别，为"基础形-黄"元件添加"投影"滤镜，勾选"内投影"，使整个形状立体感增加；再添加一次"投影"滤镜，这次是外投影，目的是使基础形和背景之间产生前后层次关系，如图 18-52 所示。

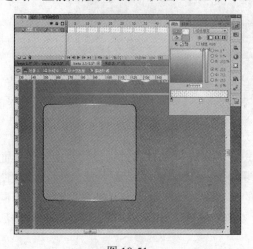

图 18-51

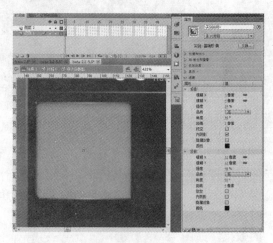

图 18-52

（6）鼠标右键单击元件"基础形-黄"，在弹出的浮动菜单中单击"直接复制元件"命令，将这个元件命名为"基础形-蓝"，如图 18-53 所示。

（7）进入"基础形-蓝"元件的内部，按 A 键切换为"部分选取工具"，框选中最右侧的几个锚点，将它们向右侧移动，使图形变长，如图 18-54 所示。

图 18-53

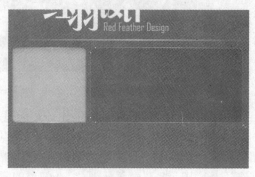

图 18-54

（8）将"基础形-蓝"元件再打为"按钮"元件，命名为"按钮-设计部-团队"，在按钮元件内部新建图层，输入白色的文字，然后多次按 Ctrl+B 组合键，将文字全部分离为形状，如图 18-55 所示。

（9）分别将两个图层后面的"指针经过"和"按下"处都打上关键帧，并在"指针经过"帧处将文字颜色填充为黄色，如图 18-56 所示。

图 18-55

图 18-56

（10）在"指针经过"帧处选择"基础形-蓝"元件，按下 Ctrl+B 组合键将它打散，然后再按 F8 键，将它转换为"影片剪辑"元件，命名为"按钮-设计部-团队-动态"，并进入它的内部，新建图层在色块的底部绘制一个新的色块，并填充为稍深一些的颜色，分别在第 5、10、15、20、25 帧改变它的形状，使用"补间形状"的方式，制作一段深色的色块逐渐向上变幻的动画效果，如图 18-57 所示。

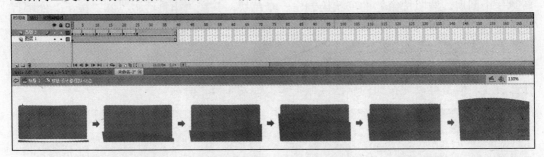

图 18-57

（11）由于深色色块有些大，可以把基础形的图层复制，放在深色色块的图层上面作为它的遮罩层，遮挡住多出来的深色色块部分，如图 18-58 所示。

（12）回到按钮元件中，将"按钮-设计部-团队-动态"元件放在"指针经过"帧处，输出以后，当鼠标放在按钮上时，就会看到刚才制作的动画效果，如图 18-59 所示。

（13）按照刚才的制作方法，将其他的按钮都制作出来，如图 18-60 所示。

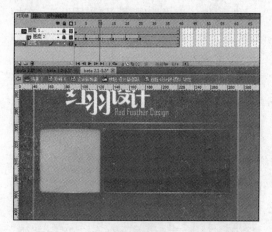

图 18-58

图 18-59

图 18-60

（14）接下来制作顶部 5 个按钮的效果，双击进入"按钮-主页"的元件内部，在下面新建一个图层，按照按钮栏的形状绘制出一个色块，并在"指针经过"和"按下"处都打上关键帧，在"指针经过"帧处将色块的颜色改为红色的渐变，这样在鼠标经过该按钮时，按钮会改变颜色，如图 18-61 所示。

（15）分别将"弹起"和"按下"帧处的色块修改为完全透明，这样虽然看起来没有什么改变，但是可以使按钮的感应区域扩大，如图 18-62 所示。

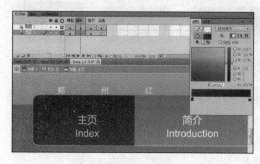

图 18-61

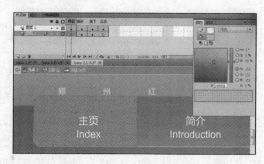

图 18-62

（16）按照上述方法，为顶部其他按钮都添加这样的交互效果，如图 18-63 所示。

图 18-63

（17）将配套光盘中的"18-5-按钮.png"图片导入，放置在右侧的主体色块的左侧，并在右侧添加不同颜色的三角形箭头，如图 18-64 所示。

（18）创建按钮元件"按钮-游戏部-角色设计"，输入白色的文字信息，然后新建一个图层放在底部，随便绘制一个色块，将颜色调整为完全透明，使这个色块完全看不到，这是为了增加按钮的感应区域，如图 18-65 所示。

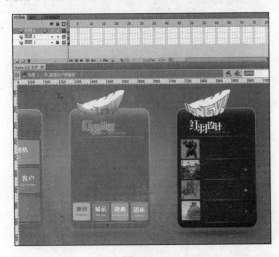

图 18-64

图 18-65

（19）新建一个图层，放在原先的两个图层之间，绘制一个矩形色块，并填充为红色到完全透明的横向渐变，将它转换为"影片剪辑"元件，命名为"按钮-游戏部-角色设计-动态"，如图 18-66 所示。

（20）在"按钮-游戏部-角色设计-动态"元件内部的第 5 帧处插入关键帧，将色块拉长，并添加"补间形状"，创建动画效果，这样鼠标停留在该按钮上面的时候，就会自动播放现在制作的动画效果。

为了使动画效果播放到最后一帧处的时候自动停止，需要在该元件内部的最后一帧处添加 ActionScript。按 F9 键，打开动作面板，在时间轴上选中最后一帧，添加 stop 命令，如图 18-67 所示。

图 18-66 图 18-67

（21）返回到按钮元件中，将"按钮-游戏部-角色设计-动态"元件放置在合适的位置，并让它只在"指针经过"帧处出现，如图 18-68 所示。

（22）连续按 Ctrl+B 组合键，将文字全部打散，并在文字图层的"指针经过"和"按下"帧处插入关键帧，然后在"指针经过"帧处将文字填充为黄色，如图 18-69 所示。

图 18-68 图 18-69

（23）使用上述方法，将其他 3 个按钮都制作完成，效果如图 18-70 所示。

图 18-70

### 18.3.3 加入音频和视频

（1）将配套光盘中的"18-5-按钮 1.mp3"和"18-5-按钮 2.mp3"都导入到库中，准备给按钮添加声效，如图18-71所示。

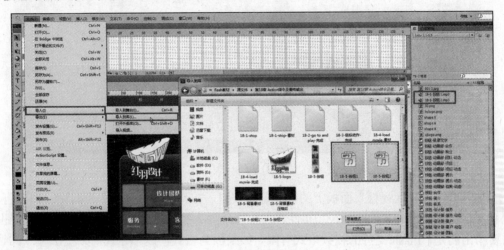

图 18-71

（2）进入按钮原件内部，新建一个图层，在该图层的"按下"帧处打上关键帧，如图18-72所示。

（3）在时间轴上选中刚才创建的关键帧，从库面板中将"18-5-按钮 1.mp3"文件拖拽到舞台当中，会看到该关键帧处有了音波线的显示，返回到舞台的最高一层级别，输出SWF文件，单击该按钮，就会听到添加的音效声，如图18-73所示。

图 18-72

图 18-73

为主面板中所有的按钮都添加"18-5-按钮 1.mp3"音效，为顶部的5个导航按钮添加"18-5-按钮 2.mp3"音效。这样，在用户浏览并单击时，就会有相应的音效，以增加网页的多样性。

（4）接下来为网站导入视频。执行菜单的"文件"→"导入"→"导入视频"命令，会弹出"导入视频"面板，如图18-74所示。

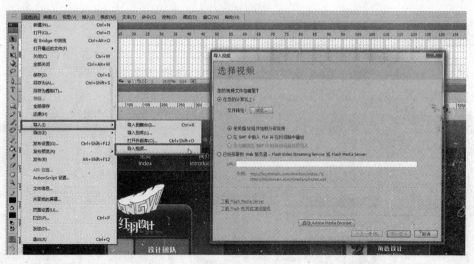

图 18-74

（5）单击"导入视频"面板上的"浏览"按钮，在弹出的"打开"窗口中，双击打开配套光盘提供的"18-5-heper.flv"文件，再单击"导入视频"面板上的"下一步"按钮。需要指出的是，Flash 支持的视频格式有限，如果因为格式问题，导致视频无法导入的话，先使用一些外部转换视频格式的软件，将视频转换为常见的格式，然后再导入到 Flash 中，如图 18-75 所示。

图 18-75

（6）进入到"导入视频"面板上"设定外观"项，选择一款显示在界面中的播放器外观，然后单击"下一步"按钮，如图 18-76 所示。

（7）在"完成视频导入"项中，单击"完成"按钮，这样就视频就会进行转换，转换完成以后，视频播放器就会进入到舞台正中央，如图 18-77 所示。

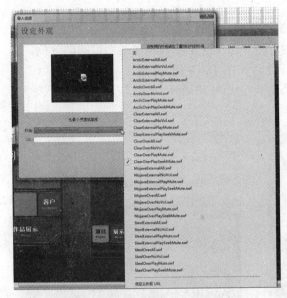

图 18-76 图 18-77

（8）视频导入到舞台中以后，再将整个文件输出为 SWF 格式预览，会看到在生成的文件中会多出一个"ClearOverPlaySeekMute.swf"文件，这是 Flash 自动生成的相关文件，在上传到网站服务器上的时候，该文件和相关的视频文件也要一起上传，否则视频将不会显示在主界面中。

回到 Flash 中，选中在舞台中的视频文件，可以对它进行放缩和移动，将它放在相应的位置上，如图 18-78 所示。

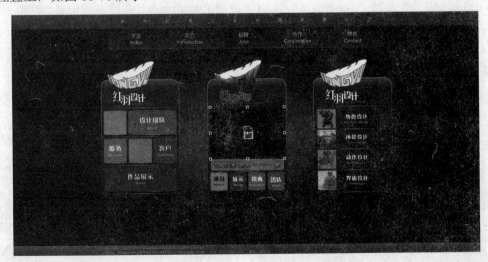

图 18-78

## 18.3.4 加入子页面

接下来制作子页面，为了保证在网络中能够相对快速地浏览网站，需要将主界面和子页面分开进行制作。

（1）将主页面的 FLA 文件另存一份，命名为"beta-intro.fla"，并删除中间的主体色块。

新建一个图层，绘制一个圆角的矩形对话框，由上往下填充不同透明度的渐变色，使该矩形越往下越透明，并转换为"图形"元件，如图 18-79 所示。

（2）在时间轴中为刚刚创建的"图形"元件创建补间动画，使它在 6 帧内由小变大，如图 18-80 所示。

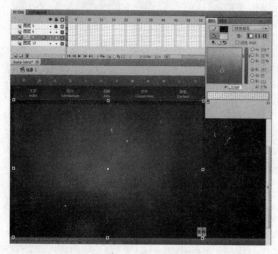

图 18-79                                        图 18-80

（3）再新建一个图层，在第 6 帧插入关键帧，使用"文本工具"在舞台中输入文字"Introduction"，然后连续按 Ctrl+B 组合键，将它们全部分离，打散为色块，然后转换为图形元件。在第 6～8 帧中，为它们创建透明度由 0～100 的补间动画，如图 18-81 所示。

（4）再新建一个图层，输入相关的文字信息，按照上一步的操作，在第 8～11 帧创建由无到有的透明度补间动画，如图 18-82 所示。

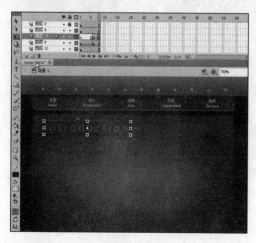

图 18-81                                        图 18-82

（5）创建一条透明度的渐变线条，并在第 8～11 帧创建补间形状动画，使它由左侧向右侧拉长，如图 18-83 所示。

（6）导入一张图片，并设置为"按钮"元件，放在舞台的右侧，并在第 10～13 帧创建它渐现的透明度动画，如图 18-84 所示。

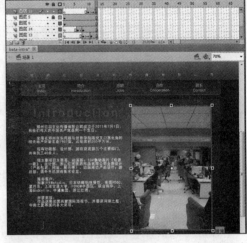

图 18-83　　　　　　　　　　　　　　　　图 18-84

（7）在第 15～19 帧，创建图片放大的补间动画，如图 18-85 所示。

（8）在图层 6 中，分别在第 14 和第 20 帧插入关键帧，然后按 F9 键打开"动作"面板，设置这两帧的 ActionScript 为 stop，如图 18-86 所示。

图 18-85　　　　　　　　　　　　　　　　图 18-86

（9）在第 13 帧选中舞台中的图片按钮，在"动作"面板输入相应的 ActionScript，使鼠标单击该图片按钮时，自动跳转到第 15 帧处，即单击该图片时，图片会自动放大，如图 18-87 所示。

（10）在第 19 帧选中舞台中的图片按钮，在"动作"面板输入相应的 ActionScript，使鼠标单击该图片按钮时，自动跳转到第 13 帧处，即单击了放大的图片后，图片会自动恢复至放大前的状态，如图 18-88 所示。

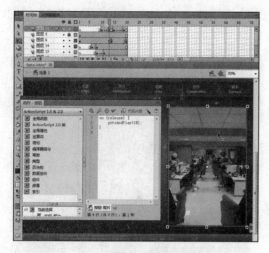

图 18-87                    图 18-88

按照上述的制作流程，再制作几个不同的子页面，如图 18-89 和图 18-90 所示。

图 18-89                    图 18-90

## 18.3.5　插入链接和最终输出

制作完子页面，就需要将主界面与子页面进行链接的设置。在制作的时候，需要将主界面和子页面的源文件，以及输出的 SWF 文件放在同一个文件夹中。

（1）重新打开主界面的 FLA 源文件，在任意图层的第 1 帧，添加 ActionScript 为 stop，如图 18-91 所示。

（2）在时间轴的第 3～13 帧，制作 3 个主体色块由大变小、由不透明到透明的补间动画效果，如图 18-92 所示。

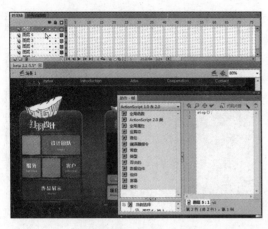
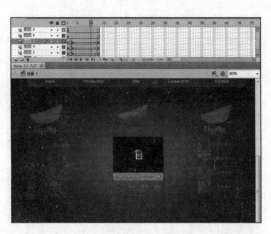

图18-91　　　　　　　　　　　　　　　　　图18-92

（3）在时间轴上，将刚才创建的补间动画的帧选中，按住 ALT 键向时间轴后面拖动，再复制出来 3 段同样的动画效果。然后分别在第 13、26、39、52 帧处添加 ActionScript 为 stop，即播放完动画效果马上停止；分别在第 2、14、27、40 帧处添加帧标签为 Intro、jobs、coop、cont，如图 18-93 所示。

图18-93

（4）单击"简介"按钮，在动作面板中，输入相应的 ActionScript，使单击它以后，能够自动跳转至帧标签为"Intro"的帧上，如图 18-94 所示。

（5）在第 13 帧的任意图层插入关键帧，输入相应的 ActionScript，使时间轴播放到第 13 帧时，自动载入名称为"beta-intro.swf"的文件，如图 18-95 所示。

这样，当单击了"简介"按钮后，主界面的 3 个主体色块会播放消失的转场动画，然后再载入相应的"简介"子页面。

为后面的"招聘"、"合作"、"联系"按钮设置相应的 ActionScript。

图 18-94          图 18-95

打开不同的子页面的 FLA 源文件，为子页面顶部的 5 个按钮加入相应的 ActionScript，不同的是，当单击子页面的"主页"按钮时，要跳转回主界面的 SWF 文件。

（6）上传到服务器上的网页，一般情况下都要是 HTML 格式的网页文件，因此需要将 Flash 进行发布的设置。

按 Ctrl+Shift+F12 组合键，打开"发布设置"面板，勾选左侧的"HTML 包装器"，并设置导出的文件名为"index.html"，这是网站服务器默认的主页的名称，不能随意更改。

确定输出的大小都为"100%"的百分比，品质为"高"，缩放为"显示全部"，单击"发布"按钮就可以将 SWF 和 HTML 文件一起输出了，如图 18-96 所示。

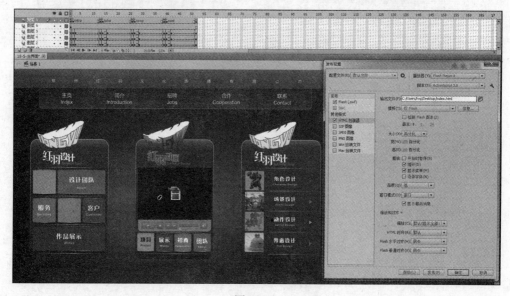

图 18-96

（7）将所有文件都放置在同一个文件夹下，分别是主页的"index.html"网页文件、主界面和 4 个子页面的 SWF 文件、视频文件和播放器外观的 SWF 文件，上传到网站服务器时，需要将它们都传上去，就可以完成网站的建设了，如图 18-97 所示。

图 18-97

制作完成的最终效果在配套光盘的"源文件"文件夹中的"18-5-主界面.fla"文件，有需要的读者可以查看相关参数。

# 本 章 小 结

本章主要针对 Flash 的 ActionScript 和发布设置进行了简单的讲解。

本章内容虽然比较枯燥，但是对动画的交互、最终输出效果依然较为重要。虽然在很多动画制作人眼里，ActionScript 属于程序员的工作，而最终的输出设置也只是直接发布，但如果是发布在网络中，Replay 按钮是几乎每一部动画的结尾都要出现的按钮，使想看的观众能够再重新欣赏一遍；发布设置也是为了输出更好的画面效果。

因此，本章的内容只是对动画常用的 ActionScript 和发布设置进行了讲解，仅限于入门阶段。

# 练 习 题

1. 为自己的动画设置一些简单的交互功能。

2. 完整地发布自己所制作的动画。

3. 完整地制作一个自己的个人网站，要求子页面不少于 4 个，有相应的交互和动画效果，并添加音频和视频文件。

# 《Flash CS 5.5 动画制作实例教程》读者意见反馈表

**尊敬的读者：**

感谢您购买本书。为了能为您提供更优秀的教材，请您抽出宝贵的时间，将您的意见以下表的方式（可从 http://www.hxedu.com.cn 下载本调查表）及时告知我们，以改进我们的服务。对采用您的意见进行修订的教材，我们将在该书的前言中进行说明并赠送您样书。

姓名：_____  电话：_____

职业：_____  E-mail：_____

邮编：_____  通信地址：_____

1. 您对本书的总体看法是：

　　□很满意　　　□比较满意　　　□尚可　　　□不太满意　　　□不满意

2. 您对本书的结构（章节）：□满意　□不满意　改进意见_____

_____

_____

3. 您对本书的例题：　　□满意　　□不满意　　改进意见_____

_____

4. 您对本书的习题：　　□满意　　□不满意　　改进意见_____

_____

5. 您对本书的实训：　　□满意　　□不满意　　改进意见_____

_____

6. 您对本书其他的改进意见：

_____

_____

_____

7. 您感兴趣或希望增加的教材选题是：

_____

_____

_____

请寄：100036　北京万寿路 173 信箱职业教育分社

电话：010–88254571　　　E-mail：gaozhi@phei.com.cn

# 反侵权盗版声明

电子工业出版社依法对本作品享有专有出版权。任何未经权利人书面许可，复制、销售或通过信息网络传播本作品的行为；歪曲、篡改、剽窃本作品的行为，均违反《中华人民共和国著作权法》，其行为人应承担相应的民事责任和行政责任，构成犯罪的，将被依法追究刑事责任。

为了维护市场秩序，保护权利人的合法权益，我社将依法查处和打击侵权盗版的单位和个人。欢迎社会各界人士积极举报侵权盗版行为，本社将奖励举报有功人员，并保证举报人的信息不被泄露。

举报电话：（010）88254396；（010）88258888

传　　真：（010）88254397

E-mail：　dbqq@phei.com.cn

通信地址：北京市万寿路 173 信箱

　　　　　电子工业出版社总编办公室

邮　　编：100036